U0230310

教育部高等学校电子信息类专业教学指导委员会规划教材

高等学校电子信息类专业系列教材

基于ARM Cortex-M3的STM32 嵌入式系统原理及应用

刘 闽 编著

清华大学出版社

北京

内 容 简 介

本书全面系统地介绍嵌入式系统的基本概念、原理、体系结构、实现技术和典型应用,并以 ARM Cortex-M3 系列的 STM32 为例,对其片内外设进行详细介绍,通过 STM32CubeMX 生成相关工程的片内外设源代码、Keil 软件编译这些源程序并用 Proteus 进行仿真,理论联系实际、深入浅出。全书共 9 章,第 1 章讲述嵌入式系统的相关概念、组成、发展概况以及应用;第 2 章介绍 STM32 微控制器及 STM32CubeMX、Keil 和 Proteus 的开发环境;第 3 章讲述通用输入/输出模块;第 4 章围绕中断的基本概念、STM32 中的中断定义并且说明如何配置中断,最后以实例的方式讲解如何使用中断;第 5 章介绍串口通信;第 6 章重点介绍 6 种定时器和 PWM 的相关概念,在此基础上,引入 Keil 软件和 STM32CubeMX 软件,通过实例说明如何编写定时器延时程序和 PWM 程序;第 7 章介绍 DMA;第 8 章介绍 ADC;第 9 章介绍嵌入式操作系统。

本书内容全面、案例丰富、图文并茂、配套资源丰富、适用范围广泛,既可作为高等院校电子信息、电气工程、物联网工程、自动化等相关专业的教材或教学参考书,也可作为嵌入式领域相关工作人员的参考读本。

图书在版编目(CIP)数据

基于 ARM Cortex-M3 的 STM32 嵌入式系统原理及应用/刘闯编著.—北京:清华大学出版社,2022.4(2025.1重印)

高等学校电子信息类专业系列教材

ISBN 978-7-302-60602-4

Ⅰ.①基…　Ⅱ.①刘…　Ⅲ.①微控制器－高等学校－教材　Ⅳ.①TP368.1

中国版本图书馆 CIP 数据核字(2022)第 067209 号

责任编辑:赵　凯
封面设计:李召霞
责任校对:韩天竹
责任印制:曹婉颖

出版发行:清华大学出版社
　　　网　　　址:https://www.tup.com.cn,https://www.wqxuetang.com
　　　地　　　址:北京清华大学学研大厦 A 座　　　邮　　编:100084
　　　社 总 机:010-83470000　　　邮　　购:010-62786544
　　　投稿与读者服务:010-62776969,c-service@tup.tsinghua.edu.cn
　　　质量反馈:010-62772015,zhiliang@tup.tsinghua.edu.cn
　　　课件下载:https://www.tup.com.cn,010-83470236
印 装 者:北京鑫海金澳胶印有限公司
经　　销:全国新华书店
开　　本:185mm×260mm　　　印　　张:18　　　字　　数:438 千字
版　　次:2022 年 6 月第 1 版　　　印　　次:2025 年 1 月第 5 次印刷
印　　数:5401～7400
定　　价:69.00 元

产品编号:094844-01

高等学校电子信息类专业系列教材

序

FOREWORD

我国电子信息产业销售收入总规模在 2013 年已经突破 12 万亿元,行业收入占工业总体比重已经超过 9%。电子信息产业在工业经济中的支撑作用凸显,更加促进了信息化和工业化的高层次深度融合。随着移动互联网、云计算、物联网、大数据和石墨烯等新兴产业的爆发式增长,电子信息产业的发展呈现了新的特点,电子信息产业的人才培养面临着新的挑战。

(1) 随着控制、通信、人机交互和网络互联等新兴电子信息技术的不断发展,传统工业设备融合了大量最新的电子信息技术,它们一起构成了庞大而复杂的系统,派生出大量新兴的电子信息技术应用需求。这些"系统级"的应用需求,迫切要求具有系统级设计能力的电子信息技术人才。

(2) 电子信息系统设备的功能越来越复杂,系统的集成度越来越高。因此,要求未来的设计者应该具备更扎实的理论基础知识和更宽广的专业视野。未来电子信息系统的设计越来越要求软件和硬件的协同规划、协同设计和协同调试。

(3) 新兴电子信息技术的发展依赖于半导体产业的不断推动,半导体厂商为设计者提供了越来越丰富的生态资源,系统集成厂商的全方位配合又加速了这种生态资源的进一步完善。半导体厂商和系统集成厂商所建立的这种生态系统,为未来的设计者提供了更加便捷却又必须依赖的设计资源。

教育部于 2012 年颁布的《普通高等学校本科专业目录》将电子信息类专业进行了整合,为各高校建立系统化的人才培养体系,培养具有扎实理论基础和宽广专业技能的、兼顾"基础"和"系统"的高层次电子信息人才给出了指引。

传统的电子信息学科专业课程体系呈现"自底向上"的特点,这种课程体系偏重对底层元器件的分析与设计,较少涉及系统级的集成与设计。近年来,国内很多高校对电子信息类专业课程体系进行了大力度的改革,这些改革顺应时代潮流,从系统集成的角度,更加科学合理地构建了课程体系。

为了进一步提高普通高校电子信息类专业教育与教学质量,贯彻落实《国家中长期教育改革和发展规划纲要(2010—2020 年)》和《教育部关于全面提高高等教育质量若干意见》(教高〔2012〕4 号)的精神,教育部高等学校电子信息类专业教学指导委员会开展了"高等学校电子信息类专业课程体系"的立项研究工作,并于 2014 年 5 月启动了《高等学校电子信息类专业系列教材》(教育部高等学校电子信息类专业教学指导委员会规划教材)的建设工作。其目的是为推进高等教育内涵式发展,提高教学水平,满足高等学校对电子信息类专业人才培养、教学改革与课程改革的需要。

本系列教材定位于高等学校电子信息类专业的专业课程,适用于电子信息类的电子信息工程、电子科学与技术、通信工程、微电子科学与工程、光电信息科学与工程、信息工程及其相近专业。经过编审委员会与众多高校多次沟通,初步拟定分批次(2014—2017年)建设约100门课程教材。本系列教材将力求在保证基础的前提下,突出技术的先进性和科学的前沿性,体现创新教学和工程实践教学;将重视系统集成思想在教学中的体现,鼓励推陈出新,采用"自顶向下"的方法编写教材;将注重反映优秀的教学改革成果,推广优秀的教学经验与理念。

为了保证本系列教材的科学性、系统性及编写质量,本系列教材设立顾问委员会及编审委员会。顾问委员会由教指委高级顾问、特约高级顾问和国家级教学名师担任,编审委员会由教育部高等学校电子信息类专业教学指导委员会委员和一线教学名师组成。同时,清华大学出版社为本系列教材配置优秀的编辑团队,力求高水准出版。本系列教材的建设,不仅有众多高校教师参与,也有大量知名的电子信息类企业支持。在此,谨向参与本系列教材策划、组织、编写与出版的广大教师、企业代表及出版人员致以诚挚的感谢,并殷切希望本系列教材在我国高等学校电子信息类专业人才培养与课程体系建设中发挥切实的作用。

吕志伟 教授

前言
PREFACE

随着"互联网+"产业升级理念的不断推进,嵌入式系统在各行各业开花结果。加上物联网、大数据、云计算、人工智能、5G 等技术的助力,促进了传统行业与信息技术的快速结合,嵌入式系统加快了人类社会发展信息化的进程。在人与物、物与人以及物与物的数据交换过程中,起着沟通桥梁作用的嵌入式系统愈发凸显,主要是因为嵌入式系统可以实现数据采集、数据发送、数据接收和数据处理的整个过程。可见嵌入式系统是实现传统行业信息化的基础,也是实现产业升级的关键。随着嵌入式系统芯片处理能力越来越强,加之传感器技术以及网络通信技术的不断革新,嵌入式系统将成为万物互联、数据融合、智能网联的数字化时代的强有力助推器。

本书系统地阐述了嵌入式系统的基本概念、原理、体系结构、实现技术和典型应用,并以 ARM Cortex-M3 的 STM32 为例进行讲解,首先通过 STM32CubeMX 配置 STM32 片内外设(GPIO、中断、串口、定时器、DMA、ADC)工程,然后借助 Keil 软件编译由 STM32CubeMX 生成的源程序,最后使用 Keil 或 Proteus 进行虚拟仿真验证程序的执行结果是否正确。本书注重理论与实际嵌入式系统开发的结合,通过每章的案例深入浅出地介绍嵌入式系统的整个开发过程。通过本书的系统学习,使读者掌握嵌入式系统的基本概念、原理和关键技术,能根据实际需求开发一些嵌入式应用系统,同时也为电子工程、物联网工程、自动化等专业学生形成嵌入式系统开发知识体系和今后从事相关实际工作打下基础。

本书参考了所列参考文献中的部分内容,在此表示感谢!在本书的编辑过程中,清华大学出版社赵凯编辑对部分章节的文字润色做了许多工作,在此表示衷心感谢。本书的出版得到清华大学出版社的大力支持;另外,本书的出版得到 2021 年辽宁省普通本科高校校际联合培养项目(协同创新)、中国博士后科学基金 69 批面上资助项目(项目批准号:2021M693858)以及沈阳市中青年科技创新人才支持计划项目(项目批准号:RC210400)的支持,在此一并表示感谢。

本书可作为普通高等院校电子信息类、电气工程类、自动化类及其相关专业本科生和研究生的教材,也可作为科研和工程技术人员的参考书。

由于编者水平有限,书中难免存在疏漏和不足之处,敬请广大读者批评指正。

编 者

2022 年 4 月

配套资源：

教学课件   教学大纲

目 录
CONTENTS

## 第1章

绪　　论

随着 5G 技术、人工智能、物联网以及边缘计算等技术的迅猛发展,加之计算机网络、嵌入式硬件芯片处理性能不断改善,以及嵌入式系统总成本不断下降,嵌入式系统在各行各业中得到了越来越广泛的应用,并且发挥着越来越重要的作用。充分理解嵌入式系统的相关概念和原理是开发嵌入式应用系统的前提。因此,本章重点介绍嵌入式系统的有关概念、组成、类型以及嵌入式系统的发展概况与趋势。

学习目标

➢ 掌握嵌入式系统的有关概念和特点;
➢ 掌握嵌入式系统的组成;
➢ 了解嵌入式系统的现状及发展趋势;
➢ 了解嵌入式系统的分类;
➢ 了解嵌入式系统的开源硬件和应用领域。

1.1　嵌入式系统的定义

根据美国电气与电子工程师协会(Institute of Electrical and Electronics Engineers, IEEE)的定义,嵌入式系统是一种"完全嵌入受控器件内部,为特定应用而设计的专用计算机系统"。通俗地讲,嵌入式系统是以具体应用为中心,以通用计算机技术为基础,硬件根据实际需求可裁剪,适用于应用系统对功能、可靠性、成本、体积、功耗严格要求的专用计算机系统,可实现对其他设备的控制、监视或管理等功能的综合应用系统。换言之,嵌入式系统是一种专用的具有功耗低、体积小、计算能力和存储空间有限的微型计算机系统。嵌入式系统的基本功能是信号的传递、处理和显示。这些功能由嵌入式微处理器、外围硬件设备、应用程序、操作系统、通信总线等完成。其中,微处理器是嵌入式系统中最重要的部分,它决定了嵌入式系统的性能和应用范围。通常,随着数据采集、显示和执行机构的不同而具有不同的特点,作为装置或设备的一部分进行数据的显示和执行结构的控制,一般可归纳为图 1-1 所示的基本结构。

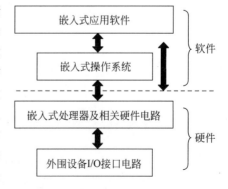

图 1-1　嵌入式系统的基本结构

从图1-1可知,嵌入式系统由硬件和软件组成。其中,硬件是嵌入到设备或物体中的处理单元,是确保嵌入式系统正常工作的前提。硬件的核心是微处理器,而外围设备I/O接口电路是为配合微处理器设计的,需要结合具体的应用进行设计。软件是让硬件正常工作和业务逻辑处理的程序代码,一般需要根据微处理器型号确定编程方案。软件中还包括嵌入式操作系统,往往简单的嵌入式系统不需要操作系统。从以上分析可以看出,嵌入式系统是由一个或多个可编程控制器且程序存储在只读存储器中的嵌入式处理器组成的数字化显示和控制的设备或装置,也就是说,带有数字处理和数字显示接口的设备,如智能手环、微波炉、手机、汽车等,都可以理解为嵌入式系统。在一些复杂的应用中,有些嵌入式系统还需要引入嵌入式操作系统来优化硬件资源,但大多数嵌入式系统都是由依赖主控制器芯片的单机程序直接实现整个控制逻辑。

1.1.1　嵌入式微处理器的定义

嵌入式微处理器是把中央处理器(Central Processing Unit,CPU)、随机访问存储器(Random Access Memory,RAM)、只读存储器(Read-Only Memory,ROM)、输入/输出(Input/Output,I/O)接口电路以及串行通信接口等组成通用计算机的各个功能部件,封装成为一块体积小、功耗低的芯片。嵌入式微控制器(Micro Controller Unit,MCU)也称单片机,是嵌入式系统的核心部件,是整个系统的运算单元,它决定了整个嵌入式系统的性能。随着芯片技术和网络技术的不断发展,MCU芯片从早期处理文字、字符、图形、图像等信息已经向多媒体、人工智能、虚拟现实、网络通信等方向发展。它的存储容量和运算速度正在以惊人的速度发展,高性能的16位、32位、甚至64位的MCU也已经问世。由它构成的检测控制系统具有实时的、快速的外部响应等特点,能迅速采集大量数据,在做出正确的逻辑推理和判断后实现对被控对象参数的调整与控制。微处理器的发展主要还是表现在其接口和性能不断满足多种多样检测对象的要求上,尤其突出表现在它的控制功能上,构成各种专用的控制器和多机控制系统。目前它的主流发展方向是围绕着高性能、高可靠、低功耗、低电压、低噪声和低成本等方面。

在嵌入式系统中,微处理器取代了传统控制系统中的控制器且构成了控制系统的核心。它按照预先存放在存储器中的程序、指令,通过不断获取I/O数据来监控控制对象和传感器等运行情况的信息,并按软件程序中规定的算法,或操作人员通过I/O输入的命令自动进行运算和判断,及时产生并通过I/O向被控对象发出相应控制命令,以实现对外围设备的管理。图1-2描述了微处理器的处理流程。

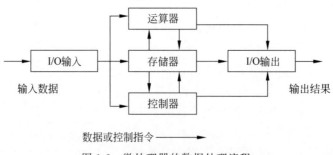

图 1-2　微处理器的数据处理流程

由图 1-2 可知,嵌入式系统通过 I/O 输入接口(如传感器数据、串口总线、反馈信号等)采集数据,再由中央处理器调用事先写好的程序,对输入数据进行加工和处理,并将运算结果通过 I/O 输出接口输出到外围设备(如显示模块、串口总线、执行结构等)。

1.1.2 外围 I/O 接口电路

嵌入式系统的构成是以微处理器为核心并在其基础上增加外围 I/O 接口电路和外部设备。I/O 接口是计算机与被控对象进行信息交换的纽带。计算机通过 I/O 接口与外部设备进行数据交换。目前大多数 I/O 接口电路都是可编程的。往往外部环境参数一般是非电物理量,必须经过传感器变换为电信号。为了实现微处理器对环境的监控,必须在微处理器和外部环境之间设置信息传输和转换的连接通道,这就是外围硬件电路的功能。外围电路一般分为模拟量输入、模拟量输出、数字量输入和数字量输出等。例如,嵌入式系统应用从外部采集的数据往往是模拟信号,而嵌入式系统只能处理数字信号,这就需要先由外围硬件设备或电路将模拟信号转换为数字信号,才能将转换后的数据交给微处理器进行处理。往往处理后的结果还需要由数字信号转换为模拟信号,再发往执行单元。为实现微处理器与外围硬件设备通信,需要借助并行和串行 I/O 接口电路来实现。一般而言,微处理器提供了数量多、功能强、使用灵活的并行 I/O 接口,使用上不仅可灵活地选择输入或输出,还可作为系统总线或控制信号线,从而为扩展外部存储器和 I/O 接口提供了方便。串行 I/O 接口用于串行通信,可把单片机内部的并行数据转换成串行数据向外传送,也可以串行接收外部送来的数据并把它们转换成并行数据送给 CPU 处理。外围电路一般提供全双工串行 I/O 接口,因而能和某些终端设备进行串行通信,或者和一些特殊功能的器件相连接。

1.2 嵌入式系统的组成

一个完整的嵌入式系统应包括应用层、系统层、中间层和硬件层,具体如图 1-3 所示。嵌入式系统的硬件是完成控制任务的设备基础,而软件才是履行嵌入式系统任务的关键,它

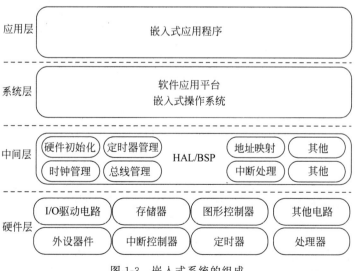

图 1-3 嵌入式系统的组成

关系到嵌入式系统运行和控制效果的好坏、硬件功能的发挥。嵌入式系统的软件通常由系统软件和应用软件组成。

1.2.1 硬件层

硬件层由嵌入式微处理器、存储器、电源电路、时钟电路、通用设备接口、I/O驱动电路、外设器件等部分组成。硬件层是物理存在的，是根据具体元器件的电气连接特性构建符合应用需求的完整硬件电路。它是整个嵌入式实时操作系统或实时应用程序运行的硬件平台，不同的应用通常有不同的硬件环境，硬件平台的多样性是嵌入式系统的一个主要特点。硬件平台是嵌入式系统能够实现的基础条件。除硬件之外，嵌入式系统的具体实现还需要依靠软件系统的配合。

1.2.2 中间层

中间层也称为硬件抽象层(Hardware Abstraction Layer,HAL)或者板级支持包(Board Support Package,BSP)。它将系统上层软件和底层硬件分离开来，使系统上层软件开发人员无须关心底层硬件的具体情况，根据中间层提供的接口开发即可。经过不断的发展，原先嵌入式系统的三层结构逐步演化成为一种四层结构。这个新增加的中间层位于操作系统和硬件之间，包含了系统中与硬件相关的大部分功能。通过特定的上层接口与操作系统进行交互，向操作系统提供底层的硬件信息，并根据操作系统的要求完成对硬件的直接操作。由于引入了一个中间层，屏蔽了底层硬件的多样性，操作系统不再直接面对具体的硬件环境，而是面向由这个中间层所代表的、逻辑上的硬件环境。中间层有两个特点：硬件相关性和操作系统相关性。设计一个完整的中间层需要完成两部分工作。

1. 系统硬件初始化

片级初始化：纯硬件的初始化过程，把嵌入式微处理器从上电的默认状态逐步设置成系统所要求的工作状态。

板级初始化：包含软硬件两部分在内的初始化过程，为随后的系统初始化和应用程序建立硬件和软件的运行环境。

系统级初始化：以软件为主的初始化过程，进行操作系统的初始化。

2. 中间层功能

设计硬件相关的设备驱动，完成操作系统及应用程序对具体硬件的操作。中间层另一个主要功能是硬件相关的设备驱动。与初始化过程相反，硬件相关的设备驱动程序的初始化和使用通常是一个从高层到底层的过程。尽管中间层中包含硬件相关的设备驱动程序，但是这些设备驱动程序通常不直接由中间层使用，而是在系统初始化过程中由中间层把它们与操作系统中通用的设备驱动程序关联起来，并在随后的应用中由通用的设备驱动程序调用，实现对硬件设备的操作。设计与硬件相关的驱动程序是中间层设计中的另一个关键环节。

1.2.3 系统层

系统层完成嵌入式实时应用的任务调度和控制等核心功能，具有内核精简、可配置、与高层应用紧密关联等特点。嵌入式操作系统具有相对不变性，即对于操作系统层目前只是简单地移植,而很少根据具体应用重写操作系统。操作系统负责系统任务的调试、磁盘和文件的管理,而嵌入式系统的实时性十分重要,它是嵌入式应用软件的基础和开发平台,由文件系统、GUI、网络系统及通用组件模块组成。

系统软件完成人机交互、资源管理和系统维护等功能。通常包括操作系统、编译程序和诊断程序等,具有一定的通用性,一般由计算机生产商提供。操作系统指管理计算机硬件与软件资源的计算机程序。操作系统需要处理如管理与配置内存、决定系统资源供需的优先次序、控制输入设备与输出设备、操作网络与管理文件系统等基本事务。与通用计算机系统不同,由于嵌入式系统的硬件资源和功能有限,嵌入式系统中可以不包含操作系统。嵌入式操作系统是一种用途广泛的系统软件,通常包括与硬件相关的底层驱动软件、系统内核、设备驱动接口、通信协议、图形界面、标准化浏览器等。嵌入式系统的软、硬件资源的分配以及任务调度全部都由嵌入式操作系统负责,该系统整体控制、协调并发活动且能体现其所在系统的特征,系统所要求的功能可以通过装卸一些定义好的模块达到。目前在嵌入式领域得到大范围应用的系统有:嵌入式实时操作系统 μC/OS-Ⅲ、嵌入式 Linux、Windows Embedded、VxWorks 等,以及应用在智能手机和平板电脑的 Android、iOS 系统等。

1.2.4 应用层

应用层运行于系统层之上,利用操作系统提供的实时机制完成特定功能的嵌入式应用。不同的系统需要设计不同的嵌入式实时应用程序。应用层主要执行编程语言和使用开发工具处理结果,开发人员应具备良好的编程习惯和软件工程基础。应用软件则是专门开发用来完成程序控制、数据采集及处理等规定任务的各种程序,一般是由嵌入式系统设计人员根据所确定的硬件系统和软件环境开发编写。

应用程序是根据用户需求实现且运行在嵌入式系统硬件上的软件部分。由于嵌入式系统是嵌入到设备或执行机构的,那么为使设备具有相应的业务功能就需要开发相关的软件来实现硬件驱动或业务逻辑处理等功能。应用程序都是按照用户的需求进行定制的,一般是用某种程序设计语言来实现的,通常使用 C 或 C++ 语言。应用程序需要在上位机开发,然后通过特定的下载工具,将应用程序固化到底层硬件微处理器中,从而实现驱动底层硬件或实现特定业务逻辑处理等功能。软件设计思路和方法的一般过程,包括软件的总体结构设计、模块设计、软件的功能设计和实现的算法、编写和提交程序、程序联调和测试。

1.3 嵌入式系统的特点

嵌入式系统是微电子技术、传感器技术、计算机技术,甚至包括通信和控制等先进技术和具体应用对象相结合后的集成性产品,也是一种完全嵌入受控器件内部,为特定应用而设计的计算机系统,以控制或者监视机器、装置、工厂等应用。与通用计算机系统不同,嵌入式系统是针对不同的具体应用而设计的或定制的,执行带有特定要求的预先定义的任务。由于嵌入式系统只针对一项特殊的任务,设计人员能够对它进行优化,减小尺寸同时降低成本。嵌入式系统通常需要大量生产,所以单个节点的成本节约能够随着产量增加而成百上千倍地放大。嵌入式系统是面向特定应用而设计的,对功能、可靠性、成本、体积、功耗等进行严格要求的专用计算机控制系统,具有软件代码小、高度自动化、响应速度快等特点,特别适合要求实时的和多任务的系统,在兼容性方面要求不高,但是在大小和成本方面限制较多。为了使用方便,有些厂家将不同的典型应用配置做成系列模块,用户根据需要选购适当的模块就可以组成各种常用的应用系统。嵌入式控制系统制作成本高,但系统开发投入低、应用灵活。综上,嵌入式控制系统具有以下几个特点:

(1)微处理器内核计算能力有限。为提高运行速度和系统可靠性,嵌入式系统中的软件一般都固化在存储器芯片中。由于嵌入式系统往往嵌入到小型电子装置设备,对计算和存储资源的要求相对有限,所以微处理器内核较之通用计算机的处理器内核计算能力弱很多。

(2)系统专用性强。嵌入式系统通常是面向用户、面向产品、面向特定应用的。嵌入式系统中的 CPU 与通用型 CPU 的最大不同就是前者大多工作在为特定用户群设计的系统中。通常,嵌入式系统的 CPU 都具有功耗低、体积小、集成度高等特点,能够把通用 CPU 中许多由板卡完成的任务集成在芯片内部,从而有利于整个系统设计趋于小型化。在对嵌入式系统的硬件和软件进行设计时必须重视效率和去除冗余。针对用户的具体需求,对系统进行合理配置才能达到理想性能。

(3)应用为中心。往往嵌入式系统都是根据具体解决的应用问题而设计的,嵌入式系统中的软件系统和硬件的结合非常紧密,软件是专门为硬件服务的。一般软件系统在硬件系统上移植,即使相同硬件产品,也需根据系统硬件的变化,进行软件修改以使得二者相互兼容。同时,不同的任务,需要对系统进行较大更改,程序的编译下载须和系统相结合。需要说明的是,这种修改和通用软件的"升级"是两个概念。

(4)程序设计精简。嵌入式系统的软件开发中没有严格区分系统软件和应用软件,并不要求其功能设计及实现上的复杂,但往往编写的程序需要尽量精简,主要由于硬件的计算资源和存储资源是非常有限的,这就要求降低程序的复杂性,软件代码要求高质量和高可靠性,既要有利于控制嵌入式系统成本,也利于实现系统安全等。为了提高执行速度和系统可靠性,嵌入式系统中的软件一般都固化在存储器芯片或单片机中,而不是存储于磁盘等载体中。由于嵌入式系统的运算速度和存储容量仍然存在一定程度的限制,并且大部分嵌入式系统必须具有较高的实时性,因此对程序的质量,特别是可靠性,有着较高的要求。

(5)多任务的操作系统。嵌入式软件要想走向标准化,就须使用多任务的操作系统。嵌入式系统的应用程序可以没有操作系统直接运行;但是为了调度多任务,利用系统资源、系统函数以及和专家库函数接口,开发者须自行选配实时嵌入式操作系统开发平台,提高多任务协作的开发和使用效率。

(6)集成系统。嵌入式系统是一个运用各种先进技术与硬件资源集合成一个复杂系统并将其运用到各种领域的产物,其主要包含半导体芯片技术、超前的计算机技术和电子技术,具体特点是与现实的行业需求相结合,这个特点决定了该系统一定是一个技术密集、资金密集、高度分散、不断创新的知识集成系统。

(7)需要开发工具和环境。其本身不具备自主开发能力,即使设计完成后用户通常也是不能对程序功能进行修改的,须有一套开发工具和环境才能修改,工具和环境是基于通用计算机上的软硬件设备以及各种逻辑分析仪、混合信号示波器等,嵌入式系统本身并不具备在其上进行进一步开发的能力。在设计完成以后,用户如果需要修改其中的程序功能,也必须借助于一套开发工具和环境。

（8）门槛高。通用计算机的开发人员通常是计算机科学或者计算机工程方面的专业人士,而嵌入式系统开发人员却往往是各个应用领域中的专家,这就要求嵌入式系统所支持的开发工具易学、易用、可靠、高效。

（9）生命周期长。与具体应用有机结合在一起,升级换代同步进行。因此,嵌入式系统产品一旦进入市场,就具有较长的生命周期。

1.4 嵌入式系统的分类

嵌入式系统源于微型计算机,是嵌入到系统对象体系中实现嵌入对象智能化的微型计算机。针对不同的应用,嵌入式系统也会有所不同。嵌入式系统实质上是一个嵌入式计算机系统,更进一步讲需要将嵌入式微处理器构成一个计算机系统,并作为嵌入式应用时,这样的计算机系统才可称为嵌入式系统。根据嵌入式系统的工作特点,可划分成以下几种类型。

1.4.1 按嵌入式处理器划分

无论是通用计算机还是嵌入式系统,都可以溯源到半导体集成电路。微处理器的诞生,为人类工具提供了一个归一化的智力内核。在微处理器基础上的通用微处理器与嵌入式处理器,形成了现代计算机知识革命的两大分支,即通用计算机与嵌入式系统的独立发展时代。通用计算机经历了从智慧平台到互联网的独立发展道路;嵌入式系统则经历了智慧物联到智慧网联的独立发展道路。嵌入式系统分为嵌入式微处理器、DSP 处理器、片上系统等,以适用于不同应用场景。

1. 嵌入式微处理器

嵌入式微处理器是以某种微处理内核为核心,将微处理器装配在专门设计的电路板上,只保留与嵌入式应用有关的母板功能。一般微处理器的每一种衍生产品的处理器内核都是一样的,不同的是存储器和外设的配置与封装。它的最大优点在于单片化,体积大大减小,从而使功耗和成本下降,可靠性提高。与工业控制计算机相比,其优点在于体积小、重量轻、成本低以及可靠性高,但是电路板上必须包括 ROM、RAM、总线接口、各种外设等器件,降低了系统的可靠性,技术保密性也较差。嵌入式微处理器目前比较有代表性的通用系列有STC89C51、Power PC、MIPS、ARM 系列等。

2. DSP 处理器

DSP（Digital Signal Processor）处理器,对系统结构和指令进行了特殊设计,使其适合执行 DSP 算法。这使得系统不仅编译代码效率高,而且执行指令速度快。DSP 处理器比较有代表性的产品是 TI 公司生产的 TMS320 系列和 Freescale 公司生产的 DSP56000 系列;另外,PHILIPS 公司近年也推出了基于可重置嵌入式 DSP 结构的采用低成本和低功耗技术制造的 DSP 处理器。

3. 片上系统

片上系统（System on Chip,SoC）指的是将全部或者一部分必需的电子电路利用包分组技术在单独的芯片内集成为一套完整的系统。SoC 将各种通用处理器内核作为设计公司的标准库,与许多其他嵌入式系统的外设一样,构成超大规模集成电路(Very Large Scale Integration Circuit,VLSI)设计中的一种标准器件,用标准的超高速集成电路硬件描述语言(Very-High-Speed Integrated Circuit Hardware Description Language,VHDL)来描述系统,最终将整个嵌入式系统大部分功能都集成到一块或几块芯片中。由于空前的高效集成性能,片上系统是替代集成电路的主要解决方案。SoC 已经成为当前微电子芯片发展的必然趋势。

1.4.2　按外观差异划分

按外观差异一般可将嵌入式系统分为芯片级、板级和设备级三种。

1. 芯片级

芯片级主要是由微处理器构成的嵌入式系统,是控制、辅助系统运行的硬件单元,主要用于一些简单的装置,例如温度传感器、烟雾和气体探测器及断路器。

2. 板级

板级是根据现实生产应用的需求而构造的基于芯片级构造并且包含外部电路的硬件模块,因为其可以根据实际应用做出不同的改变,所以运用范围特别广泛。这类系统多见于开关装置、控制器、电话交换机、包装机、数据采集系统、医药监视系统、诊断及实时控制系统等。

3. 设备级

设备级是一种在制造或过程控制中使用的计算机系统,也是一种加固的增强型工业计算机,也就是由工控机级组成的嵌入式计算机系统,它可以作为一个工业控制器在工业环境中可靠运行。它的性能可靠、无风扇结构、体积小巧、价格低廉,因而在工控机中应用日趋广泛。

1.4.3　按操作系统划分

按照嵌入式系统中是否使用操作系统将嵌入式系统分成三类:全能嵌入式操作系统、实时嵌入式操作系统和无嵌入式操作系统。

1. 全能嵌入式操作系统

全能嵌入式操作系统是指从运行在个人计算机的操作系统向下移植到嵌入式系统中形成的嵌入式操作系统。这类嵌入式操作系统与通用计算机操作系统具有相似的和非常齐全的功能等特点,例如 Linux、Android、iOS 等。这类系统通常使用 32 位的微处理器,例如 ARM、x86 等架构的处理器,主要应用于智能手机、平板电脑、智能电视、车载娱乐系统等。

2. 实时嵌入式操作系统

实时嵌入式操作系统(Real Time Embedded Operating System,RTEOS)是属于运行效率高、功能紧凑且具有很强实时性的操作系统,例如 FreeRTOS、RT-Threads、μC/OS-Ⅲ等。这类系统通常使用 16 位、32 位的微处理器,也就是俗称的单片机,例如,Cortex-M、MSP430、AVR 和 PIC 等架构的微处理器。有些高性能的应用场合也可能会选用 64 位的处理器。

3. 无嵌入式操作系统

这类嵌入式系统中不包含任何操作系统,可能会包含事件调度器。这类嵌入式系统是应用最广泛的,但嵌入式系统应用复杂性也是最低的,没有复杂的资源调度机制,仅使用微处理器处理相关的外围I/O数据、控制或显示等功能。目前,这类无嵌入式操作系统使用的是8位、16位或32位的微处理器,例如,STC89C51、AVR、Cortex系列等架构的微处理器,应用非常广泛。

1.5 单片机、嵌入式系统和物联网三者之间的关系

单片机是在一块芯片上集成了中央处理器、只读存储器、随机存储器和各种输入/输出接口(定时器/计数器、并行I/O接口、串行I/O接口以及A/D、D/A转换接口等)的微型计算机。单片机与嵌入式系统是不同时代概念的同一事物,经历了许多不为人知的诞生环境与发展历程。单片机的概念出现在通用计算机诞生之前,通用计算机诞生后才有了嵌入式系统的概念。

嵌入式系统诞生于嵌入式微处理器,距今已有30多年历史。早期经历过电子技术领域独立发展的单片机时代,到21世纪,才进入多学科支持下的嵌入式系统时代。从诞生之日起,嵌入式系统就以"物联"为己任,具体表现为:嵌入到物理对象中,实现物理对象的智能化。物联网的基础是嵌入式应用系统,嵌入到物理对象中,给物理对象完整的物联界面。与物理参数相连的是前向通道的传感器接口;与物理对象相连的是后向通道的控制接口;实现人-物交互的是人机交互接口;实现物-物交互的是通信接口。嵌入式系统经历了30多年物联的风风雨雨。无论是单机物联还是网络物联,对嵌入式系统而言,物联网时代不是挑战而是新的机遇。目前,在寻找物联网的定义时,又会想起那个说不清"嵌入式"含义,基于描述式的嵌入式系统定义。如今物联网定义又面临无法说清"物联"本质的尴尬境地。其根本原因是现代计算机知识革命进入通用计算机与嵌入式系统的独立发展时代后,嵌入式系统没有独立的形态,人们看到的只是通用计算机,看不到嵌入式系统。

与嵌入式系统一样,与物联网相关的学科有微电子学科、计算机学科、电子技术学科,以及无限多的对象应用学科。任何一个学科在诠释物联网时都会出现片面性。物联网是在微处理器基础上,通用计算机与嵌入式系统发展到高级阶段相互融合的产物。物联网囊括了多个学科、具有无限多的应用领域。物联网有3个源头:智慧源头、网络源头、物联源头。智慧源头是微处理器,网络源头是互联网,物联源头是嵌入式系统。

嵌入式系统或单片机有3种基本特征,分别是"单片""嵌入"和"物联"。早期传统电子技术领域的智能化改造时代,突出了嵌入式系统的单片机应用特征。多学科融合时代,突出了处理器的嵌入式应用特征。进入到物联网时代,理应强调嵌入式系统的物联特征。物联网是多学科交叉融合的产物,对物联网的深层理解必须有多学科全方位的视野,对物联网的深层研究犹如盲人摸象,任何一个学科都不可能独自对物联网作出正确的诠释。单片、嵌入、物联三位一体的特征是单片机和嵌入式系统都拥有的。"单片"强调的是形态,"嵌入"系统强调的是应用形式,"物联"则是它们的本质。物联网是新时代高新技术的组成之一,是新时代互联网与嵌入式系统深入融合发展的产物。嵌入式系统作为物联网的重要组成元素,其技术视角有利于深刻、全面地理解物联网的本质。

1.6 嵌入式开源硬件系统

为方便嵌入式应用系统的快速入门和快速搭建特定的应用系统,市场上已经提供了很多综合性的嵌入式开源硬件模块,嵌入式爱好者可以直接利用现有的嵌入式开源硬件系统搭建个性化的嵌入式应用系统,不需要把精力放到底层硬件设计和实现上,而直接以应用为中心来设计嵌入式系统软件。

1.6.1 RISC-Ⅴ

RISC-Ⅴ(Reduced Instruction Set Computer-Five)指令集架构是在 2010 年由美国计算机圣地加利福尼亚大学伯克利分校(UC Berkeley)发起的一个开源硬件领域最接近底层的项目。RISC-Ⅴ是一个自由和开放的 ISA,通过开放的标准协作开启了处理器创新的新时代。RISC-Ⅴ ISA 在架构上提供了一个自由、可扩展的软件和硬件自由的新级别,为未来 50 年的计算设计和创新铺平了道路。它应该适应所有实有技术,包括现场可编程门阵列(Field Programmable Gate Array,FPGA)、专用集成电路(Application Specific Integrated Circuit,ASIC)、全定制芯片,甚至未来的设备技术。RISC-Ⅴ架构师的目标是让它在从最小的到最快的所有计算设备上都能有效工作。目前,GCC 工具链和 Linux 内核已实现对 RISC-Ⅴ架构的支持。RISC-Ⅴ仅仅规定了处理器与软件之间的接口规范,具体如何实现芯片功能,还需各个芯片设计公司进行大量的工作。已有很多公司设计出了基于 RISC-Ⅴ的 IP 核(可以交给台积电等代工厂生产芯片)和软核(可以运行在 FPGA 上),其中部分公司已有实体芯片面世。目前,市面上可以买到的 RISC-Ⅴ实体芯片还不多。

致力于 RISC-Ⅴ市场发展的明星创业公司 SiFive,就已经宣布了一款名叫 HiFive Unmatched 的开发板。HiFive Unmatched 开发板采用了 SiFive FU740 SoC,集成了 4 个 U74-MC 内核和一个 S7 嵌入式内核。板载了 32MB SPI 闪存芯片,提供了 4×USB 3.2 Gen 1 端口、一个 PCI Express×16 插槽(×8 速率)、一个 NVMe M.2 插槽、microSD 读卡器以及千兆以太网。具体如图 1-4 所示。

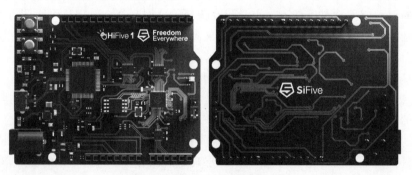

图 1-4　HiFive Unmatched 开发板

1.6.2 Raspberry Pi

Raspberry Pi(树莓派)是由英国剑桥大学的 Eben Upton(埃本·阿普顿)等创建的软硬件平台,是尺寸仅有信用卡大小的一个小型计算机,可将树莓派连接显示器、键盘、鼠标等设备使用,最初的目标是教育领域。由于其强劲的性能和低廉的价格,Raspberry Pi 被众多爱好者青睐。

它是一款基于 ARM 的微型计算机主板,集成了 Broadcom 的 Cortex-A 系列 SoC、大容量的 RAM 内存、图形处理器,以及 USB、WiFi、蓝牙、显示器接口、相机接口和 GPIO。以 SD/MicroSD 卡为内存硬盘,卡片主板周围有 1/2/4 个 USB 接口和一个 10/100 以太网接口(A 型没有网口),可连接键盘、鼠标和网线,同时拥有视频模拟信号的电视输出接口和 HDMI 高清视频输出接口。以上部件全部整合在一张仅比信用卡稍大的主板上,具备所有 PC 的基本功能,只需接通显示器和键盘,就能执行电子表格、文字处理、玩游戏、播放高清视频等诸多功能。Raspberry Pi B 款只提供计算机板,无内存、电源、键盘、机箱或连线。Raspberry Pi 历经多次硬件升级后,于 2019 年 7 月开始销售的 Raspberry Pi 4 将 SoC 升级到了 BCM2711B0(4 个 Cortex-A72 核心,1.5GHz 频率),可选 1GB、2GB、4GB DDR4 内存,双 Micro HDMI 输出。

软件方面,Raspberry Pi 具备运行桌面操作系统的能力。它支持多种操作系统,包括 Raspbian、Fedora、RISC OS、Windows 10 IoT Core 和其他系统。官方的 Raspbian 基于 Debian 进行定制,带有轻量级的桌面环境,内置丰富的编程和教育软件,如 BlueJ(Java IDE)、Thonny(Python IDE)、Mathematica(数学软件)。Raspbian 还可以运行在 X86 机器上。

Raspberry Pi 基金会提供了极其丰富的学习资源,涵盖了编程、硬件知识和大量有趣的项目,其开发板如图 1-5 所示。

图 1-5 Raspberry Pi 开发板

1.6.3 Arduino

Arduino 是一款基于易于使用的硬件和软件的开源电子平台,开发方式简单,有效降低了学习难度,缩短开发周期,并且有很多第三方商家为 Arduino 设计了很多图形化的编程工具,进一步降低了学习难度。Arduino 开发板能够读取传感器上的灯光状态、按钮上的手指动作或 Twitter 消息,并将其转换为输出来打开或关闭 LED 灯、执行相应动作或发布在线内容。多年来,Arduino 已经成为成千上万个项目的"大脑",从日常用品到复杂的科学仪器。一个由学生、业余爱好者、艺术家、程序员和专业人士组成的世界范围的创客社区聚集在这个开源平台周围,他们的贡献积累了大量的可访问知识,对初学者和专家都有很大的帮助。Arduino 诞生于 Ivrea 交互设计研究所,作为快速原型制作的简单工具,面向没有电子和编程背景的学生。Arduino 开发板一接触到更广泛的社区,就开始改变,以适应新的需求和挑战,从简单的 8 位板到物联网应用、可穿戴设备、3D 打印和嵌入式环境的产品。所有 Arduino 开发板都是完全开源的,使用户能够独立构建它们,并最终适应自己的特定需求。这个软件也是开源的,而且正在通过全世界用户的贡献而不断增长。Arduino 对底层的硬件进行了封装,提供了统一的 C/C++接口。只需数行代码,即可调用开发板的各种功能,如 GPIO、串口通信和闪存读写等。与传统的微控制器编程相比,对 Arduino 编程不用关心外设寄存器映射、时钟配置等极为繁杂的细节。在硬件方面,Arduino 支持多个处理器架构。最经典的 Arduino 开发板基于 Atmel AVR 架构,如 ATmega328p、ATmega2560。有些开发板基于 ARM Cortex-M 架构。此外，还有基于 Intel Quark 的 Galileo 和 Edison，以及基于 RISC-Ⅴ架构的第三方移植。Arduino 开发板上带有丰富的 GPIO 和其他接口，以及丰富的扩展板和外设，如图 1-6 所示。

图 1-6　Arduino 开发板

Arduino 的开发环境为 Arduino IDE，如图 1-7 所示。Arduino IDE 既有跨平台的安装版，也有 Web 版。官方 IDE 的编辑器功能较弱，无自动填充代码功能。第三方 IDE 如 PROGRAMINO IDE 和 PlatformIO 提供了更强的功能、更好的体验。

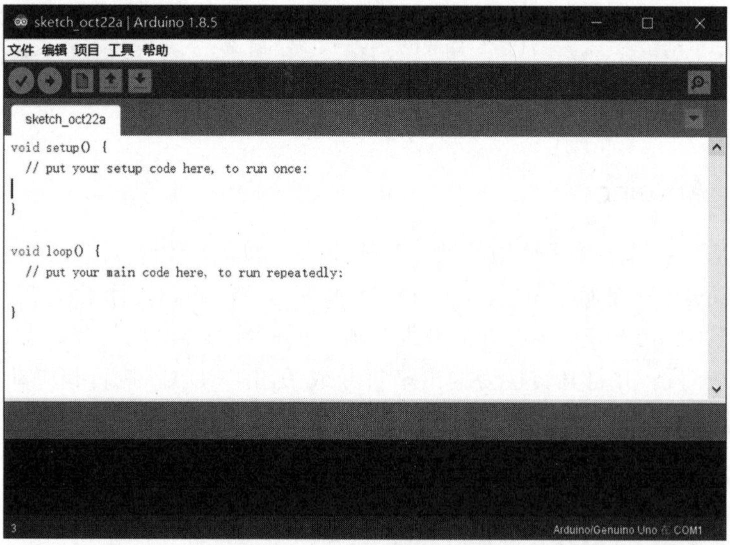

图 1-7　Arduino 的 IDE

1.6.4　MicroPython

MicroPython 是运行于微处理器上的 Python 环境，是 Python 3 编程语言的一个精简高效的实现。它包含了 Python 标准库的一个小子集，经过优化后可在微控制器和受限环境中运行。它是由英国剑桥大学的物理学家 Damien George 开发的。MicroPython 充满了高级特性，比如交互式提示、任意精确整数、闭包、列表理解、生成器、异常处理等。然而，它非常紧凑，只需要 256KB 的代码空间和 16KB 的 RAM 就可以运行。MicroPython 的目标是尽可能与普通 Python 兼容,使用户能够轻松地将代码从桌面转移到微控制器或嵌入式系统。图 1-8 是基于 STM32 的 MicroPython 开源硬件,是运行 MicroPython 的电子电路板,提供了可用于控制各种电子项目的 MicroPython 操作系统。

图 1-8　基于 STM32 的 MicroPython 开源硬件

1.7　嵌入式系统的发展概况与趋势

1.7.1　嵌入式系统的发展概况

20 世纪 60 年代,随着计算机技术、电子信息技术的不断发展,产生了嵌入式系统。至今,嵌入式系统的各项技术蓬勃发展,市场迅猛扩大,已深入生产和生活的各个角落,推进了嵌入式系统的应用与发展。世界上第一台通用计算机 ENIAC(Electronic Numerical Integrator And Computer)于 1946 年 2 月 14 日在美国宾夕法尼亚大学诞生。它是一个庞然大物,用了 18000 个电子管、占地 170m^2、重达 30t、耗电功率约 150kW、每秒可进行 5000 次运算。ENIAC 以电子管作为元器件,所以又称为电子管计算机,是第一代计算机。电子管计算机由于使用的电子管存在体积大、耗电量大和易发热等问题,因而工作的时间不能太长。1957—1964 年,第二代电子计算机诞生,它是采用晶体管制造的电子计算机。晶体管不仅能实现电子管的功能,又具有尺寸小、重量轻、寿命长、效率高、发热少、功耗低等优点。1964 年,开始出现第三代电子计算机,它是采用中、小规模集成电路制造的电子计算机,更多的元件集成到单一的半导体芯片上,计算机变得更小、功耗更低、速度更快。这一时期的发展还包括使用了操作系统,使得计算机在中心程序的控制协调下可以同时运行许多不同的程序。

1. 单片机时代

单片机时代,即单片机诞生后在电子技术领域中独立发展的时代。主要任务是传统工具的智能化改造。从事单片机应用的大多数是电子技术领域的人员。虽然计算机界人士意识到计算机面临"计算"与"智能化控制"两大挑战,并提出了通用计算机与嵌入式计算机系统两个分支的概念,却在发展嵌入式计算机系统上走入了微型计算机(工控机、单板机、单片机)的死胡同。加上嵌入式应用与物理对象紧耦合的特点,无法承担起嵌入式应用的重任,因而退出了单片机应用领域。单片机时代是电子技术领域单打独斗的时代,在这种情况下,许多单片机界人士并不知道什么是嵌入式系统。

虽然计算机技术不断发展,但这些计算机仍无法满足嵌入式计算所要求的体积小、重量轻、耗电少、可靠性高、实时性强等一系列要求。直到微处理器问世之后,也就是说采用大规模集成电路和超大规模集成电路为主要电子器件制成的第四代计算机的问世,嵌入式系统才得到真正意义上的发展。1971 年 11 月 8 日,美国英特尔公司(Intel)生产了全球第一款微处理器 Intel 4004。它的尺寸为 3mm×4mm,外层有 16 只针脚,内层有 2300 个晶体管,它采用 10μm 制程。Intel 4004 的最高频率有 740kHz,能执行 4 位运算,支持 8 位指令集及 12 位地址集。该款处理器原先是为一家名为 Busicom 的日本公司设计,主要用来生产计算机。Intel 4004 的问世使得人们再也不必为设计一台专用机而研制专用的电路、专用的运算器了,只需以微处理器为基础进行设计即可,大大提高了开发专用应用系统的效率。

1976 年,真正意义的单片机芯片 Intel 8048 问世。与此同时,Motorola 公司推出了 68HC05,Zilog 公司推出了 Z80 系列,这些早期的单片机均含有 256 字节的 RAM、4KB 的 ROM、4 个 8 位并口、1 个全双工串行口、2 个 16 位定时器。之后在 20 世纪 80 年代初,Intel 又进一步完善了 8048,在它的基础上研制成功了 8051,这在单片机的历史上是值得纪念的一页。迄今为止,8051 系列的单片机仍然是最为成功的单片机芯片,在各种产品中都有着非常广泛的应用。

2. 多学科融合时代

多学科融合时代与后 PC 时代有关。通用计算机摆脱了嵌入式应用的羁绊后,进入飞速的发展时期。计算机从群众性科技向 Intel 与微软的垄断性科技发展,与此同时,嵌入式应用的巨大市场诱惑,使大批计算机界人士转入单片机应用领域,并将"嵌入式系统"概念激活。这一时期的嵌入式系统是多学科交叉融合的发展时期。多学科的交叉融合大大提升了单片机应用水平,形成了嵌入式系统应用的飞速发展期,嵌入式应用突破了传统电子系统的智能化改造,创造出众多全新概念的智能化系统。嵌入式系统的出现最初是基于 20 世纪 70 年代的单片机,后续出现了各式各样的嵌入式微处理器,使嵌入式系统得以大规模应用。汽车、家电、工业机器、通信装置以及成千上万种产品可以通过内嵌电子装置获得更佳的使用性能,例如更容易使用、更快、更便宜。这些装置已经初步具备了嵌入式的应用特点,但是这时的应用只是使用 8 位的芯片,执行一些单线程的程序,还谈不上"系统"的概念。

从 20 世纪 80 年代早期开始,嵌入式系统的程序员开始用商业级的"操作系统"编写嵌入式应用软件,可以获取更短的开发周期,更低的开发资金和更高的开发效率,这时才出现真正的"嵌入式系统"。确切地说,这个时期的操作系统是一个实时核,这个实时核包含了许多传统操作系统的特征,包括任务管理、任务间通信、同步与相互排斥、中断支持、内存管理等功能。

20 世纪 90 年代以后,随着对实时性要求的提高,软件规模不断上升,实时核逐渐发展为实时多任务操作系统(Real Time Multitasking Operating System,RTMOS),并作为一种软件平台逐步成为目前国际嵌入式系统的主流。这时候更多的公司看到了嵌入式系统的广阔发展前景,开始大力发展自己的嵌入式操作系统。除了上面的几家老牌公司以外,还出现了 Palm OS、Win CE,嵌入式 Linux、Lynx、Nucleux,以及国内的 Hopen、Delta OS 等嵌入式操作系统。随着嵌入式技术的发展前景日益广阔,相信会有更多的嵌入式操作系统软件出现。嵌入式系统是面向用户、面向产品、面向应用的,它必须与具体应用相结合才会具有生命力、才更具有优势。因此可以这样理解上述三个面向的含义,即嵌入式系统是与应用紧密结合的,它具有很强的专用性,必须结合实际系统需求进行合理的裁剪利用。嵌入式系统是将先进的计算机技术、半导体技术、电子技术和各个行业的具体应用相结合后的产物,这一点就决定了它必然是一个技术密集、资金密集、高度分散、不断创新的知识集成系统。所以,介入嵌入式系统行业,必须有一个正确的定位。例如,Palm 之所以在 PDA 领域占有70%以上的市场,就是因为其立足于个人电子消费品,着重发展图形界面和多任务管理。风河的 Vxworks 之所以在火星车上得以应用,则是因为其高实时性和高可靠性。嵌入式系统必须根据应用需求对软硬件进行裁剪,满足应用系统的功能、可靠性、成本、体积等要求。所以,如果能建立相对通用的软硬件基础,然后在其上开发出适应各种需要的系统,则是一个比较好的发展模式。目前的嵌入式系统的核心往往是一个只有几 KB 到几十 KB 的微内核,需要根据实际的使用进行功能扩展或者裁剪,但是由于微内核的存在,使得这种扩展能够非常顺利地进行。

3. 物联网时代

物联网是嵌入式系统的网络应用时代。单片机诞生后,唯一的应用方式便是物联,从单片机物联到总线物联。早在 1987 年,Intel 在 RUPI44 单片机的基础上就推出了位总线(BIT BUS)的分布式物联系统,推动了单片机的网络物联。其后,各种总线技术,如 RS-422/485、CAN BUS、现场总线技术等,形成了众多的有线局域物联网络系统。无线传感器网络出现后,嵌入式系统局域物联网进入到一个全面(有线、无线)的发展时代。与此同时,MCU 的以太网接入技术有了重大的突破,众多成熟的以太网单片机与单片机以太网接口器件,使众多的嵌入式系统、嵌入式系统局域物联网方便地与因特网相连,将因特网与嵌入式系统推进到一个全新物联网时代。

物联网的兴起,为嵌入式系统提供了新的发展契机,在物联网兴起的大潮中,嵌入式系统飞速发展,迅速应用到各行各业,遍及千家万户,尤其是在智慧地球、感知中国、智能城市、平安小区、智能家居等与人们日常生活密切相关的领域得到长足的发展。嵌入式系统是一个涉及面很广的技术领域,可以应用到各行各业。这使得嵌入式系统中的很多技术可以直接应用到物联网。简单地说,物联网是由物联网通信技术和嵌入式系统的集成,是嵌入式系统物联与互联网技术在高级阶段上交叉融合变革的时代产物。物联网的发展离不开嵌入式软硬件的技术支持和进步。物联网可以应用于很多领域,嵌入式技术也不仅是在物联网领域使用。物联网是新一代信息技术的重要组成部分,是因特网与嵌入式系统发展到高级阶段的融合。是因特网在应用上的拓展,是嵌入式技术在网络互连的延伸和应用。作为物联网重要技术组成的嵌入式系统,嵌入式系统视角有助于深刻、全面地理解物联网的本质。物联网是通用计算机的互联网与嵌入式系统单机或局域物联在高级阶段融合后的产物。物联网中,微处理器的无限弥散,以"智慧细胞"形式,赋予物联网"智慧地球"的智力特征。

1.7.2 嵌入式系统的发展趋势

从上述的历史论证中,可以清晰地体会到单片机、嵌入式系统是不同时代、不同学科视角延伸出来的概念。随着网络、电子、计算机等技术的发展,新的嵌入式系统应用层出不穷。从更大的格局看,万物智联时代正在到来,未来将从"以设备为中心"进步为"以用户为中心""以数据为中心"。纵观目前嵌入式系统技术的发展,其发展趋势主要有以下几个方面。

1. 微型化、网络化和开放性

当前,半导体技术、电子技术、计算机技术和网络技术发展很快,可以研制体积小、功耗低、成本低、计算能力强、存储容量大、多元化网络的芯片,因此嵌入式系统逐步向微型化、网络化和开放性发展。

2. 大数据

如果说要将嵌入式系统和大数据结合,可以从整个数据流动的方向来看,嵌入式系统负责前期的数据收集,而大数据则负责后期的具体应用。由于嵌入式系统的广泛使用,前期可以收集到的数据覆盖了社会生活的方方面面,包括电量消耗、河流水质、地震灾害、汽车驾驶、家居环境,而大数据则可以通过研究历史数据再结合实时数据来进行分析和诊断,也可以把诊断结果推送给嵌入式系统实现闭环控制。

3. 物联网

正如前面所述,物联网技术不是单独的一个技术,它是多种技术的融合。物联网涉及感知、控制、网络通信、微电子、软件、嵌入式系统、微机电等技术领域,因此物联网涵盖的关键技术也非常多,大致可以划分为感知关键技术、网络通信关键技术、应用关键技术、共性技术和支撑技术。

4. 人工智能

人工智能是用计算机来模拟人类所从事的推理、学习、思考、规划等思维活动,从而解决需要人类专家才能处理的复杂问题。人工智能不可能没有嵌入式系统,人工智能的领域庞大,涵盖学科众多,应用范围也很多。人工智能与嵌入式系统的关系,可用苏轼《题西林壁》的诗句来形容,即"横看成岭侧成峰,远近高低各不同。不识庐山真面目,只缘身在此山中"。长期以来,形形色色的人工智能的应用就在周围,我们却视而不见。可以说嵌入式开启了人工智能的进程,人工智能的终极目的是实现人类智力的替代,人的智力有"思维"和"行为"两种方式,思维是大脑独立的思考,行为是个体与客观世界的交互。现在的人工智能大多属于前者,Siri、AlphaGo都是典型代表。要实现人工智能的行为,必须使用嵌入式系统,这就是现在所说的强人工智能与弱人工智能。具有行为能力的"弱人工智能"就是智能化工具,即MCU基础上的嵌入式应用系统,已有40多年历史。单片机、嵌入式系统开启了人工智能的历史进程,人类所做的一切都可以由人工智能技术进行模拟。人工智能是基础的技术资源,它有着改变人们的思维与生活方式、变革社会的巨大潜力。

5. 边缘计算

在边缘计算环境下的嵌入硬件需要有边缘计算功能的模块作为协处理单元,简称边缘计算硬件单元。接着需要将边缘计算硬件单元集成到原有的嵌入式系统硬件平台上,配以相应的嵌入式软件支撑技术,实现具有边缘计算能力的嵌入式系统。

6. 机器人

机器人是一种能模拟人类智能和肢体工作的装置,它不仅能提高工业产品的质量和生产效率,降低成本,而且能完成有害地区的工作,从而具有实用价值。机器人是由全面且综合的嵌入式系统组成的,其发展的速度与嵌入式系统的发展有着密切的关系,可以说对机器人技术的研究就是对嵌入式系统的深入研究,嵌入式系统的深入发展一定会促使机器人的智能化水平有大幅度的提高。

1.8 嵌入式系统应用

嵌入式系统的出现给人类生活带来了巨大的变化,嵌入式技术近年来得到了飞速的发展,嵌入式产业涉及的领域非常广泛,彼此之间的特点也相当明显,使现代科学研究产生了质的飞跃。嵌入式系统自问世以来,已广泛应用在工业自动化、自动控制与检测、智能仪器仪表、机电一体化设备、汽车电子、家用电器等各方面。

1. 无人驾驶汽车

无人驾驶汽车是智能汽车的一种,也称为轮式移动机器人,主要依靠车内以计算机系统为主的智能驾驶仪实现无人驾驶的目标。截至目前,包括谷歌、华为、百度、中国长安、京东等都开始了无人驾驶汽车的研究与开发,无人驾驶汽车的出现对缓解交通压力、减少环境污染等具有重要作用。无人驾驶汽车,是集自动控制、体系结构、人工智能、视觉计算等众多技术于一体,是计算机科学、模式识别和控制技术高度发展的产物,如图1-9所示。它利用车载传感系统感知道路环境,识别障碍物信息,利用计算机控制技术严格把握车辆的转向和速度,通过雷达、全球定位系统等自行规划行车路线并控制车辆到达预定目标,从而保证车辆安全、可靠地在道路上行驶。

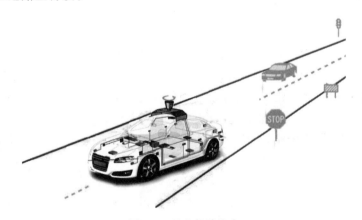

图1-9 无人驾驶汽车

2. 智能家居

随着生活质量的日益改善和生活节奏的不断加快,人们的工作、生活日益信息化。信息化改变了人们的生活方式与工作习惯,使得家居系统的智能化成为一种消费需求,智能家居系统越来越被重视。智能家居系统是将家庭中各种通信设备、家用电器和家庭安保装置通过家居控制系统进行整合,并进行远程控制和管理,已经成为近年来一个热门研究课题,如图1-10所示。传统的家居智能控制系统一般采用有线方式来组建,如同轴电缆、USB、CAN总线等。但有线网络具有布线麻烦、可扩展性差等固有的缺点,限制了有线网络技术在智能家居系统中的发展。因此,基于物联网,将无线网络技术应用于家庭网络已是大势所趋。这不仅仅因为无线网络具有更大的灵活性、流动性,省去了布线的麻烦,更重要的是它符合家居控制网络的通信特点。无线家居网络将人们生活与工作的广袤空间浓缩于人类的双手可以掌控的距离。

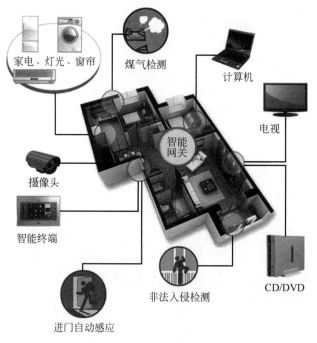

图 1-10　智能家居

　　随着嵌入式系统在物联网中广泛运用,智能家居控制系统对住宅内的家用电器、照明灯光进行智能控制,并实现家庭安全防范,并结合其他系统为住户提供一个温馨舒适、安全节能、先进时尚的家居环境,让住户充分享受到现代科技给生活带来的方便与精彩。

3. 机器人

　　机器人技术的发展从来就是与嵌入式系统的发展紧密联系在一起的,机器人技术的研究就是嵌入式技术的应用,而嵌入式技术的发展必定促进机器人智能化水平。20 世纪70 年代中期以后,由于智能控制理论的发展和微处理器的出现,机器人逐渐成为研究的热点,并且获得了长足的发展。目前,嵌入式系统在机器人控制系统被广泛采用。嵌入式控制器越来越微型化、功能化,微型机器人、特种机器人等也获得更大的发展机遇,无论从控制系统的结构还是机器人的智能程度方面都得到了很大的提高。以索尼的机器狗为代表的智能机器宠物是最典型的嵌入式机器人控制系统,除了能够实现复杂的运动功能,它还具有图像识别、语音处理等高级人机交互功能,可以模仿动物的表情和运动行为,如图 1-11 所示。火星车也是一个典型例子,这个价值 10 亿美元的技术高度密集型移动机器人,采用 VxWorks操作系统,可以在不与地球联系的情况下自主工作。嵌入式系统在机器人控制系统中起到了极为重要的作用,特别是在运动控制视频图像采集、传送和显示与监测方面起到了很重要的作用,是整个控制系统的实时性、正确性得到保证的关键。在嵌入式技术的支持以及多媒体网络技术的支持下,对机器人进行远程控制与监测将会成为现实,并且随着嵌入式系统以及多媒体网络技术的进一步发展,机器人技术将会有着更广阔的发展空间。

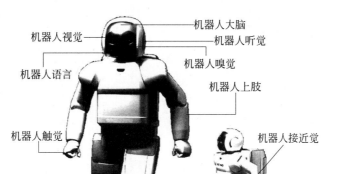

图 1-11 机器人

4. 军事应用

运动控制技术集人工智能感知、决策和反馈于一体,包括单体运动控制和群体运动控制,主要应用于机器人和无人系统。单体运动控制以美国的四足"大狗"机器人和双足人形"阿特拉斯"机器人为代表,它们自带大量传感器,用于监测身体姿态与加速、关节运动、发动机转速以及内部机械装置的液压等参数,如图 1-12 所示。通过先进的学习算法,机器人能够不断累积经验,自主避障,穿越复杂的地形,具备在高危战场环境下的作战能力。大纵深、立体化、信息化、密集综合火力支援以及快速机动,已成为未来战场的突出特点。在新的作战思想和作战模式下,必须进一步提高武器装备性能,以适应未来形势发展的需要。人工智能与基因工程和纳米科学,并称为 21 世纪三大尖端技术。将人工智能技术应用于武器装备,可适应未来"快速、精确、高效"的作战需求,使武器装备对目标进行智能探测、跟踪,对数据和图像进行智能识别以及对打击对象进行智能杀伤,大大提高装备的突防和杀伤效果。世界各主要军事强国都大力推进武器装备的智能化战略,嵌入式系统的军事应用成为国内外研究的热点。

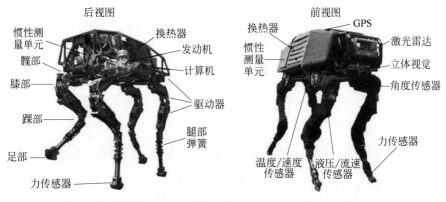

图 1-12 美国的四足"大狗"机器人

5. 办公自动化

意法半导体发布了一款基于嵌入式处理器技术的激光打印机系统整体解决方案。该方案包括全部硬件、固件和软件,能够缩短打印机厂商的开发周期并降低开发资源需求。意法半导体的激光打印机控制板集成了高性能的双 ARM9 内核的 SPEAr600 处理器、DDR2 存储器接口、USB 2.0 端口、千兆以太网接口和现场可编程门阵列(FPGA)。此外,该解决方案还配备激光打印机专用 IP 模块、固件子系统以及基于 Windows 软件开发工具套件的简化用户界面,如图 1-13 所示。

6. 消费电子

在消费电子领域,比如我们使用的手机和家里的电冰箱、电视机、抽油烟机、电磁炉等家用电器,这些稍微有一点智能化的电器都离不开嵌入式系统。图 1-14 是一款华为 5G 智能手机。

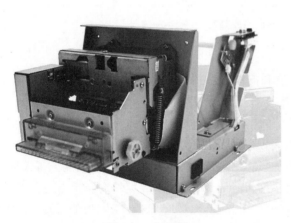

图 1-13　打印机

图 1-14　智能手机

7. 智慧农业

近年来,随着芯片技术和嵌入式操作系统的发展,嵌入式系统被广泛应用于各行各业。我国是农业大国,物联网技术的成熟带动农业物联网终端产品发展,养殖物联网系统、智能大棚、自动水肥一体化等日益成熟,大大促进了农业生产智能化,如图 1-15 所示。

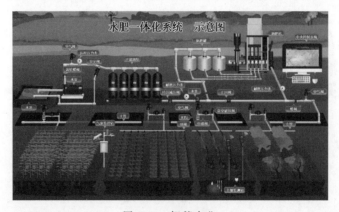

图 1-15　智慧农业

世界上许多发达国家拥有着高度发达的养殖业,均有着高技术、低人工、高产能、低消耗等特点。其中,高技术的科技力量已经成为现代化养殖场一个关键性的指标。我国的养殖业以前只是"后院养殖"的副业,经过40多年的发展,从后院养殖的副业到独立的产业,从传统养殖到机械化设备养殖、加工、包装的现代化养殖,形成规模化养殖,成为我国农业的主要组成,带动农业经济快速发展。

本章小结

本章主要介绍了嵌入式系统的概念、嵌入式系统的发展概况、组成、特点、分类、开源硬件、发展趋势及其应用领域。通过本章的学习,要求学生掌握嵌入式系统的有关概念、基本组成、嵌入式系统的特点,了解嵌入式系统的现状、发展趋势、应用领域,对嵌入式系统有个初步的印象,为后面的学习打下基础。

习题 1

1. 填空题

(1) 嵌入式系统由_____和_____组成。

(2) 一个完整的嵌入式系统应包括_____、_____、_____和_____四部分。

(3) 嵌入式系统一般需要在微处理器基础上,添加_____和_____才得以构成。

(4) _____是整个嵌入式系统的基础,具体的功能还要靠软件驱动才能实现完成。

(5) 嵌入式系统中间层有_____和_____两个相关性。

(6) _____、_____和_____是单片机或嵌入式系统的三个本质特征。

(7) _____是一种完全嵌入受控器件内部,为特定应用而设计的专用计算机系统。

(8) _____是指在单个芯片上集成一个完整的系统,对所有或部分必要的电子电路进行包分组的技术。

2. 选择题

(1) 关于嵌入式系统描述不正确的是(　　)。

　　A. 嵌入式系统是以具体应用为中心

　　B. 嵌入式系统是以通用计算机技术为基础

　　C. 硬件不可以根据实际需求裁剪

　　D. 对功能、可靠性、成本、体积、功耗等有严格要求

(2) 嵌入式系统的基本功能不包括(　　)。

　　A. 信号的传递　　　　B. 信号的处理　　　C. 信号的显示　　　D. 信号的干扰

(3) 嵌入式系统硬件的核心是(　　)。

　　A. 微处理器　　　　B. 外围硬件设备　　　C. 通信总线　　　D. 应用程序

(4) 嵌入式系统的硬件初始化不包括(　　)。

　　A. 片级初始化　　　　　　　　　　　B. 板级初始化

　　C. 系统级初始化　　　　　　　　　　D. 应用程序初始化

(5)(　　)是针对具体实际应用构建的基于芯片级的带有外围电路的硬件模块。

  A. 芯片级　　　　　　B. 板级　　　　　　C. 设备级　　　　　　D. DSP

(6)(　　)属于运行效率高、功能紧凑且具有很强实时性的操作系统。

  A. 全能操作系统　　　　　　　　　　B. 实时嵌入式操作系统

  C. 无嵌入式操作系统　　　　　　　　D. 计算机操作系统

3. 简答题

(1) 什么是嵌入式微处理器?

(2) 简述嵌入式系统与通用计算机系统的异同。

(3) 简述单片机、嵌入式系统和物联网三者之间的关系。

(4) 嵌入式系统包括哪几个组成部分? 分别描述各部分的功能。

(5) 嵌入式系统具有哪些特点?

(6) 简述嵌入式系统的微处理器处理数据的过程。

## 第 2 章

STM32 微控制器及 开发环境

随着科学技术水平的不断提高,适应不同应用场景的微控制器层出不穷。以 STM32 微控制器为代表的微处理器由于具有体积小、高性能、低成本、低功耗等优点,在各行各业广泛应用,赢得了嵌入式系统领域开发者的认可。因此,本章将围绕 ARM 的相关概念、ARM 内核产品、STM32 Cortex 微控制器、最小系统、时钟系统以及开发环境展开论述。

学习目标

➢ 了解 ARM 的有关概念、内核产品、寄存器、应用领域和指令集;

➢ 了解 STM32 微控制器相关概念;

➢ 掌握 STM32 的最小系统;

➢ 理解 STM32 的时钟系统;

➢ 了解 STM32 开发软件的安装过程。

2.1 ARM

ARM(Advanced RISC Machines)是英国 Acorn 公司(Arm 公司的前身)设计的低功耗、低成本的第一款精简指令集计算机(Reduced Instruction Set Computer,RISC)微处理器。Arm 公司在全球半导体行业技术领先,其主要业务是设计 16 位和 32 位嵌入式处理器。ARM 所采取的是知识产权(Intellectual Property,IP)授权的商业模式,收取一次性技术授权费用和版税提成。ARM 微处理器只提供处理器的设计,并不生产具体的芯片。例如,以华为和阿里巴巴为代表的国内企业已经利用 ARM 微处理架构设计了符合特定应用领域的芯片,并已在很多领域得到了广泛应用。

2.1.1 ARM 概述

ARM 是一个 32 位精简指令集处理器体系结构。所谓体系结构是指计算机的逻辑结构与功能特性,主要包括微处理器所支持的指令集和基于该体系结构下微处理器的编程模型。ARM 既是一类微处理器芯片或产品的统称,也是采用 ARM 技术开发的 RISC 处理器的统称。ARM 专门从事基于 RISC 技术芯片的设计开发,不直接生产芯片,而是转让技术设计许可,由合作公司生产各具特色的芯片。例如,华为旗下海思设计的许多芯片目前都是使用 ARM 的基础技术制造的,并需要为此支付专利许可费用。ARM 的设计是全球大多数移动设备处理器的基础。各大手机芯片,包括高通骁龙、Apple A 系列、华为麒麟芯片、三星等底层均是 ARM 的技术。现将基于 ARM 的体系结构划分为如下类型:

- Cortex-A:应用程序型,适用于高端消费电子领域,在最佳功率下的最高性能。
- Cortex-R:实时任务型,针对高实时型应用,可靠的关键任务的性能。
- Cortex-M:微控制器型,适用于低功耗、高性能和低成本的应用,为最节能的嵌入式设备供电。
- Neoverse:云架构型,可扩展和灵活的云边缘基础设施。
- SecureCore:安全应用型,针对物理安全应用程序的强大解决方案。
- Ethos:人工智能型,机器学习推理的最高性能。

ARM 处理器具有耗电少、功能强、16 位/32 位双指令集和合作伙伴众多等优势,具体特点如下:

- 体积小、功耗低、成本低、性能高;
- 支持 Thumb(16 位)/ARM(32 位)双指令集,能很好地兼容 8 位/16 位器件;
- 大量使用寄存器,指令执行速度更快;
- 大多数数据操作都在寄存器中完成;
- 寻址方式灵活简单,执行效率高;
- 指令长度固定。

2.1.2 ARM 系列内核产品

随着对嵌入式系统的要求越来越高,作为其核心的嵌入式微处理器的综合性能也受到日益严峻的考验,最典型的例子就是伴随 5G 网络的推广,对手机的处理能力要求越来越高,现在一个高端智能手机的微控制器的处理能力与几年前的笔记本电脑的微处理器的能力相当。为了迎合市场需求,Arm 公司也在加紧研发最新的 ARM 架构,Cortex 系列就是这样的产品。在 Cortex 之前,ARM 核都是以 ARM 为前缀命名的,例如 ARMv2、ARMv7和 ARMv9 等。为了进一步体现 ARM 处理器的重要性,Arm 公司将很多最新的研发产品以 Cortex 命名,可能是因为 Cortex 表示大脑皮层,而大脑皮层正是人脑最核心的部分,也是最强的计算单元。图 2-1 所示是 ARM 微处理器核心以及体系结构的发展历史。

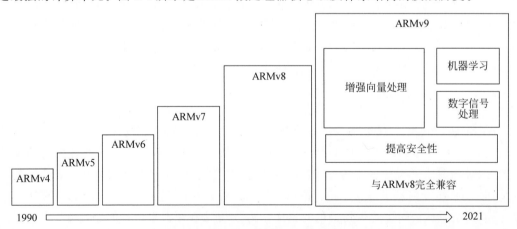

图 2-1　ARM 处理器架构进化史

观察图 2-1 可知,ARM 处理器从早期的 v4 架构已经发展到 v9 架构。最新一代架构 ARMv9 是在目前已经广泛使用的 ARMv8 的基础上,面向未来 10 年的新一代架构。 ARMv9 架构的初代版本增强了安全性、机器学习、DSP 性能,ARMv9 架构未来也将持续增强这些性能,并将加入新特性。表 2-1 列出了 ARM 体系结构与内核产品的对应关系。

表 2-1　ARM 系列与内核产品关系

ARM 体系结构	处理器位数	内 核 产 品
ARMv1	32	ARM1
ARMv2	32	ARM2、ARM250、ARM30
ARMv3	32	ARM6、ARM7
ARMv4	32	ARM8
ARMv4T	32	ARM7TDMI、ARM9TDMI、SecureCore SC100
ARMv5TE	32	ARM7EJ、ARM9E、ARM10E
ARMv6	32	ARM11
ARMv6-M	32	ARM Cortex-M0、ARM Cortex-M0$_+$、ARM Cortex-M1
ARMv7-M	32	ARM Cortex-M3
ARMv7E-M	32	ARM Cortex-M4、ARM Cortex-M7
ARMv7-R	32	ARM Cortex-R0 ARM Cortex-R5
ARMv7-A	32	ARM Cortex-A5、ARM Cortex-A9、ARM Cortex-A15
ARMv8-A	64/32	ARM Cortex-A53、ARM Cortex-A57、ARM Cortex-A73
ARMv9	64/32	Cortex-X2、Cortex-A710

从表 2-1 可知,ARMv7 架构是 Arm 公司应用最广泛的架构,而比较熟悉的三星的 S3C2410 芯片是 ARMv4 架构,ATMEL 公司的 AT91SAM9261 芯片则是 ARMv5 架构。 ARMv7 架构是在 ARMv6 架构的基础上诞生的,该架构采用了 Thumb-2 技术,Thumb-2 技术是在 ARM 的 Thumb 代码压缩技术的基础上发展起来的,并且保持了对现存 ARM 解决方案的完整的代码兼容性。Thumb-2 技术比纯 32 位代码少使用 31% 的内存,减小了系统开销,同时能够提供比已有的基于 Thumb 技术的解决方案高出 38% 的性能。ARMv7 架构还采用了 NEON 技术,将 DSP 和媒体处理能力提高了近 4 倍,并支持改良的浮点运算,满足下一代 3D 图形、游戏物理应用以及传统嵌入式控制应用的需求。此外,ARMv7 还支持改良的运行环境,以迎合不断增加的 JIT(Just In Time)和 DAC(Dynamic Adaptive Compilation)技术的使用。另外,ARMv7 架构对于早期的 ARM 处理器软件也提供很好的兼容性。Cortex-A53 采取了 ARMv8-A 架构,能够支持 32 位的 ARMv7 代码和 64 位代码的 AArch64 执行状态。Cortex-A53 架构特点是功耗降低、能效提高,其目标是 28nm HPM 制造工艺下、运行 SPECint2000 测试时,单个核心的功耗不超过 0.13W。它提供的性能比 Cortex-A7 处理器的功率效率更高,并能够作为一个独立的主要的应用处理器,或者搭配 Cortex-A57 处理器构成 big.LITTLE 配置。Cortex-A53 在相同的频率下,能提供比 Cortex-A9 更高的效能,其主要面对的是中高端计算机、平板电脑、机顶盒、数字电视等。 Cortex-A73 支持全尺寸 ARMv8-A 架构,ARMv8-A 是 Arm 公司的首款支持 64 位指令集

的处理器架构,包括 ARM TrustZone 技术、NEON、虚拟化和加密技术。所以无论是 32 位还是 64 位,Cortex-A73 都可以提供适应性最强的移动应用生态开发环境。Arm 公司推出了其最新的 CPU 和 GPU 参考设计,包括其旗舰产品 Cortex-X2 和 Cortex-A710 CPU 以及 Mali-G710 GPU。新的 CPU 和 GPU 设计不仅是 Arm 公司的最新芯片蓝图,它们也是 Arm 10 年来首次采用新的 ARMv9 架构的设计,这意味着性能的大幅跃升,以及新的安全和 AI 功能。Cortex-X2 是 Arm 的 Cortex-X 自定义程序的一部分,该程序使合作伙伴可以针对其特定用例帮助设计专门的内核。它是 Cortex-X1 的后继产品,也是该产品系列中功能最强大的设计,与之前的模型相比,其性能有望提高 16%。还有一个新的"大"内核 Cortex-A710,与之前的 Cortex-A78 相比,有望提高 30% 的电源效率和 10% 的性能。Arm 公司表示,由 ARMv9 设计组成的 CPU 集群(1 个 Cortex-X2、3 个 Cortex-A710 核心和 4 个 Cortex-A510 核心)与 ARMv8.2 集群相比,峰值性能应提高 30%(得益于大核 Cortex-X2),整体效率提高 30%(来自 Cortex-A710),而 Cortex-A510 的"小"核性能提高 35%。

2.1.3　ARM 寄存器组

ARM 处理器一般共有 37 个 32 位寄存器,其中 31 个通用寄存器,6 个状态寄存器。它们被分为若干组(BANK)。通用寄存器是包括 PC(计算机)在内的 32 位的寄存器。状态寄存器是用以标识 CPU 工作状态及程序运行状态的 32 位的寄存器。实际应用中,状态寄存器只使用了 32 位中的一部分。

ARM 处理器的通用寄存器包括用户模式(User mode)、系统模式(System Mode)、快速中断模式(FIQ Mode)、管理模式(Supervisor Mode)、数据访问中止模式(Abort Mode)、外部中断模式(IRQ Mode)和未定义指令中止模式(Undefined Mode)共 7 种不同的处理器模式,如图 2-2 所示。

系统和用户	快速中断	管理	数据访问中止	外部中断	未定义指令中止
R0	R0	R0	R0	R0	R0
R1	R1	R1	R1	R1	R1
R2	R2	R2	R2	R2	R2
R3	R3	R3	R3	R3	R3
R4	R4	R4	R4	R4	R4
R5	R5	R5	R5	R5	R5
R6	R6	R6	R6	R6	R6
R7	R7	R7	R7	R7	R7
R8	R8_fiq	R8	R8	R8	R8
R9	R9_fiq	R9	R9	R9	R9
R10	R10_fiq	R10	R10	R10	R10
R11	R11_fiq	R11	R11	R11	R11
R12	R12_fiq	R12	R12	R12	R12
R13	R13_fiq	R13_svc	R13_abt	R13_irq	R13_und
R14	R14_fiq	R14_svc	R14_abt	R14_irq	R14_und
R15(PC)	R15(PC)	R15(PC)	R15(PC)	R15(PC)	R15(PC)

图 2-2　ARM 处理器的 7 种不同模式

其中,用户模式是指 ARM 处理器正常的程序执行状态;系统模式是运行具有特权的操作系统任务;快速中断模式主要用于高速数据传输或通道处理;外部中断模式用于通用的中断处理;管理模式是操作系统使用的保护模式;数据访问中止模式是指当数据或指令预取中止时进入该模式,可用于虚拟存储及存储保护;未定义指令中止模式是当未定义的指令执行时进入该模式,可用于支持硬件协处理器的软件仿真。

从图 2-2 可知,每一种处理器模式中有一组相应的寄存器。在任意一种处理器模式下,可见的寄存器包括 15 个通用寄存器(R0～R14)、1 个或者 2 个状态寄存器以及程序计数器 PC(R15)。如图 2-3 所示。

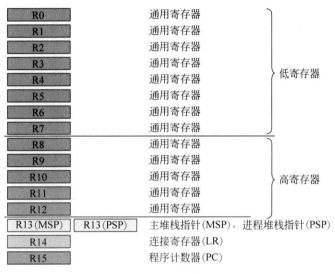

图 2-3　寄存器

在所有的寄存器中,有些是各模式共用同一个物理寄存器,有些寄存器是各个模式自己拥有独立的物理寄存器。这些寄存器不能被同时访问,但在任何时候通用寄存器 R0～R14、程序计数器 PC 和 1 个或 2 个状态寄存器都是可访问的。其中,通用寄存器可以分为未分组寄存器 R0～R7、分组寄存器 R8～R14 和程序计数器 PC(R15)共 3 类。

1. 未分组寄存器 R0～R7

在所有运行模式下,未分组寄存器都指向同一个物理寄存器,它们未被系统用作特殊的用途。因此,在中断或异常处理进行运行模式转换时,由于不同的处理器运行模式均使用相同的物理寄存器,所以可能造成寄存器中数据的破坏。

2. 分组寄存器 R8～R14

对于分组寄存器,它们每一次所访问的物理寄存器都与当前处理器的运行模式有关。对于 R8～R12 来说,每个寄存器对应 2 个不同的物理寄存器,当使用 FIQ(快速中断模式)时,访问寄存器 R8_fiq～R12_fiq;当使用除 FIQ 模式以外的其他模式时,访问寄存器 R8_usr～R12_usr。对于 R13 和 R14 来说,每个寄存器对应 6 个不同的物理寄存器,其中 1 个是用户模式与系统模式共用,另外 5 个物理寄存器对应其他 5 种不同的运行模式,并采用以下记号来区分不同的物理寄存器:R13_mode 和 R14_mode,其中 mode 可为 usr、fiq、irq、svc、abt 和 und。在 ARM 指令中常将寄存器 R13 作为堆栈指针,使用者也可以运用其余的寄存器作堆栈指针,但是在 Thumb 指令集中某些指令要求必须使用 R13 作为堆栈指针。由于处理器的每种运行模式均有自己独立的物理寄存器 R13,在用户应用程序的初始化部分,一般都要初始化每种模式下的 R13,使其指向该运行模式的栈空间。当程序的运行进入异常模式时,可以将需要保护的寄存器放入 R13 所指向的堆栈,而当程序从异常模式返回时,则从对应的堆栈中恢复,采用这种方式可以保证异常发生后程序的正常执行。R14 称为连接寄存器(Connection Register),也可作为通用寄存器。当执行子程序调用指令(BL)时,R14 可得到 R15(程序计数器)的备份。在每一种运行模式下,都可用 R14 保存子程序的返回地址,当用 BL 或 BLX 指令调用子程序时,将 PC 的当前值复制给 R14,执行完子程序后,又将 R14 的值复制回 PC,即可完成子程序的调用返回。

3. 程序计数器 PC(R15)

寄存器 R15 用作程序计数器,在 ARM 状态下,位[1:0]为 0,位[31:2]用于保存 PC;在 Thumb 状态下,位[0]为 0,位[31:1]用于保存 PC。由于 ARM 体系结构采用了多级流水线技术,对于 ARM 指令集而言,PC 总是指向当前指令的下两条指令的地址,即 PC 的值为当前指令的地址值加 8 字节。

寄存器 R16 用作当前程序状态寄存器(Current Program Status Register,CPSR),如图 2-4 所示。每一种运行模式下都有一个专用的物理状态寄存器,称为备份的程序状态寄存器(Saved Program Status Register,SPSR)。当异常发生时,SPSR 用于保存 CPSR 的当前值,从异常退出时,则可由 SPSR 来恢复 CPSR。由于用户模式和系统模式不属于异常模式,它们没有 SPSR,在这两种模式下访问 SPSR 时结果是未知的。

图 2-4 程序状态寄存器

CPSR 可在任何运行模式下被访问,它包括条件标志位和控制位。CPSR 标志位如图 2-5 所示。

xPSR	31	30	29	28	27	26:25	24	23:20	19:16	15:10	9	8	7	6	5	4:0
	N	Z	C	V	Q	ICI/IT	T			ICI/IT		Exception Number				

图 2-5 CPSR 标志位

1) 条件标志位(Condition Code Flags)

N(Number)、Z(Zero)、C(Come)、V(Overflow)均为条件标志位,它们的内容可被算术或逻辑运算的结果所改变,并且可以决定某条指令是否被执行。在 ARM 状态下,绝大多数的指令都是有条件执行的;在 Thumb 状态下,仅有分支指令是有条件执行的。N 表示当用两个补码表示的带符号数进行运行时,N=1 表示运行结果为负,而 N=0 表示运行结果为正或 0。Z 表示零位,Z=1 表示运算结果为 0,Z=0 表示运行结果非 0。C 表示加法运算,当运算结果产生了进位时 C=1,否则 C=0;当运算产生了借位时 C=0,否则 C=1。对于包含移位操作的非加/减运算指令,C 为移出值的最后一位,对于其他的非加/减运算指令,C 的值通常不改变。V 是对于加/减法运算指令,当操作数和运算结果为二进制补码表示的带符号数时，V＝1表示符号位溢出；对于其他的非加/减运算指令，V的值通常不改变。

2) 控制位(Control Flags)

PSR的低8位(包括I、F、T和M[4∶0])称为控制位。当发生异常时，这些位可以被改变，如果处理器运行特权模式，这些位也可以由程序修改。中断禁止位I和F，I＝1表示禁止IRQ中断，F＝1表示禁止FIQ中断。每一种运行模式下又都有一个专用的物理状态寄存器，称为SPSR。当异常发生时，SPSR可以保存CPSR的当前值，从异常退出时则可由SPSR恢复CPSR。由于用户模式和系统模式不属于异常模式，它们没有SPSR，当在这两种模式下访问SPSR时结果是未知的。Thumb状态下程序可以直接访问8个通用寄存器(R0～R7)、程序计数器(PC)、堆栈指针(Stack Pointer，SP)、链接寄存器(Link Register，LP)和CPSR，同时，在每一种特权模式下都有一组SP、LR和SPSR。

2.1.4　ARM微处理器的应用领域

ARM处理器市场覆盖率最高、发展趋势广阔，基于ARM技术的32位微处理器，市场的占有率目前已达到80%。绝大多数IC制造商都推出了自己的ARM结构芯片。我国的中兴集成电路、大唐电信、华为海思、中芯国际和上海华虹，以及国外的一些公司如德州仪器、意法半导体、PHILIPS、Intel、Samsung等都推出了自己设计的基于ARM核的处理器。ARM处理器应用领域广泛，具体如下。

工业控制领域：作为32位的RISC架构，基于ARM核的微控制器芯片不但占据了高端微控制器市场的大部分市场份额，同时也逐渐向低端微控制器应用领域扩展，ARM微控制器的低功耗、高性价比，向传统的8/16位微控制器提出了挑战。

无线通信领域：目前已有超过85%的无线通信设备采用ARM技术，ARM以其高性能和低成本，在该领域的地位日益巩固。

网络设备：随着宽带技术的推广，采用ARM技术的ADSL芯片正逐步获得竞争优势。此外，ARM在语音及视频处理上进行了优化，并获得广泛支持，也对DSP的应用领域提出了挑战。

消费类电子产品：ARM技术在目前流行的数字音频播放器、数字机顶盒和游戏机中得到广泛采用。

成像和安全产品：现在流行的数码相机和打印机中绝大部分采用ARM技术，手机中的32位SIM智能卡也采用了ARM技术。

2.1.5　CISC和RISC指令集

复杂指令集计算机(Complex Instruction Set Computer，CISC)是一种微处理器指令集架构，微处理器是台式计算机系统的基本处理部件，每个微处理器的核心是运行指令的电路。从计算机诞生以来，人们一直沿用指令集方式。早期的桌面软件就是按CISC设计的，并一直延续到现在。目前，桌面计算机流行的X86体系结构也使用的是CISC。微处理器厂商一直在走CISC的发展道路，包括Intel、AMD，还有其他一些现在已经更名的厂商，如TI(德州仪器)、IBM以及VIA(威盛)等。在CISC微处理器中，程序的各条指令是按顺序串行执行的，每条指令中的各个操作也是按顺序串行执行的。顺序执行的优点是控制简单，但计算机各部分的利用率不高,执行速度慢。CISC 架构的服务器主要以 IA-32 架构(Intel Architecture,英特尔架构)为主,而且多数为中低档服务器所采用。在 CISC 指令集的各种指令中,大约有 20% 的指令会被反复使用,占整个程序代码的 80%。而余下的指令却不经常使用,在程序设计中只占 20%。CISC 体系结构的特征如下:

- 指令解码逻辑很复杂。
- 需要一条指令来支持多种寻址模式。
- 较少的芯片空间足以用于通用寄存器,以直接在存储器上操作零地址指令。
- 各种 CISC 设计都为堆栈指针设置了两个特殊的寄存器,用于处理中断等。
- MUL 被称为"复杂指令",需要程序员来存储功能。

精简指令集计算机(Reduced Instruction Set Computer,RISC)是指令格式和长度通常固定(如 ARM 是 32 位的指令)、指令和寻址方式少而简单、大多数指令在一个周期内就可以执行完毕的指令集架构。起源于 20 世纪 80 年代的每秒执行百万条指令(MIPS)的主机,RISC 机中采用的微处理器统称 RISC 处理器。RISC 能够以更快的速度执行操作。RISC 结构优先选取使用频率最高的简单指令,避免复杂指令;将指令长度固定,指令格式和寻址方式种类减少;以控制逻辑为主,不用或少用微码控制等。因为计算机执行每个指令类型都需要额外的晶体管和电路元件,计算机指令集越大就会使微处理器更复杂,执行操作也会更慢。RISC 体系结构具有如下特点:

- 采用固定长度的指令格式,指令归整、简单,基本寻址方式有 2~3 种。
- 使用单周期指令,便于流水线操作执行。
- 大量使用寄存器,数据处理指令只对寄存器进行操作,只有加载/存储指令可以访问存储器,以提高指令的执行效率。除此以外,ARM 体系结构还采用了一些特别的技术,在保证高性能的前提下尽量缩小芯片的面积,并降低功耗。
- 所有的指令都可根据前面的执行结果决定是否被执行,从而提高指令的执行效率。
- 可用加载/存储指令批量传输数据,以提高数据的传输效率。
- 可在一条数据处理指令中同时完成逻辑处理和移位处理。
- 在循环处理中使用地址的自动增减来提高运行效率。

CISC 和 RISC 二者的区别主要表现在以下几方面。

- 指令系统:RISC 设计者把主要精力放在那些经常使用的指令上,尽量使它们具有简单高效的特色。对不常用的功能,常通过组合指令来完成。因此,在 RISC 机器上实现特殊功能时,效率可能较低,但可以利用流水线技术和超标量技术加以改进和弥补。而 CISC 计算机的指令系统比较丰富,有专用指令来完成特定的功能。因此,处理特殊任务效率较高。
- 存储器操作:RISC 对存储器操作有限制,使控制简单化;而 CISC 机器的存储器操作指令多,操作直接。
- 程序:RISC 汇编语言程序一般需要较大的内存空间,实现特殊功能时程序复杂,不易设计;而 CISC 汇编语言程序编程相对简单,科学计算及复杂操作的程序设计相对容易,效率较高。
- 中断:RISC 机器在一条指令执行的适当地方可以响应中断;而 CISC 机器是在一条指令执行结束后响应中断。

- CPU芯片电路：RISC CPU包含较少的单元电路，因而面积小、功耗低；而CISC CPU包含丰富的电路单元，因而功能强、面积大、功耗大。
- 设计周期：RISC微处理器结构简单，布局紧凑，设计周期短，且易于采用最新技术；CISC微处理器结构复杂，设计周期长。
- 用户使用：RISC微处理器结构简单，指令归整，性能容易把握，易学易用；CISC微处理器结构复杂，功能强大，实现特殊功能容易。
- 应用范围：由于RISC指令系统的确定与特定的应用领域有关，故RISC机器更适用于专用机；而CISC机器则更适用于通用机。

2.2 STM32 Cortex 微控制器

2.2.1 STM32 概述

STM32 Cortex系列32位微控制器是由意法半导体公司(ST)基于ARMv7架构的内核设计和生产的微型控制单元，也称单片微型计算机(Single Chip Micro-computer)或者单片机，如图2-6所示。

与计算机不同，STM32 Cortex系列微控制器是将内存、串口、A/D等功能集成到中央处理器的一块芯片上，形成芯片级的计算机，主要是面向低成本、低功耗、个性化需求等应用领域，例如手机、传感器、汽车、电机控制等，如图2-7所示。

图 2-6 STM32 Cortex 示意图

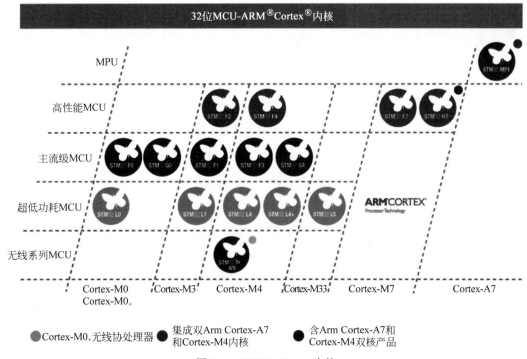

图 2-7 STM32 Cortex 内核

　　STM32 旨在为微控制器用户提供新的开发自由度。现今 STM32 Cortex 内核能被这么多开发者认可,它的强大生态系统起了关键作用。它包括一系列产品,集高性能、实时功能、数字信号处理、低功耗/低电压操作、连接性等特性于一身,同时还保持了集成度高和易于开发的特点,具有杰出的功耗控制以及众多的外设,最重要的是其性价比。优势尽显且品种齐全的 STM32 微控制器基于行业标准内核,提供了大量工具和软件选项以支持项目开发,使该系列产品成为小型项目或端到端平台的理想选择。

　　Cortex-M3 处理器内核是单片机的中央处理器(CPU)。完整的基于 Cortex-M3 的 MCU 还需要很多其他组件,如图 2-8 所示。在芯片制造商得到 Cortex-M3 处理器内核的使用授权后,就可以把 Cortex-M3 内核用在自己的硅片设计中,添加存储器、外设、I/O 以及其他功能块。不同厂家设计出的单片机会有不同的配置,包括存储器容量、类型、外设等都各具特色。本节主要讲解处理器内核本身,如果想了解某个具体型号的处理器,还需查阅相关厂家提供的文档。

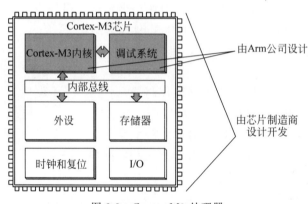

图 2-8　Cortex-M3 处理器

　　针对 Arm 公司提供的 STM32 Cortex 内核的架构和设计,ST 公司实现了高性能(High Performance)、主流(MainStream)、超低功耗(Ultra low power consumption)、无线(Wireless)等领域使用的不同芯片,如图 2-9 所示。

　　ST 公司提供了一套丰富而完善的 STM32 开发生态系统,大大缓解了工程人员的开发压力并且缩短开发周期,让 ST MCU 开发者的创造力得以充分发挥。该生态系统提供了全套开发工具,以及开发所需的软件包,包括 STM32Cube、评估工具、嵌入式软件、硬件工具和安全等功能,如图 2-9 所示。

　　为快速实现基于 STM32 Cortex 内核产品的软件开发,ST 公司提出了基于 C 语言的 STM32 开发标准 3 步法:

- 利用 STM32CubeMX 图形化工具配置 STM32,根据用户选择配置生成初始化代码。
- 利用各种集成开发环境(IDE)如 IAR、Keil-MDK、AC6、Atollic、Coocox、Emprog、iSystem、Keolabs、Rowley、Segger、Tasking 等对产品着手软件开发、进行编译和调试。
- 利用 ST 公司提供的 STM Studio 软件工具监控应用程序运行流程。

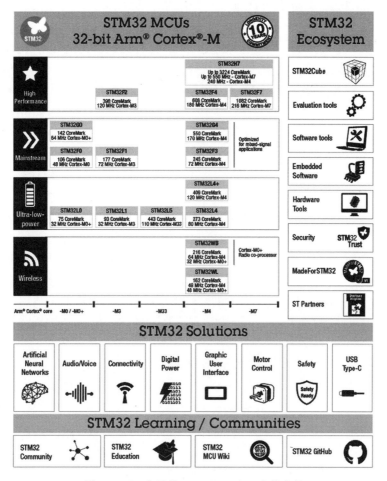

图 2-9 ST 公司的 STM32 Cortex 内核产品

2.2.2 STM32 最小系统

STM32 最小系统主要由微控制器芯片、复位电路、时钟电路、电源电路、程序调试和下载接口、LED 指示电路六大部分组成。最小系统为嵌入式系统工作的最低要求,不含外设控制且原理简单。设计最小系统是嵌入式入门的基础。微处理器芯片型号主要根据价格成本、所要完成任务所需功能和处理性能等因素确定。一般需要查阅相关芯片的数据手册确定所选芯片是否能满足应用需求。下面以 STM32F103 芯片为例,分别讨论其最小系统的功能和作用。

1. STM32F103 芯片

本书以 STM32F103xx 为例讲解 STM32 Cortex 系列芯片的开发。STM32F103xx 是一款基于 ARM Cortex-M 内核 STM32 系列的 32 位的 RISC 核心操作在一个主频为72MHz 的微控制器,具有高性能、低成本、低功耗的优点。该芯片拥有高速嵌入式记忆(闪存 128KB 和 SRAM 20KB)和一个广泛范围的增强的 I/O 和外围设备连接到两个 APB 总线。所有设备提供两个 12 位 ADC,三个通用 16 位定时器加上一个 PWM 定时器,以及标准和高级通信接口,多达两个 I²C、两个 SPI、三个 USART、一个 USB 和一个 CAN。STM32F103xx 需要工作在 2.0～3.6V 的电源环境下,在－40～＋85℃的温度范围和－40～＋105℃扩展温度范围。芯片主频是指 CPU 执行代码的速度,芯片的主频越高意味着 CPU 执行的速度就越快,芯片的成本也就越高。芯片的 SRAM 是用于存储程序运行过程中的数据,比如全局变量、局部变量、堆、栈等数据。一旦断电,SRAM 中的数据将全部消失。芯片的 Flash 是指存放代码的物理区,比如上位机编写好的程序需要下载到 Flash 中,相当于电脑的硬盘。与 SRAM 不同,Flash 存储的数据是永久存在的。DMA(Direct Memory Access)直接存储访问,是为减轻主控芯片的负担在外设与内存、内存与内存之间传输大量数据时建立的连接通道,通过增加硬件的成本和复杂性来达到提高整体效率的一种传输方案。芯片的通信接口主要作用是与外围设备通信所用,不同的通信方式有不同的协议,例如 UART、SPI、I²C、CAN、USB 等。STM32F103xx 系列包括 6 种不同封装类型的器件,封装引脚为 36～100。根据所选芯片的类型不同,每种芯片都包含不同的外设集,使该类芯片适用于广泛的应用,如电机驱动、应用控制、医疗和手持设备、PC 和游戏外设、GPS 平台、工业应用、PLC、逆变器、打印机、扫描仪、报警系统、视频对讲机等。

图 2-10 以 STM32F103C8T6 为例,给出了 48 引脚的芯片原理图。从图 2-10 中可以看到,芯片需要工作在 3.3V 的电压下,并且由 32.768K 和 8M 两个不同的时钟源组成。

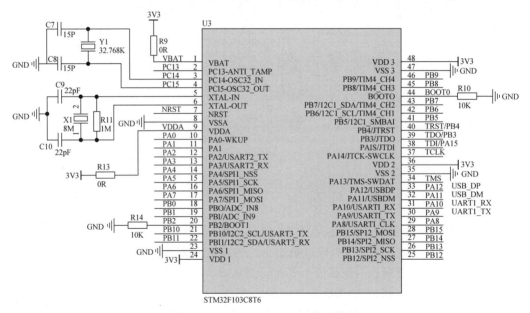

图 2-10　STM32F103C8T6 的引脚图

2. 复位电路

复位电路一般包括上电复位、手动复位、程序自动复位 3 种方式。通过芯片手册可知主芯片为低电平复位,复位电路 NRST 端连接主芯片第 7 号复位引脚,复位电路如图 2-11 所示。其中,上电复位是指芯片在上电瞬间电容充电,NRST 出现短暂的低电平,该低电平持续时间由电阻和电容共同决定。

手动复位如图 2-12 所示。通过开关 S1 闭合将 NRST 引脚拉低,C2 相当于通路接地,主控芯片自动复位,之后电源稳定,C2 相当于断路,复位端 NRST 一直为高电平。其中,电容 C2 的目的是按键消抖,防止在按键刚刚接触/松开时的电平抖动引发误动作。按键闭合/松开的接触过程大约有 10ms 的抖动,这对于主控芯片 I/O 控制来说已经是很长的时间了,足以执行多次复位动作。由于电容电压不会突变,所以采用电容滤波,防止抖动复位误动作。

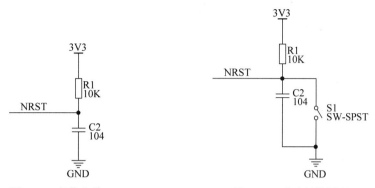

图 2-11 复位电路   图 2-12 手动复位原理

程序自动复位属于软件复位,包括看门狗计数终止复位等。外界的干扰下会出现程序跑飞的现象,导致出现死循环,看门狗电路就是为了避免这种情况的发生。看门狗的作用就是在一定时间内(通过定时计数器实现)没有接收喂狗信号(表示 MCU 已经宕机),便实现处理器的自动复位重启(发送复位信号)。

3. 时钟电路

本书选择的 STM32 芯片主频选用的是 8MHz 晶振,如图 2-13 所示。

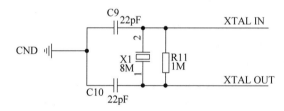

图 2-13 8MHz 晶振

实时时钟(Real Time Clock,RTC)选用 32.768kHz 晶振,如图 2-14 所示。

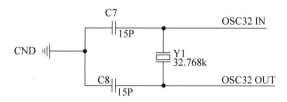

图 2-14 32.768kHz 晶振

在实际应用中,可选择只接高速外部时钟 8MHz 或只接一个 32.768kHz 的低速外部时钟。外部高速时钟 8MHz 主要用于系统的倍频,因为 STM32 芯片最高支持 72MHz 的主频,可以选用 8MHz 进行 4 倍频得到。低速外部时钟 32.768kHz 用于精准计时电路,如万年历,原因在于 $32.768k = 2^{15}$,而嵌入式芯片分频设置寄存器通常是 2 的幂次形式,经过 15 次分频后,就很容易得到 1Hz 的频率。

图 2-13 和图 2-14 中晶振的两侧有两个电容,该电容的大小一般选择 10~40pF。当然,根据不同的单片机使用手册可以具体查阅,如果手册上没有说明,一般选择 20pF、30pF 即可。一般情况下,增大电容会使振荡频率下降,而减小电容会使振荡频率升高,它们的作用一是使晶振两端的等效电容等于或接近于负载电容;二是起到一定的滤波的作用,滤除晶振波形中的高频杂波。

图 2-13 中电阻 R11 的作用既是负反馈也是限流。晶振输入/输出连接的电阻 R11 作用是产生负反馈,保证放大器工作在高增益的线性区,一般在 MΩ 级;电阻 R11 限流的作用,是防止反向器输出对晶振过驱动,损坏晶振,有的晶振不需要是因为把这个电阻已经集成到了晶振里面。

4. 电源供电电路

电源供电电路是用于给整个嵌入式系统供电的单元,应确保各个电压不同的单元都能正常工作,例如 STM32F103 需要的工作电压为 3.3V。本系统的供电电源原理图如图 2-15 所示,支持 24V 的供电电源,通过 LM2576-12 将输入电压转换为 12V 输出。经 LM2576-5 可以将 12V 电压转化为 5V 输出。最后由 AMS1117-3.3 低压差线性稳压器 (Low Dropout Linear Regulator,LDLR)将 5V 转换为 3.3V,为主控芯片供电。

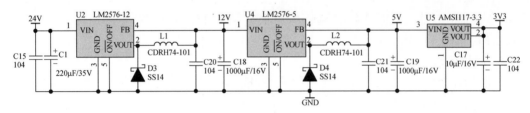

图 2-15　系统供电电源

图 2-16 的 3V3 电源中 C104 电容的作用是得到更平稳的电源,确保 STM32 芯片的工作在稳定和可靠的电压环境。

例如,如果电源引脚完全没有电容,输出信号接到某个输出引脚上,那么在 STM32 每次复位后,该引脚会自动产生一个异常的高电平,要等将近 10ms 才会拉回低电平,然后外围电路才能正常工作,每次单片机复位(无论是软件复位还是按下复位键复位)均是如此。另外,串口下载以及 SWD/JTAG 下载有时也会受影响。特别是没有外接 HSE 晶振的情况下,下载器经常连不上芯片。此外,采用最小系统的 USB 和计算机 USB 口连接也可以进行小负载驱动供电,如图 2-17 所示。

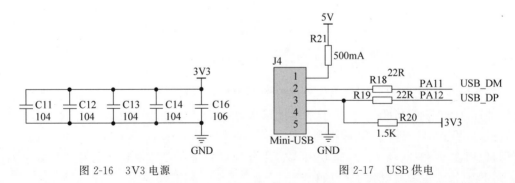

图 2-16　3V3 电源　　　　　　　　　　图 2-17　USB 供电

5. 程序调试和下载接口

程序调试和下载接口是指采用联合测试行动组（Joint Test Action Group，JTAG）的方式或者串行调试（Serial Debugging，SD），既可以将上位机的.hex文件烧写到STM32芯片，又能通过上位机在线仿真调试。

JTAG是一种国际标准测试协议（IEEE 1149.1兼容），主要用于芯片内部测试。现在多数的高级器件都支持JTAG协议，如ARM、DSP、FPGA器件等。一般而言，用于调试和下载数据的JTAG包括调试模式选择（Test Model Selection，TMS）、调试时钟（Test Clock，TCK）、调试数据输入（Test Data Input，TDI）和调试数据输出（Test Data Output，TDO）。相关JTAG引脚的定义见表2-2。

表 2-2　JTAG 引脚的定义

引 脚 名 称	功　　能
TMS	调试模式选择，TMS用来设置JTAG接口处于某种特定的测试模式
TCK	调试时钟
TDI	调试数据输入，数据通过TDI引脚输入JTAG接口
TDO	调试数据输出，数据通过TDO引脚从JTAG接口输出

SWD是一种和JTAG不同的调试模式，使用的调试协议也不一样，最直接地体现在调试接口上，与JTAG的20个引脚相比，SWD只需要4（或者5）引脚，结构简单，但是使用范围没有JTAG广泛，主流调试器上也是后来才加的SWD调试模式。

由于SWD模式比JTAG在高速模式下更加可靠，且只需4引脚，实际开发中一般都采用SWD方式。其中的时钟线CLK用于Jlink和芯片的时钟同步，一般频率设置为4MHz，可根据实际情况调整频率。图2-18是调试JTAG和SWD接口的原理图。如果是SWD模式，则TMS为SWDIO，而TCK为SWCLK。

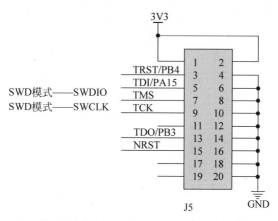

图 2-18　调试 JTAG 和 SWD 接口的原理

此外，还可采用USB进行程序烧写和数据输出，通常采用CH340G的芯片实现USB转串口，这需要单独的12MHz振荡电路，通过CH340G使计算机的USB映射为串口使用。注意，计算机上应安装串口驱动程序，否则不能正常识别。

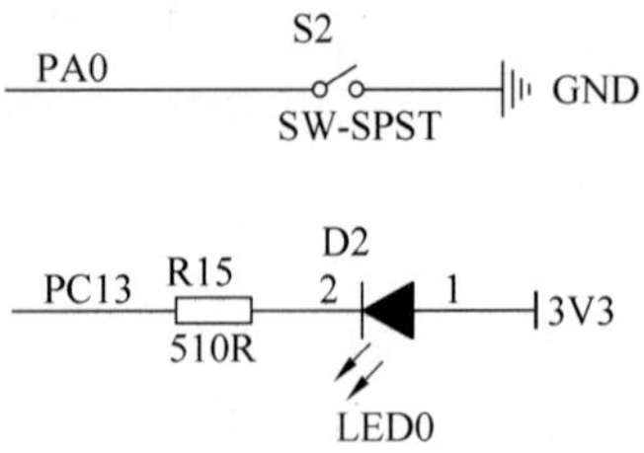

PA0 ———— S2 ————||| GND
           SW-SPST

PC13 — R15 — D2
       510R   2 ▷|◁ 1   3V3
              LED0

图 2-19 按键和 LED 指示电路的原理

6. LED 指示电路

LED 指示电路是指显示最小系统工作状态的电路。图 2-19 是按键和 LED 指示电路的原理图。图 2-19 中按键 S2 一端连接 GND,另一端连接主芯片 GPIO 引脚 PA0。如果 S2 按键按下,则 PA0 为低电平。状态指示灯 LED0 用于系统状态的显示。LED0 和主芯片 GPIO 引脚 PC13 连接,串联电阻 R15 为限流电阻,防止电流过大损坏发光二极管。

2.2.3 时钟系统

单片机内部有许多时序逻辑电路,每个时序逻辑电路有若干需要用到时钟的器件(如通常用来配置 I/O 接口的 D 触发器),同时单片机的外设器件也会用到时钟来控制数据传输(如单片机 SPI 通信会用到时钟线 CLK),所以单片机工作需要时钟信号。

在嵌入式系统中,微处理器的功耗是至关重要的,因此,大多数复杂的嵌入式处理器都提供了关闭特定应用程序不需要任何资源的机制。STM32 有一个复杂的时钟分配网络,以确保只有那些实际需要的外围设备才通电。该系统称为 Reset and Clock Control(RCC),由固件模块 stm32f10x_rcc.h 实现。虽然这个模块可以用来控制主要的系统时钟和锁相环,但使用 RCC 前都需要根据实际应用进行配置。

时钟的作用是微控制器的脉搏,好比人类的心脏一样不可或缺。由于 STM32 本身非常复杂,外设非常多,但并不是所有外设都需要系统时钟那么高的频率,比如看门狗以及 RTC 只需要几十 K 的时钟频率即可,这也是 STM32 提出很多时钟的原因,加之 STM32 的外设资源比起 51 来说是很丰富的,那么不同外设使用的时钟也会不一样,因此,STM32 的时钟相比 51 的单一时钟要复杂些,它有多个时钟源可以使用。值得说明的是,时钟越快功耗就越大,抗电磁干扰的能力就会减弱,对于较为复杂的微控制器一般都是采取多时钟源的方法来解决这些问题。STM32 需要有时钟保证系统的稳定性和精准性。STM32 芯片的时钟树中需要 5 个时钟源,包括高速外部(High Speed External,HSE)时钟、低速外部(Low Speed External,LSE)时钟、高速内部(High Speed Internal,HSI)时钟、低速内部(Low Speed Internal,LSI)时钟、锁相环(Phase Locked Loop,PLL)时钟,如图 2-20 所示。

HSE 是 STM32 高速外部时钟信号,能够接石英/陶瓷谐振器或外部时钟源,它的频率范围为 4～16MHz。

LSE 是 STM32 低速外部时钟信号,接频率为 32.768kHz 的石英晶体,主要是 RTC 的时钟源。

HSI 是 STM32 内带的频率为 8MHz 的时钟信号,精度较差,很难满足精度要求较高的应用。

LSI 是 STM32 内带的频率为 40kHz 的时钟信号,供独立看门狗(IWDG)使用;另外,它还可以被选择为实时时钟(RTC)的时钟源。

PLL 为锁相环倍频输出,其时钟输入源可选择为 HSI/2、HSE 或者 HSE/2,倍频可选择为 2～16 倍,但是其输出频率最大不得超过 72MHz。外部高速时钟可接石英/陶瓷谐振

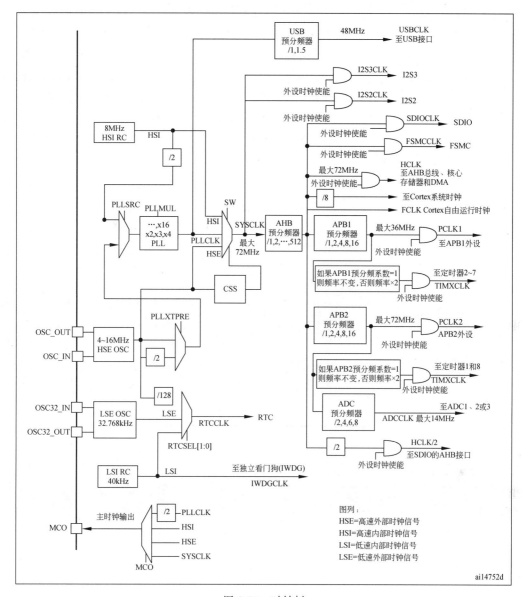

图 2-20　时钟树

器,或者接外部时钟源,频率范围为 4～16MHz,而外部低速时钟,接频率为 32.768kHz 的石英晶体。晶振是由石英晶体组成的,石英晶体之所以能作为振荡器使用,是基于它的压电效应:在晶片的两个极上加一电场,会使晶体产生机械变形;在石英晶片上加上交变电压,晶体就会产生机械振动,同时机械变形振动又会产生交变电场,虽然这种交变电场的电压极其微弱,但其振动频率是十分稳定的。当外加交变电压的频率与晶片的固有频率(由晶片的尺寸和形状决定)相等时,机械振动的幅度将急剧增加,这种现象称为"压电谐振"。晶振电路为主控芯片提供系统时钟,所有的外设工作及 STM32 工作都要基于该时钟,类似于整个系统的"心跳节拍"。

AMBA(Advanced Microprocessor Bus Architecture)是 Arm 公司提出的一种开放性

的 SoC 总线标准,现在已经广泛应用于 RISC 的内核上。AMBA 定义了一种多总线系统 (Multilevel Busing System),包括系统总线和等级稍低的外设总线。AMBA 支持 32 位、64 位、128 位的数据总线和 32 位的地址总线。它定义了两种总线:AHB(Advanced High-performance Bus,先进的高性能总线),也叫作 ASB(Advanced System Bus),APB(Advanced Peripheral Bus,先进的外设总线)。AHB 与 ASB 类似,都属于高速总线,主要负责嵌入式处理器、DMA 控制器、Memory 等的接口。APB 是低速总线,主要负责外设接口。AHB 和 APB 之间通过 Bridge(桥接器)链接,STM32 外围设备被分为三个不同的组,分别称为 APB1、APB2 和 AHB,如图 2-21 所示。

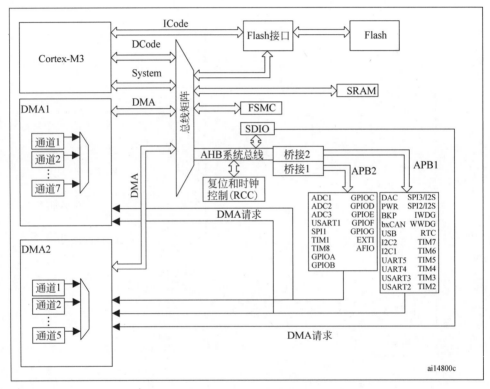

图 2-21 STM32 总线

其中,APB1 外设包括 I^2C 设备、USART 2~5 和 SPI 设备;APB2 设备包括 GPIO 端口、ADC 控制器和 USART1。很容易看出 AHB 和 APB 的作用:AHB 链接的是系统总线、RAM 等;APB 链接的是常用的外设,如 GPIO、UART、DMA、ADC 等。

AHB 设备主要是面向内存的,包括 DMA 控制器和外部内存接口(对于某些设备),各种外设的时钟可以通过 SMT32 的 3 种固件例程来控制,代码如下:

```
RCC_APB1PeriphClockCmd(uint32_t RCC_APB1PERIPH,FunctionalState NewState);
RCC_APB2PeriphClockCmd(uint32_t RCC_APB2PERIPH,FunctionalState NewState);
RCC_AHBPeriphClockCmd(uint32_t RCC_AHBPERIPH,FunctionalState NewState);
```

每个例程接受两个参数,即一个状态应该被修改外设的位向量和一个动作(启用或禁用)。例如,GPIO 端口 A 和 B 的时钟可以通过以下调用来启用:

RCC_APB2PeriphClockCmd(RCC_APB2Periph_GPIOA｜RCC_APB2Periph_GPIOB,ENABLE);

APB1 总线对应的片内外设如表 2-3 所示。

APB2 总线对应的片内外设如表 2-4 所示。

AHB 总线对应的片内外设如表 2-5 所示。

表 2-3　APB1 总线时钟上片内外设的宏定义

库函数外设宏定义	片内外围设备
RCC_APB1Periph_BKP	备份寄存器
RCC_APB1Periph_DAC	数模转换
RCC_APB1Periph_I2C1	I^2C1
RCC_APB1Periph_I2C2	I^2C2
RCC_APB1Periph_PWR	电源管理
RCC_APB1Periph_SPI2	SPI2
RCC_APB1Periph_TIM2	定时器 2
RCC_APB1Periph_TIM3	定时器 3
RCC_APB1Periph_TIM4	定时器 4
RCC_APB1Periph_TIM5	定时器 5
RCC_APB1Periph_TIM6	定时器 6
RCC_APB1Periph_TIM7	定时器 7
RCC_APB1Periph_USART2	串口 2
RCC_APB1Periph_USART3	串口 3
RCC_APB1Periph_WWDG	窗口看门狗
RCC_APB1Periph_IWDG	独立看门狗

表 2-4　APB2 总线时钟上片内外设的宏定义

库函数外设宏定义	片内外围设备
RCC_APB2Periph_ADC1	模数转换 1
RCC_APB2Periph_AFIO	复用 I/O
RCC_APB2Periph_GPIOA	GPIOA
RCC_APB2Periph_GPIOB	GPIOB
RCC_APB2Periph_GPIOC	GPIOC
RCC_APB2Periph_GPIOD	GPIOD
RCC_APB2Periph_GPIOE	GPIOE
RCC_APB2Periph_SPI1	SPI1
RCC_APB2Periph_TIM1	定时器 1
RCC_APB2Periph_TIM8	定时器 8
RCC_APB2Periph_USART1	串口 1

表 2-5　AHB 总线时钟上片内外设的宏定义

库函数外设宏定义	片内外围设备
RCC_AHBPeriph_CRC	循环冗余校验
RCC_AHBPeriph_DMA	直接存储器访问

2.3　开发环境

2.3.1　STM32CubeMX

1. 概述

STM32Cube 家族的软件工具如图 2-22 所示。STM32Cube 从选型到开发/调试,到代码二进制烧录、选项字节操作,到运行监测,覆盖了全部的开发过程。它们各自有功能侧重,也有功能重叠,但是合在一起就提供给 STM32 开发者一个无缝的开发平台。

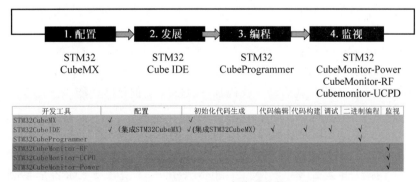

图 2-22　STM32Cube 家族的软件工具

图 2-22 中的 STM32CubeMX,STM32CubeIDE 和 STM32CubeProgrammer 三个产品,更加偏向开发的通用性。即无论何种应用或者使用不同的 STM32 系列芯片,都可以使用上述的工具进行相关应用的开发。除了它们的通用性外,STM32Cube 家族的软件工具还有应用相关的特性。后面是三个 STM32CubeMonitor 的变种:第一个,RF 是专门支持 STM32 无线系列的开发工具,包括用户应用、RF stack,FUS 本身的 OTA,测试两个 WB 板子之间数据收发误帧率,对 BLE 和 OpenThread 设备收发 ACI 命令,进行快速的应用原型开发。第二个,UCPD 用于配置、监测和分析 TypeC 与 Power delivery 应用。第三个,Power 用于低功耗测量,需要搭配 ST 的 PowerShield 板工作。显然,后面三种 PC 工具都和具体应用相关。

STM32CubeMX 是 STM32Cube 工具家族中的一员,如图 2-23 所示。从 MCU 选型、引脚配置、系统时钟以及外设时钟设置,到外设参数配置、中间件参数配置,它给 STM32 开发者们提供了一种简单、方便并且直观的方式来完成这些工作。所有的配置完成后,它还可以根据所选的 IDE 生成对应的工程和初始化 C 代码。除此以外,STM32CubeMX 还提供了功耗计算工具,可作为产品设计中功耗评估的参考。

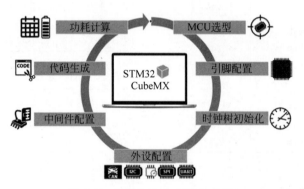

图 2-23　STM32CubeMX 的功能

STM32CubeMX 年岁最久,也是最被广泛使用的。它集成了芯片选型、引脚分配和功能配置、中间件配置、时钟配置、初始代码和项目的功能,具体功能如图 2-24 所示。

STM32CubeIDE 是于 2020 年 4 月份最新推出的,ST 原厂开发和支持的 IDE。一方面,它继承了以前 TrueStudio 的那一套基于 Eclipse CDT 开源框架的开发、调试环境,支持众多 Eclipse 插件、拥有更高级的代码检阅、调试功能;另一方面,把 STM32CubeMX 集成了进来,作为和其他厂家 IDE 最大的一个区别亮点。虽然 STM32CubeIDE 可以在开发过程中把代码烧写到 STM32 中进行调试,但是对 STM32 的片上闪存、片外闪存,选项字节的各种读、写、擦除操作,支持最到位的还属 STM32CubeProgrammer。其中,STM32CubeMX 和 STM32CubeProgrammer 除了对所有 STM32 芯片系列和所有应用的通用支持之外,还有一些对特定应用的支持。比如,在安全固件升级和安全固件安装,即 SBSFU 和 SFI 操作中,STM32CubeProgrammer 就启动了代码加密、HSM 实例化等功能。

2. STM32CubeMX 安装

STM32CubeMX 是 ST(意法半导体)近年来大力推荐的 STM32 芯片图形化配置工具,目的就是方便开发者,允许用户使用图形化向导生成 C 初始化代码,可以大大节省开发工作时间和费用,提高开发效率。STM32CubeMX 几乎覆盖了 STM32 全系列芯片。在

图 2-24　STM32CubeMX 的具体功能

STM32CubeMX 上,通过傻瓜化的操作便能实现相关配置,最终能够生成 C 语言代码,支持多种工具链,比如 MDK、IAR For ARM、TrueStudio 等,省去了配置各种外设的时间,提高了项目开发的效率。

　　STM32CubeMX 软件是基于 Java 环境开发的,为了正常使用 STM32CubeMX,必须先安装 Java 运行环境。由于 Java 运行环境的安装不是本书的重点,这里不再赘述。安装好 Java 运行环境后,就可以安装 STM32CubeMX 工具。该工具可以从 ST 官网(https://www.st.com/zh/development-tools/stm32cubemx.html#get-software)下载,下载后的文件如图 2-25 所示。

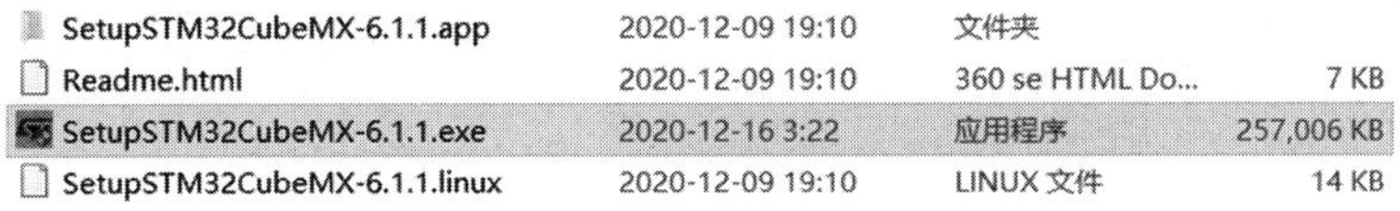

SetupSTM32CubeMX-6.1.1.app	2020-12-09 19:10	文件夹	
Readme.html	2020-12-09 19:10	360 se HTML Do...	7 KB
SetupSTM32CubeMX-6.1.1.exe	2020-12-16 3:22	应用程序	257,006 KB
SetupSTM32CubeMX-6.1.1.linux	2020-12-09 19:10	LINUX 文件	14 KB

图 2-25　STM32CubeMX 安装文件

　　双击 STM32CubeMX 的安装文件,进入 STM32CubeMX 安装的首页面,如图 2-26 所示。

　　进入 STM32CubeMX 安装的首页面后,安装软件跳入安装向导页面,如图 2-27 所示。

　　单击安装向导的"下一步" ▶ Next 按钮,进入 STM32CubeMX 的许可协议页面,如图 2-28 所示。

图 2-26　STM32CubeMX 安装的首页面

图 2-27　安装向导

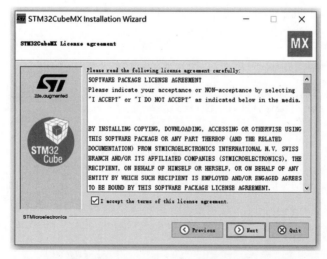

图 2-28　STM32CubeMX 的许可协议

在接受以上许可协议的前提下,才能进行下一步安装。进入 ST 隐私权和使用条款页面,如图 2-29 所示。

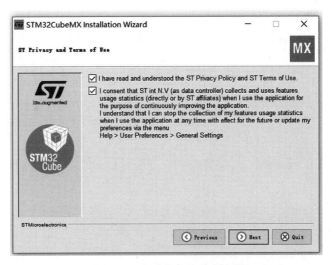

图 2-29 ST 隐私权和使用条款

勾选第一个选项即可,第二个选项为是否同意 ST 公司收集你的个人使用信息等。单击"下一步" Next 按钮,选择软件的安装路径,如图 2-30 所示。

图 2-30 STM32CubeMX 软件安装路径

设置好 STM32CubeMX 软件安装路径后,单击"下一步" Next 按钮会弹出如图 2-31 所示的页面。

单击"确定"按钮,创建目标文件夹。然后单击"下一步" Next 按钮,进入快捷方式设置页面,如图 2-32 所示。

所有选项保持默认即可,单击"下一步" Next 按钮,进入 STM32CubeMX 软件安装进度页面,如图 2-33 所示。

图 2-31　确定创建目标文件夹

图 2-32　快捷方式设置

图 2-33　STM32CubeMX 软件安装进度

当所有组件都安装完成,进入向导安装完成界面,如图 2-34 所示。单击"Done"按钮退出安装向导。

图 2-34　安装向导完成

以上就是 STM32CubeMX 软件的整个安装过程。如果能正常启动 STM32CubeMX 软件,将看到如图 2-35 所示的页面。

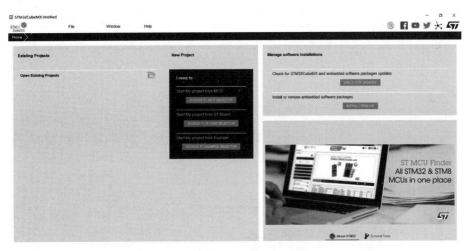

图 2-35　STM32CubeMX 首页面

3. 安装 HAL 库

HAL 库是 Hardware Abstraction Layer 的缩写,中文名称是"硬件抽象层"。HAL 库是 ST 公司为 STM32 的 MCU 推出的抽象层嵌入式硬件驱动函数文件,可以更方便地实现跨 STM32 产品的最大可移植性。HAL 库的推出使 ST 慢慢地抛弃了原来的标准固件库,这也引起很多老用户不满。HAL 库推出的同时,也加入了很多第三方的中间件,如 RTOS、USB、TCP/IP 和图形等。和标准库对比起来,STM32 的 HAL 库更加抽象,ST 最终的目的是要实现在 STM32 系列 MCU 之间无缝移植,甚至在其他 MCU 也能实现快速移植。并且从 2016 年开始,ST 公司就逐渐停止了对标准固件库的更新,转而倾向于 HAL 固件库和

Low-layer 底层库的更新,停止标准库更新,也就表示了以后使用 STM32CubeMX 配置 HAL/LL 库是主流配置环境。为了正常使用 STM32 系列芯片,就必须安装 HAL 库。 ST 公司提供了在线安装和离线安装两种方式。下面以在线安装方式为例,介绍更新 HAL 库。打开安装好的 STM32CubeMX 软件,单击 Help→Manage embedded software packages,如图 2-36 所示。

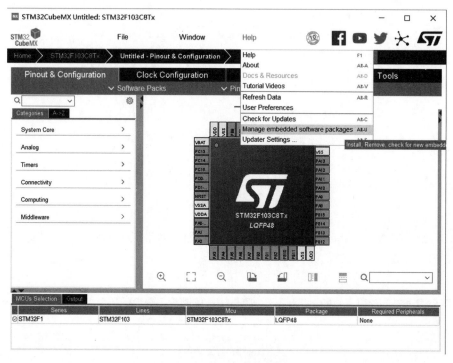

图 2-36　HAL 库更新

当单击该选项卡后,会弹出一个选择型号界面,勾选上所需芯片的 HAL 库,单击 "Install Now"就进入了 HAL 库更新界面,如图 2-37 所示。

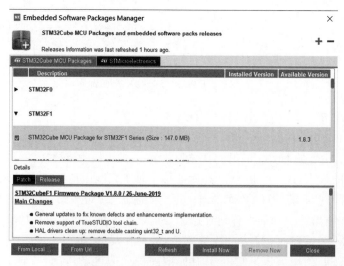

图 2-37　HAL 库芯片选型

图 2-38 给出了 HAL 库更新的进度。

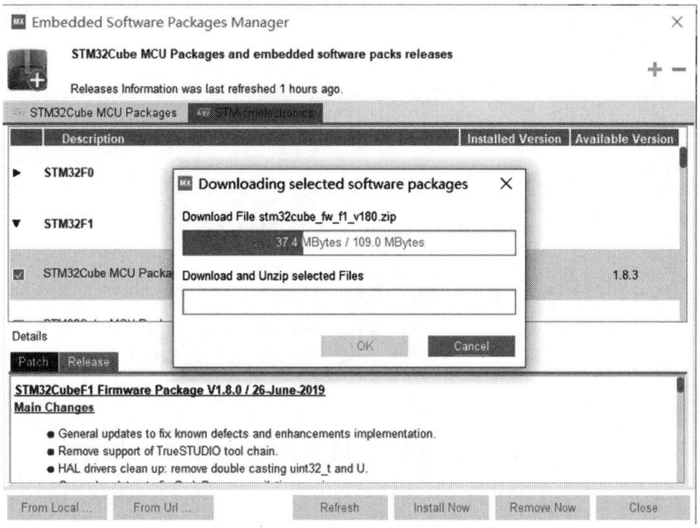

图 2-38 HAL 库更新进度

当 HAL 库更新结束后，进入图 2-39 所示的页面。

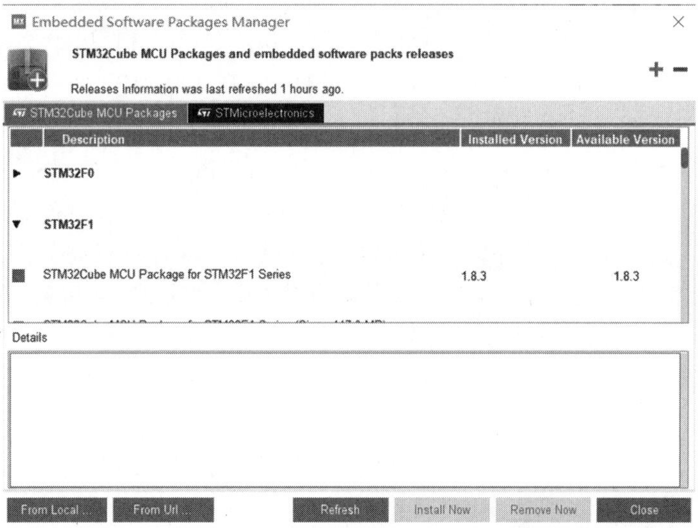

图 2-39 HAL 更新结束

以上为 STM32CubeMX 的安装过程。下面将从芯片选型到工程建立流程描述 STM32CubeMX 的用法，如图 2-40 所示。

STM32CubeMX 集成了 STM32 Finder，这使开发者可非常方便地进行芯片的选型或者评估板的选择。在 MCU/MPU 选型的页面中，除了经常用到的根据内核、产品线、外设、Flash/RAM 存储空间大小筛选目标芯片之外，随着 STM32 对 GUI 和人工智能的支持，所用人工智能模型、压缩比、GUI 应用中要支持屏幕的像素尺寸、所采用的存储功能拓扑结构，都可以作为目标芯片筛选的输入参数。MCU 交叉选型是新添加的功能，该功能可以选

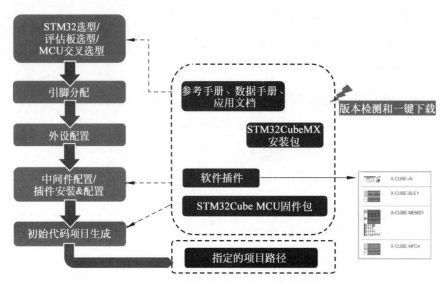

图 2-40 从芯片选型到工程建立的流程

择合适的 STM32 芯片来替换之前用过的芯片。使用 STM32CubeMX 选好芯片后,进行开发的下一步就是对芯片引脚的功能进行配置。由于 STM32 的每个 GPIO 都被多个外设功能复用,并且同一个外设功能还可以映射到不同 GPIO,因此引脚资源比较紧张,这里的引脚分配工具可以帮助用户在多个选择中进行分配。例如,PD9 引脚用于 UART3 的接收引脚,那么 UART3 的具体配置,比如波特率、采用同步模式还是异步模式以及相关中断、DMA 都在此以图形界面的方式进行配置。STM32 支持丰富的开源和 ST 自主知识产权的中间件,比如来自开源社区的 FreeRTOS、FatFS、mbedTLS 等,ST 的 USB 主机和设备协议栈、TouchGFX 等。因此除了对外设各种功能的工作模式和参数进行配置,当前项目需要用到 FreeRTOS,不仅可以勾选并使能该组件,还可以对 FreeRTOS 进行配置,比如以图形化界面的方式配置内核、是否支持抢占、系统滴答的间隔、信号量、互斥量、创建任务等。所有这些配置都会影响最后生成的初始化代码。STM32Cube 不仅是一个包罗万象的配置工具,也是一个开放的工具,它已经支持若干来自 ST 的功能插件,比如 X-Cube-AI、X-Cube-MEMS。

图 2-41 创建工程选项

一切配置完成后,就可以在用户指定的路径生成初始化代码和项目工程。这就是图 2-40 中左侧部分的整个配置流程,即从芯片选型到最后的初始化项目生成。在进行芯片选型时,对应的数据手册、应用文档可以一键下载到固定目录下。同样,STM32 各系列对应的 STM32Cube MCU 固件包、ST 自己的功能插件、甚至 STM32CubeMX 工具本身,它们的新版本,都可以在 STM32CubeMX 里设置来自动联网更新,并且提供给用户一键下载。

下面将介绍如何开始一个新的 STM32CubeMX 工程。从选择 MCU 型号开始创建工程,如图 2-41 所示。

创建工程包括:从选择 MCU 型号开始、选择 MCU

开发板和选择例程。下面分别对 3 种创建工程的方式进行介绍。

（1）选择 MCU/MPU 型号创建工程。在"MCU/MPU Selector"标签页下，可以按照 Flash/RAM 大小、外设、封装、价格等条件来筛选符合应用需求的产品型号，如图 2-42 所示。

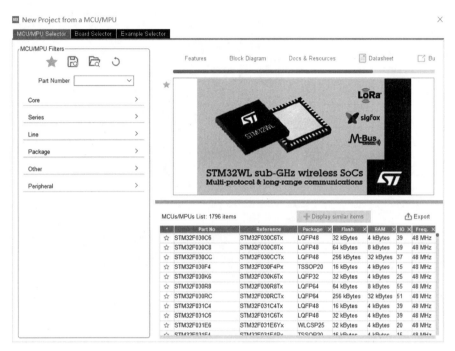

图 2-42　芯片选型

对于人工智能（AI）的应用，可以使能 AI 筛选项后，选择要使用的神经网络模型、拓扑结构和压缩比，STM32CubeMX 会计算大致需要的 Flash 和 RAM 大小，同时在右侧的列表栏中列出满足要求的 MCU 型号。从 STM32CubeMX5.5 版本开始，"MCU/MPU Selector"标签页中不再包含图形应用 MCU 选型工具，中间件中也不再包含"Graphics"项。TouchGFX Generator 以 X-CUBE-TOUCHGFX 插件的形式集成到 STM32CubeMX 中，可以根据最新的 STM32Cube 固件库以及用户所选的图形设置和开发环境生成自定义的项目。

（2）选择 MCU 开发板方式创建工程。在"Board Selector"标签页下，可以按照开发板类型、板载 MCU/MPU 的系列、MCU/MPU 支持的外设和 Flash/RAM 大小选择某个开发板，新建一个基于该开发板的 STM32CubeMX 工程。STM32CubeMX 将自动根据该开发板默认硬件配置，初始化对应的外设。比如，Nucleo-H743ZI 板上默认用到了以太网接口，那么选择 Nucleo-H743ZI 板后新建的 STM32CubeMX 工程默认就已经配置好了以太网外设，如图 2-43 所示。

（3）选择例程方式创建工程。在"Example Selector"标签页下，可以通过各个过滤项，选择一个运行在某个具体开发板上的例程来创建一个工程。比如，选择运行在 Nucleo-H743ZI 板上的 GPIO-EXTI 例程后，STM32CubeMX 可以自动帮助用户生成 IAR、Keil 或者 SW4STM32 工程，通过 IDE 直接编译就可以下载到 MCU。从 6.0 版本开始提供该功能，如图 2-44 所示。

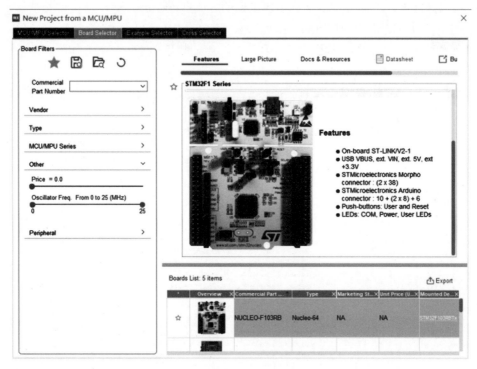

图 2-43　从开发板创建工程

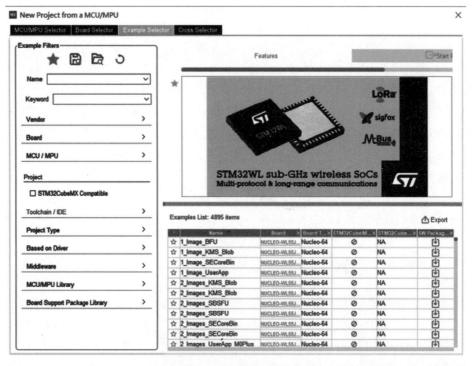

图 2-44　选择例程创建工程

2.3.2　Keil μVision

Keil 公司是一家业界领先的微控制器（MCU）软件开发工具的独立供应商。Keil 公司由两家私人公司联合运营，分别是德国慕尼黑的 Keil Elektronik GmbH 和美国得克萨斯的 Keil Software Inc。Keil 公司制造和销售种类广泛的开发工具，包括 ANSI C 编译器、宏汇编程序、调试器、连接器、库管理器、固件和实时操作系统核心（Real Time Operating System Core）。有超过 10 万名微控制器开发人员在使用这种得到业界认可的解决方案。其 Keil C51 编译器自 1988 年引入市场以来成为事实上的行业标准，并支持超过 500 种 8051 变种。MDK 即 RealView MDK 或 MDK-ARM（Microcontroller Development Kit），是 Arm 公司收购 Keil 公司以后，基于 μVision 界面推出的针对 ARM7、ARM9、Cortex-M0、Cortex-M1、Cortex-M2、Cortex-M3、Cortex-R4 等 ARM 处理器的嵌入式软件开发工具。MDK-ARM 集成了业内最领先的技术，包括 μVision4 集成开发环境与 RealView 编译器 RVCT，支持 ARM7、ARM9 和最新的 Cortex-M3/M1/M0 核处理器，自动配置启动代码，集成 Flash 烧写模块、强大的 Simulation 设备模拟、性能分析等功能。与 ARM 之前的工具包 ADS 等相比，RealView 编译器最新版本的性能改善超过 20%。Keil MDK 是一个完整的软件开发环境，适用于各种基于 ARM Cortex-M 的微控制器设备。MDK 包括 μVision IDE 和调试器、ARM C/C++编译器、基本中间件组件。它支持所有的 Arm 供应商，拥有超过 8000 个 MCU，并且易于学习和使用。

Keil 公司开发的 ARM 开发工具 MDK，是用来开发基于 ARM 内核系列微控制器的嵌入式应用程序。它适合不同层次的开发者使用，包括专业的应用程序开发工程师和嵌入式软件开发的入门者。MDK 包含了工业标准的 Keil C 编译器、宏汇编器、调试器、实时内核等组件，支持所有基于 ARM 的设备，能帮助工程师按照计划完成项目。打开官方网站，单击 MDK-ARM 进行下载，如图 2-45 所示。

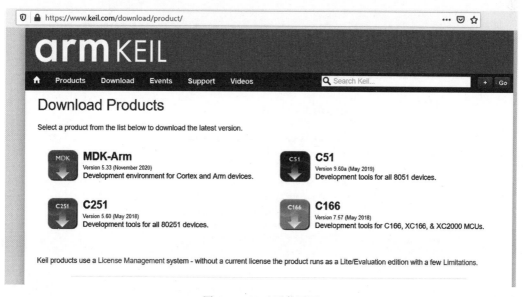

图 2-45　Keil 下载页面

单击网页中的 MDK-ARM 链接,进入图 2-46 所示页面。该页面需要填写个人的信息,填写后才能下载 Keil 软件。

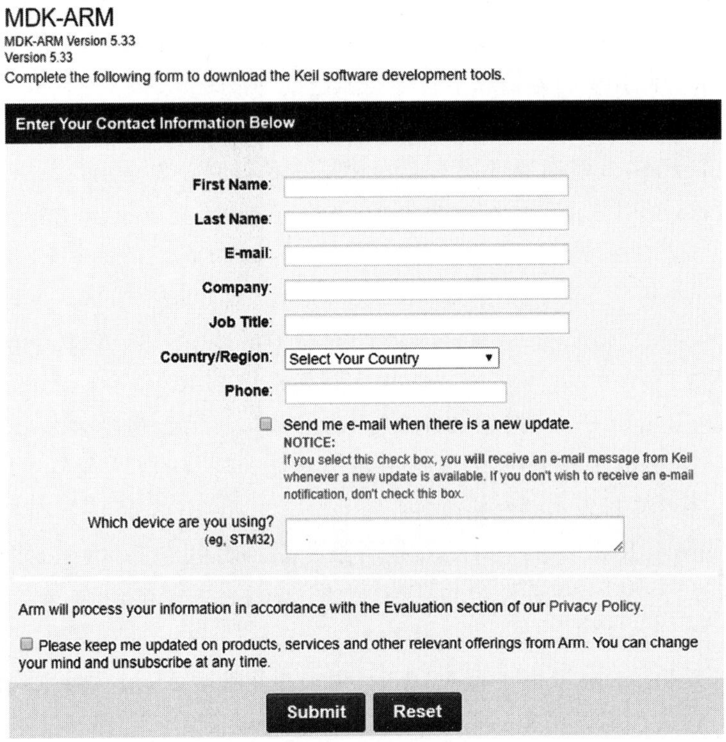

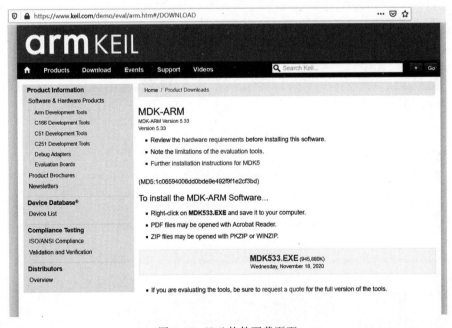

图 2-46　填写个人信息

填写个人信息结束后,单击"Submit"按钮,进入图 2-47 所示的 Keil 软件下载页面。

图 2-47　Keil 软件下载页面

从官网下载 MDK533.EXE,下载到本地文件系统后,Keil软件的安装文件图标如图 2-48 所示。

双击 MDK533.EXE 的图标,进入软件安装页面,如图 2-49所示。

单击"Next" Next>> 按钮,进入 Keil 软件协议许可页面,如图 2-50 所示。

勾选"I agree to all the terms of the preceding License Agreement"复选框,单击"Next",进入选择安装路径页面,如图 2-51 所示。

图 2-48 Keil 软件安装文件

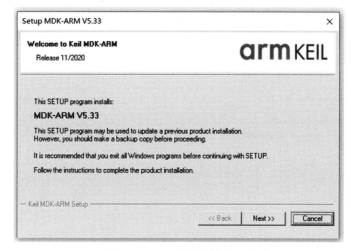

图 2-49 Keil 软件安装欢迎页

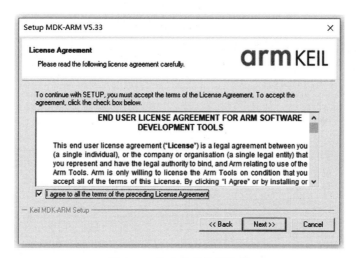

图 2-50 Keil 软件许可协议

设置合适的 Keil 安装路径后,单击"Next",进入客户信息填写页面,如图 2-52 所示。

填写好图 2-52 信息后,单击"Next",进入软件安装进度页面,如图 2-53 所示。

当软件安装完成后,进入软件安装完成页面,如图 2-54 所示。

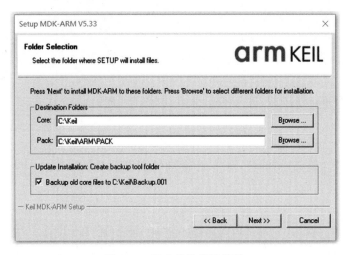

图 2-51　Keil 软件安装路径

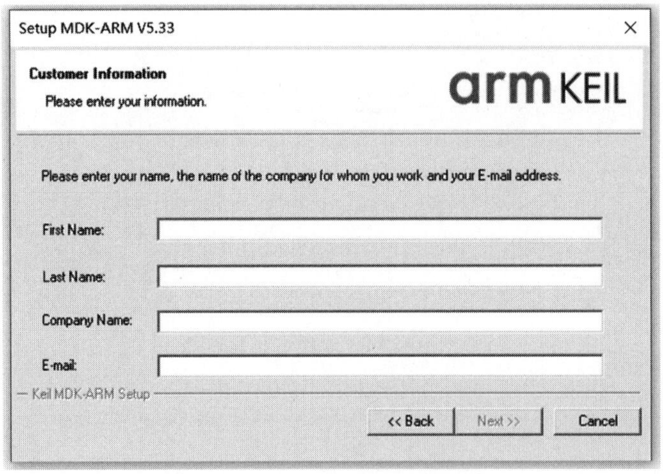

图 2-52　客户信息页面

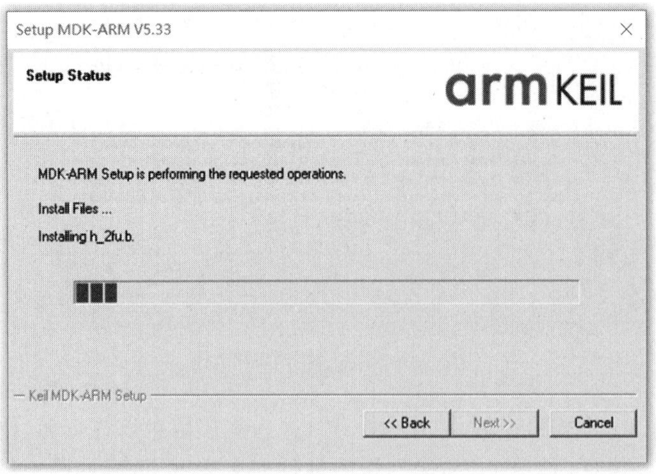

图 2-53　软件安装进度

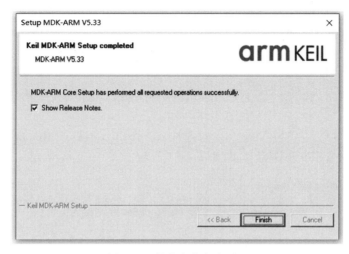

图 2-54　软件安装完成页面

2.3.3　Proteus

Proteus 是由英国 Lab Center Electronics 公司出品的一款专业的 EDA 工具软件(电路仿真软件)。它为用户提供了一整套完善的电路仿真以及 PCB 设计流程解决方案,从原理图布图、代码调试到单片机与外围电路协同仿真,一键切换到 PCB 设计,真正实现了从概念到产品的完整设计,是目前世界上唯一将电路仿真软件、PCB 设计软件和虚拟模型仿真软件三合一的设计平台。Proteus 处理器模型支持 8051、HC11、PIC10/12/16/18/24/30/DSPIC33、AVR、ARM、8086 和 MSP430 等,于 2010 年又增加了 Cortex 和 DSP 系列处理器,并持续增加其他系列处理器模型。在编译方面,它也支持 IAR、Keil 和 MPLAB 等多种编译器。虽然目前国内推广刚起步,但已受到单片机爱好者、从事单片机教学的教师、致力于单片机开发应用的科技工作者的青睐。Proteus 下载页面如图 2-55 所示。

图 2-55　Proteus 下载页面

P8.exe

图 2-56　Proteus 文件安装图标

单击下载链接,将 Proteus 保存到本地文件系统中,Proteus 本地文件的图标如图 2-56 所示。

双击 Proteus 安装图标进入 Proteus 安装向导页面,如图 2-57 所示。

单击"Next",进入 Proteus 电子协议条款页面,如图 2-58 所示。

勾选"I accept the terms of this agreement"复选框,单击"Next",进入选择安装许可页面,如图 2-59 所示。

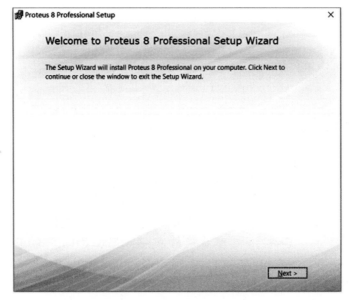

图 2-57　Proteus 文件安装向导

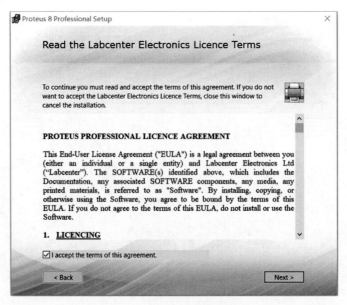

图 2-58　Proteus 安装协议页面

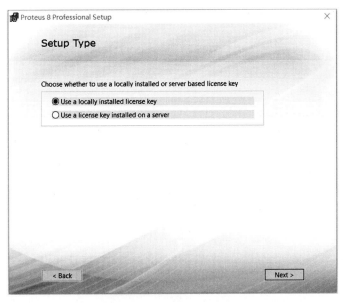

图 2-59　Proteus 安装许可

选择适合的安装许可,然后单击"Next" Next > 按钮,进入安装方式页面,如图 2-60 所示。

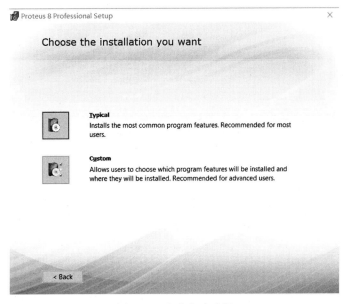

图 2-60　安装方式选择

选择适合的安装方式以后,单击相应图标后进入 Proteus 软件安装进度页面,如图 2-61 所示。

Proteus 安装成功后,会进入安装结束页面,如图 2-62 所示。

图 2-61   Proteus 软件安装进度

图 2-62   Proteus 安装结束

本章小结

    本章首先介绍了 ARM 的相关概念、相关芯片的发展历史及其所适用的应用领域。然后,引出了 STM32 微控制器的概念及其最小系统。最后,介绍了开发嵌入式应用系统所需要的工具,如 STM32CubeMX、Keil 和 Proteus。通过本章的学习,要求学生掌握 ARM、STM32 微控制器的有关概念,了解嵌入式系统常用开发工具,为后面学习 STM32 片内外设打下基础。

习题 2

1. 填空题

（1）基于 ARM 的体系结构划分为_____、_____、_____、Neoverse、SecureCore 和 Ethos。

（2）ARM 处理器一般共有 37 个_____位寄存器，其中_____个通用寄存器，_____个为状态寄存器。

（3）ARM 处理器的通用寄存器包括_____、_____、_____、_____、_____、_____和_____共 7 种不同的处理器模式。

（4）当前程序状态寄存器包括_____和_____。

（5）桌面计算机流行的 x86 体系结构使用的是_____。

（6）复位电路一般包括_____、_____、_____ 3 种方式。

（7）STM32 芯片的时钟树中有_____、_____、_____、_____、_____五个时钟源。

2. 选择题

（1）关于 ARM 描述不正确的是（　　）。

    A. ARM 是一家英国 Acorn 有限公司设计的低功耗、低成本的第一款 RISC 微处理器

    B. ARM 所采取的是知识产权授权的商业模式

    C. ARM 是一个 8 位精简指令集处理器体系结构

    D. ARM 也是一类微处理器芯片或产品的统称

（2）STM32F103 芯片的工作电压是（　　）。

    A. 3.3V   B. 5V   C. 12V   D. 0V

（3）（　　）属于应用程序型。

    A. Cortex-A   B. Cortex-R   C. Cortex-M   D. Ethos

3. 简答题

（1）简述 ARM 处理器具有哪些特点。

（2）简述 ARM 体系结构分类。

（3）简述 ARM 体系结构具体特点。

（4）简述什么是 CISC 和 RISC，及其二者之间的区别。

（5）简述什么是 STM32 的最小系统，及各部分的功能。

（6）简述单片机为何需要时钟信号。

## 第 3 章

通用输入/输出模块

与 51 单片机不同,STM32 处理器拥有更多的输入/输出引脚,其对外围设备的驱动能力更强,包括更多更灵活的外围设备控制方式,更多更强大的外围设备功能。在使用 STM32 处理器这些功能之前,必须对其进行正确配置。本章所介绍的通用输入/输出 (General Purpose Input/Output,GPIO)是 STM32 处理器中非常重要的片内外围设备,是实现外围设备数据输入到 STM32 处理器或 STM32 处理器输出数据到外围设备的关键。更重要的是,本章的内容是学习后面章节的基础。本章首先介绍 GPIO 的基本概念及其工作原理,然后以 STM32F103 为例讲述 GPIO 的编程开发,最后通过一个开发案例说明如何使用 STM32F103 的 GPIO。

学习目标

➢ 掌握输入/输出模块的有关概念;
➢ 掌握 STM32 的 GPIO;
➢ 了解 STM32 的 GPIO 库函数;
➢ 掌握 STM32 的 GPIO 开发流程;
➢ 熟练使用 STM32CubeMX 工具开发 GPIO 项目;
➢ 熟练应用 Keil 软件编译环境和仿真环境;
➢ 了解 Proteus 仿真环境。

3.1 输入/输出

输入/输出(Input/Output,I/O)是指相对微控制器而言作为外围设备的输入或输出的标准双向输入/输出接口,例如采集传感器输入的数据、是否有按键产生、点亮 LED 灯等。一般按照不同的工作模式,可进一步将微控制器芯片的 I/O 分为准双向 I/O、推挽输出、高阻态、开漏。

准双向 I/O 模式是指该引脚既可以接收来自外围设备的输入信号,又可以输出信号给外围设备。

推挽输出是指利用相对来说比较大的电流对外围电路设备进行驱动,在该模式输出高电平或低电平。

高阻态是指输入/输出的电阻非常大,该模式又分为高阻输入或高阻输出。其中,高阻输入是指以较高的输入阻抗来获取外围设备的输入信号,例如 A/D 采集数据作为输入;高阻输出是指既不输出高电平也不输出低电平。

开漏与准双向 I/O 模式相近,该模式既可以读取 I/O 接口的输入电平,又可以输出高电平和低电平。如果作输出,默认输出低电平,如需要输出高电平,则需根据具体的应用选择适合的上拉电阻,并搭建外围电路来提高 I/O 接口的驱动能力。

3.2　STM32 的 GPIO

通用输入/输出(General Purpose Input/Output,GPIO)是指 STM32 微控制器片内外设中可配置的输入/输出接口。通过对 GPIO 引脚进行必要的功能初始化就可实现与外部设备连接的功能,从而达到 STM32 微控制器与外部设备通信来控制设备以及采集数据的目的。GPIO 的引脚对应了不同功能的寄存器,配置 STM32 的 GPIO 实际上是更改引脚所对应寄存器的值,以便实现某种输入/输出功能。表 3-1 列出了 STM32F10xxx 系列芯片内置外设的起始地址。

表 3-1　寄存器组起始地址

起 始 地 址	外　　设	总　　线
0x5000 0000 - 0x5003 FFFF	USB OTG 全速	
0x4003 0000 - 0x4FFF FFFF	保留	AHB
0x4002 8000 - 0x4002 9FFF	以太网	
0x4002 3400 - 0x4002 3FFF	保留	
0x4002 3000 - 0x4002 33FF	CRC	
0x4002 2000 - 0x4002 23FF	闪存存储器接口	
0x4002 1400 - 0x4002 1FFF	保留	
0x4002 1000 - 0x4002 13FF	复位和时钟控制(RCC)	AHB
0x4002 0800 - 0x4002 0FFF	保留	
0x4002 0400 - 0x4002 07FF	DMA2	
0x4002 0000 - 0x4002 03FF	DMA1	
0x4001 8400 - 0x4001 7FFF	保留	
0x4001 8000 - 0x4001 83FF	SDIO	
0x4001 4000 - 0x4001 7FFF	保留	
0x4001 3C00 - 0x4001 3FFF	ADC3	
0x4001 3800 - 0x4001 3BFF	USART1	
0x4001 3400 - 0x4001 37FF	TIM8 定时器	
0x4001 3000 - 0x4001 33FF	SPI1	
0x4001 2C00 - 0x4001 2FFF	TIM1 定时器	
0x4001 2800 - 0x4001 2BFF	ADC2	
0x4001 2400 - 0x4001 27FF	ADC1	
0x4001 2000 - 0x4001 23FF	GPIO 端口 G	APB2
0x4001 2000 - 0x4001 23FF	GPIO 端口 F	
0x4001 1800 - 0x4001 1BFF	GPIO 端口 E	
0x4001 1400 - 0x4001 17FF	GPIO 端口 D	
0x4001 1000 - 0x4001 13FF	GPIO 端口 C	
0x4001 0C00 - 0x4001 0FFF	GPIO 端口 B	
0x4001 0800 - 0x4001 0BFF	GPIO 端口 A	
0x4001 0400 - 0x4001 07FF	EXTI	
0x4001 0000 - 0x4001 03FF	AFIO	

续表

起 始 地 址	外 设	总 线
0x4000 7800 - 0x4000 FFFF	保留	
0x4000 7400 - 0x4000 77FF	DAC	
0x4000 7000 - 0x4000 73FF	电源控制(PWR)	
0x4000 6C00 - 0x4000 6FFF	后备寄存器(BKP)	
0x4000 6800 - 0x4000 6BFF	bxCAN2	
0x4000 6400 - 0x4000 67FF	bxCAN1	
0x4000 6000 - 0x4000 63FF	USB/CAN 共享的 512 字节 SRAM	
0x4000 5C00 - 0x4000 5FFF	USB 全速设备寄存器	
0x4000 5800 - 0x4000 5BFF	I2C2	
0x4000 5400 - 0x4000 57FF	I2C1	
0x4000 5000 - 0x4000 53FF	UART5	
0x4000 4C00 - 0x4000 4FFF	UART4	
0x4000 4800 - 0x4000 4BFF	USART3	
0x4000 4400 - 0x4000 47FF	USART2	APB1
0x4000 4000 - 0x4000 3FFF	保留	
0x4000 3C00 - 0x4000 3FFF	SPI3/I2S3	
0x4000 3800 - 0x4000 3BFF	SPI2/I2S3	
0x4000 3400 - 0x4000 37FF	保留	
0x4000 3000 - 0x4000 33FF	独立看门狗(IWDG)	
0x4000 2C00 - 0x4000 2FFF	窗口看门狗(WWDG)	
0x4000 2800 - 0x4000 2BFF	RTC	
0x4000 1800 - 0x4000 27FF	保留	
0x4000 1400 - 0x4000 17FF	TIM7 定时器	
0x4000 1000 - 0x4000 13FF	TIM6 定时器	
0x4000 0C00 - 0x4000 0FFF	TIM5 定时器	
0x4000 0800 - 0x4000 0BFF	TIM4 定时器	
0x4000 0400 - 0x4000 07FF	TIM3 定时器	
0x4000 0000 - 0x4000 03FF	TIM2 定时器	

每个 GPIO 引脚都有两个 32 位配置寄存器 GPIOx_CRL 和 GPIOx_CRH,两个 32 位数据寄存器 GPIOx_IDR 和 GPIOx_ODR,一个 32 位置位/复位寄存器 GPIOx_BSRR,一个 16 位复位寄存器 GPIOx_BRR 和一个 32 位锁定寄存器 GPIOx_LCKR。根据 STM32 芯片数据手册中列出的每个 I/O 引脚的特定功能,GPIO 的每个引脚可以由软件配置成多种功能模式。借助 GPIO 的多种配置模式,STM32 可以实现最简单、最直观的动作,例如,检测按键信号、LED 的开关等。另外,STM32 的 GPIO 还可用于串行和并行通信、存储器读/写等功能,可以有效避免某些嵌入式应用 GPIO 引脚不足或片内存储器存储空间不足等问题。

由于 STM32 的 GPIO 引脚数目过多,为便于使用往往将这些引脚进行分组(定义为端口),每个端口都有 16 个输入/输出引脚,分别由 0~15 个标号表示。端口通常以大写英文字母 A 表示开始,16 个引脚为一组,以此类推。例如,GPIOA、GPIOB、GPIOC、GPIOD、GPIOE、GPIOF 和 GPIOG 等。又如,GPIOB 端口共有 16 个引脚,分别标记为 PB0~PB15,也可以表示为 GPIOB0～GPIOB15。图 3-1 为 48 引脚 LQFP 封装的 STM32F103C8Tx 的引脚示意图。

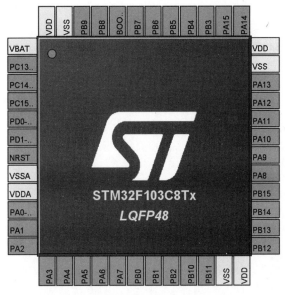

图 3-1　LQFP 封装的 STM32F103C8Tx

图 3-2 给出了 APB2 时钟 32 位使能寄存器每位的功能，其中寄存器的 2～8 位用来配置 GPIOx 端口的使能位。与 51 单片机不同，STM32 的 GPIOx 端口可以不同时工作，必须通过配置寄存器的控制位使能 GPIOx 端口，这有利于降低 STM32 的能耗。例如，仅 GPIOA 工作而其余端口不工作，则 APB2 时钟使能寄存器的控制位可以设定位为 0x04。

31	30	29	28	27	26	25	24	23	22	21	20	19	18	17	16
Reserved													TIM17	TIM16	TIM15

15	14	13	12	11	10	9	8	7	6	5	4	3	2	1	0
Res.	URT1	Res.	SPI1	TIM1	Res.	ADC1	IOPG	IOPF	IOPE	IOPD	IOPC	IOPB	IOPA	Res.	AFIO

图 3-2　APB2 时钟使能寄存器

STM32 的大多数引脚可以配置为多功能双向的输入/输出，可以连接到 GPIO 端口或复选功能（Alternative Functions，AF）。STM32 的大多数引脚通过 AF 技术兼具其他专用功能。作为一个标准的命名约定，如果使用库函数进行程序开发，STM32 的引脚已经在 stm32f10x_gpio.h 头文件中定义，例如，PA8 表示端口 A 的第 8 位，PE1 表示端口 E 的第 1 位。STM32 的 GPIO 在工作时通常有三种不同的状态，分别是输入态、输出态和高阻态。输入态是指 GPIO 引脚被配置为输入模式，可以获取来自外围设备的高低电平（高电平为 1，低电平为 0）。输出态是指 GPIO 引脚配置为主动向外围设备输出高低电平，可以控制外围设备进行相应动作。高阻态是一种特殊的状态，是指 GPIO 引脚内部电阻的阻值无穷大，它的输出既不是高电平也不是低电平，对与其关联的输出信号不产生影响。由于这三种状态的作用有着很大的不同，需要根据实际开发的嵌入式应用的需求来配置相应的状态。

STM32 的 GPIO 引脚的基本结构如图 3-1 所示。与 51 单片机不同，STM32 的每个

GPIO 引脚可按功能需求灵活配置，这个配置过程是通过端口配置低位寄存器 GPIOx_CRL、端口配置高位寄存器 GPIOx_CRH、端口输入数据寄存器 GPIOx_IDR、端口输出数据寄存器 GPIOx_ODR、端口位清除寄存器 GPIOx_BSRR、端口位清除寄存器 GPIOx_BRR 和端口配置锁定寄存器 GPIOx_LCKR 共 7 个寄存器来实现的。为了使用方便，STM32 的标准库函数头文件 stm32f10x_gpio.h 通过结构体的形式定义了这 7 个寄存器，利用该结构体可以灵活配置 GPIO 引脚功能，具体代码如下：

```
typedef struct
{
volatile uint32_t CRL;
volatile uint32_t CRH;
volatile uint32_t IDR;
volatile uint32_t ODR;
volatile uint32_t BSRR;
volatile uint32_t BRR;
volatile uint32_t LCKR;
}GPIO_TypeDef;
```

需要说明的是，这些寄存器必须按 32 位字被访问。由于 STM32 的供电电压是 3.3V，但很多外围设备的输入电压是 5V，为兼容 5V 的外围设备输入，STM32 的 GPIO 引脚大部分是兼容 5V 电压输入的，具体兼容 5V 的 GPIO 引脚可以从该芯片的数据手册引脚描述章节查到（I/O Level 标有 V_{DD_FT} 的就是 5V 电平兼容的）。按照不同的输入/输出要求，可以对 GPIO 引脚的寄存器进行配置，同时也可以利用 stm32f10x_gpio.h 的库常量配置 GPIO 引脚，具体如表 3-2 所示。

表 3-2　GPIO 引脚配置

配 置 模 式	功　　能	库　常　量
通用输入	浮空输入	GPIO_Mode_IN_FLOATING
	上拉输入	GPIO_Mode_IPU
	下拉输入	GPIO_Mode_IPD
	模拟输入	GPIO_Mode_AIN
通用输出	推挽式输出	GPIO_Mode_Out_PP
	开漏输出	GPIO_Mode_Out_OD
复用功能输出	推挽式复用功能	GPIO_Mode_AF_PP
	开漏复用功能	GPIO_Mode_AF_OD

STM32 的标准库函数头文件 stm32f10x_gpio.h 定义了上述 8 种引脚的配置模式，头文件中以枚举类型给出了各个模式在芯片中的地址，具体代码如下：

```
typedef enum
{
  GPIO_Mode_AIN = 0x0,
  GPIO_Mode_IN_FLOATING = 0x04,
  GPIO_Mode_IPD = 0x28,
  GPIO_Mode_IPU = 0x48,
  GPIO_Mode_Out_OD = 0x14,
```

```
    GPIO_Mode_Out_PP = 0x10,
    GPIO_Mode_AF_OD = 0x1C,
    GPIO_Mode_AF_PP = 0x18
}GPIOMode_TypeDef;
```

图 3-3 是 GPIO 引脚内部结构示意图。该图内部所示的输入驱动器中所有 GPIO 引脚都有一个内部弱上拉和弱下拉,当 GPIO 引脚配置为输入时,首先输出驱动器被禁止;其次图中的 TTL 肖特基触发器输入被激活;然后根据 GPIO 引脚的配置(浮空输入、上拉输入或下拉输入)的不同,弱上拉和下拉电阻将被连接;出现在 GPIO 引脚上的数据在每个 APB2 时钟周期被采样到输入数据寄存器;最后 STM32 内部处理器对输入数据寄存器执行读访问,便可得到 GPIO 引脚输入的高低电平信号。

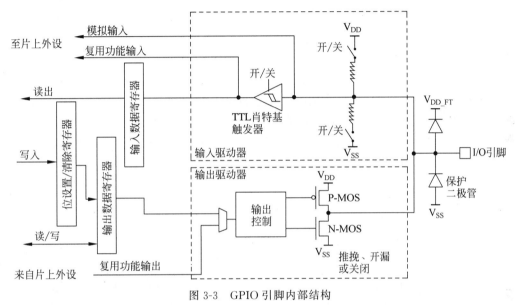

图 3-3　GPIO 引脚内部结构

GPIO 引脚输入/输出模式具体如下:

(1) 浮空输入(Input Floating):该模式下 GPIO 引脚内部既不连上拉电阻又不连下拉电阻,而是直接经 TTL 肖特基触发器输入 GPIO 引脚的高低电平信号保存到输入数据寄存器。

(2) 上拉输入(Input Pull-up):该模式下 GPIO 引脚通过开关将电阻连接到电源 V_{DD}。当 GPIO 引脚有输入信号时,输入信号电平保存到输入数据寄存器。该端口在默认情况下输入为高电平。

(3) 下拉输入(Input Pull-down):该模式下 GPIO 引脚通过开关将电阻连接到电源 V_{SS}。一旦芯片的 GPIO 引脚接收到来自外部的输入信号,芯片会将外部的输入信号电平保存在与引脚对应的输入数据寄存器中。该端口在默认情况下输入为低电平。

(4) 模拟输入(Analog Input):该模式下 TTL 肖特基触发器输入关闭,既不接上拉电阻也不连接下拉电阻,引脚信号连接到芯片内部的片上外设,其典型应用是 A/D 模拟输入,对外部模拟信号进行采集。

默认情况下,大多数引脚被重置为浮空输入,这确保当系统通电时不会发生硬件冲突。

例如,将按钮一端连接到 PA1 引脚,利用库函数判断按钮是否被按下,具体如下:

```
GPIO_InitStructure.GPIO_Pin = GPIO_Pin_1;
GPIO_InitStructure.GPIO_Mode = GPIO_Mode_IN_FLOATING;
GPIO_Init(GPIOA,&GPIO_InitStructure);
```

例如,利用 GPIO 库函数读取 PA1 引脚的高低电平信息,代码如下:

```
GPIO_ReadInputDataBit(GPIOA,GPIO_Pin_1);
```

如图 3-3 所示的输出驱动器部分,当 GPIO 引脚配置为输出时,首先 STM32 内部处理器位设置/清除寄存器输出高低电平驱动信号给输出数据寄存器;然后利用输出控制逻辑使能内部的 PMOS 或 NMOS;最后由 GPIO 引脚输出相应信号。

(1) 推挽式输出(Output Push-Pull):该模式下 GPIO 引脚输出高电平时,则输出控制逻辑使能 P-MOS;相反,则输出控制逻辑使能 N-MOS。由于使用了 MOSFET 管,增加了 GPIO 引脚的输出电流,进而有利于驱动负载大的外围设备。

(2) 开漏输出(Output Open-Drain):该模式下 GPIO 引脚直接与 MOSFET 管的漏极相连,处于悬空状态。此时,如外围电路中无上拉电阻时,GPIO 引脚输出低电平。只有在 GPIO 引脚的外围电路中加上拉电阻才能输出高电平。

(3) 推挽式复用功能(Alternate Function Push-Pull):该模式下 GPIO 引脚可以作为多个外设引脚使用,但一个引脚某一时刻只能使用复用功能中的一个,由片上外设进行控制。

(4) 开漏复用功能(Alternate Function Open-Drain):该模式下与推挽式复用功能相近,但想要输出高电平需要接上拉电阻。

当配置如上所示的输出时还应考虑驱动电路的响应速度,每个 GPIO 引脚有 3 种输出速度可供选择,即 50MHz、10MHz 和 2MHz。一般来讲,实际开发中出于信号稳定性和降低功耗等原因,需要结合系统实际情况配置 GPIO 的响应速度,尽量使用与 GPIO 引脚要求一致的最低速度。一般常用的外设建议采用 2MHz 的输出速度,例如 LED、蜂鸣器等;而片上外设 I^2C、SPI 等使用复用功能输出时,应配置高响应速度 10MHz,甚至是 50MHz。

在 STM32 的标准固件库中,stm32f10x_gpio.h 头文件定义了 3 种输出速度模式,具体如下:

```
typedef enum
{
  GPIO_Speed_10MHz = 1,
  GPIO_Speed_2MHz,
  GPIO_Speed_50MHz
}GPIOSpeed_TypeDef;
```

如果利用固件库配置 GPIO 引脚,则首先选定 GPIO 引脚,指定选择引脚的响应速度,并且需要说明引脚的功能,固件库中 stm32f10x_gpio.h 头文件给出了引脚的定义,具体如下:

```
typedef struct
{
  uint16_t GPIO_Pin;                    /* 指定要配置的 GPIO 引脚 */
```

```
GPIOSpeed_TypeDef GPIO_Speed;          /* 指定所选引脚的速度 */
GPIOMode_TypeDef GPIO_Mode;            /* 指定所选引脚的模式 */
}GPIO_InitTypeDef;
```

例如,对于闪烁灯实验而言,利用库文件配置 PB8 为 2MHz 输出,具体如下:

```
//stm32f10x_gpio.h
GPIO_InitTypeDef GPIO_InitStructure;
GPIO_StructInit(&GPIO_InitStructure);
GPIO_InitStructure.GPIO_Pin = GPIO_Pin_8;
GPIO_InitStructure.GPIO_Mode = GPIO_Mode_Out_PP;
GPIO_InitStructure.GPIO_Speed = GPIO_Speed_2MHz;
GPIO_Init(GPIOB , &GPIO_InitStructure);
```

GPIO 库函数提供了读写单个引脚和整个端口的操作,对于 GPIO 端口在捕获并行数据时特别有用。

例如,若下面利用 GPIO 库函数 GPIO_WriteBit 对 PB8 引脚输出高低电平进行设置,若通过 PB8 引脚的高低电平变化可以控制闪烁灯开关。如果控制 PB8 为高电平,调用库函数 GPIO_WriteBit(GPIOB,GPIO_Pin_8,Bit_SET)来设置 GPIOB 端口的第 8 个引脚为高电平;相反,调用库函数 GPIO_WriteBit(GPIOB,GPIO_Pin_8,Bit_RESET)来设置端口的第 8 个引脚为低电平。

STM32 中 USART 之类的外围设备需要与 GPIO 复用的引脚,即共用同一个引脚。在使用这些外设之前,外设需要的任何输出必须配置为复用输出功能。

例如,USART1 的 Tx 与 PA9 有相同的引脚,如果使能 Tx,则需要配置 PA9 的输出模式为推挽式复用功能,具体如下:

```
GPIO_InitStruct.GPIO_PIN = GPIO_Pin_9;
GPIO_InitStruct.GPIO_Speed = GPIO_Speed_50MHz;
GPIO_InitStruct.GPIO_Mode = GPIO_Mode_AF_PP;
GPIO_Init(GPIOA , &GPIO_InitStruct);
```

3.3 STM32 的 GPIO 库函数

3.3.1 GPIO 模块的标准库函数

ST 公司为了便于嵌入式应用系统的实现,向使用者提供了 GPIO 模块的标准外设库接口函数。嵌入式开发者可以使用 ST 公司定义的函数对 GPIO 引脚进行配置和使用,从而规避了直接读写 GPIO 寄存器而引发错误的可能性。在实际项目开发中,往往需要用到标准外设库函数,这就要求创建工程时,把标准库的头文件 stm32f10x_gpio.h 加入工程。在项目开发过程中,想了解该头文件的功能时可以查看 GPIO 库函数的源码,该头文件所对应的源文件是 stm32f10x_gpio.c。文件 stm32f10x_gpio.h 声明了 GPIO 共 18 种库函数的定义,具体函数头定义如下:

```
void GPIO_DeInit(GPIO_TypeDef * GPIOx);
/**
 * @brief 该函数表示将 GPIOx 外围寄存器反初始化为它们的默认重置值。
```

```
 * @param GPIOx: x 可以是 A～G 来选择 GPIO 外围设备。
 * @retval 无
 */
void GPIO_AFIODeInit(void);
/**
 * @brief 该函数是将 AF(重新映射、事件控制和 EXTI 配置)寄存器反初始化为它们的默认重置值。
 * @retval 无
 */
void GPIO_Init(GPIO_TypeDef * GPIOx, GPIO_InitTypeDef * GPIO_InitStruct);
/**
 * @brief 该函数是根据 GPIO_InitStruct 中的指定参数初始化 GPIOx 外围设备。
 * @param GPIOx:指定 GPIO 的具体端口,x 可以是 A～G 其中一个端口。
 * @param GPIO_InitStruct 是指向 GPIO_InitTypeDef 结构的指针,包含指定的 GPIO 外围设备的配
 * 置信息。
 * @retval 无
 */
void GPIO_StructInit(GPIO_InitTypeDef * GPIO_InitStruct);
/**
 * @brief 该函数是用它的默认值填充每个 GPIO_InitStruct 成员。
 * @param GPIO_InitStruct: 指向将要初始化的 GPIO_InitTypeDef 结构的指针。
 * @retval 无
 */
uint8_t GPIO_ReadInputDataBit(GPIO_TypeDef * GPIOx, uint16_t GPIO_Pin);
/**
 * @brief 该函数是读取指定的输入端口引脚。
 * @param GPIOx: x 可以是 A～G 来选择 GPIO 外围设备。
 * @param GPIO_Pin: 指定要读取的端口位。这个参数可以是 GPIO_Pin_x,其中 x 可以是 0～15。
 * @retval 输入端口引脚值。
 */
uint16_t GPIO_ReadInputData(GPIO_TypeDef * GPIOx);
/**
 * @brief 该函数是读取指定的 GPIO 输入数据端口。
 * @param GPIOx: x 可以是 A～G 来选择 GPIO 外围设备。
 * @retval GPIO 输入数据端口值。
 */
uint8_t GPIO_ReadOutputDataBit(GPIO_TypeDef * GPIOx, uint16_t GPIO_Pin);
/**
 * @brief 该函数是读取指定的输出端口引脚。
 * @param GPIOx: x 可以是 A～G 来选择 GPIO 外围设备。
 * @param GPIO_Pin: 指定要读取的端口位。这个参数可以是 GPIO_Pin_x,其中 x 可以是 0～15。
 * @retval 输出端口引脚值。
 */
uint16_t GPIO_ReadOutputData(GPIO_TypeDef * GPIOx);
/**
 * @brief 该函数是读取指定的 GPIO 输出数据引脚。
 * @param GPIOx: x 可以是 A～G 来选择 GPIO 外围设备。
 * @retval GPIO 输出数据端口值。
 */
void GPIO_SetBits(GPIO_TypeDef * GPIOx, uint16_t GPIO_Pin);
/**
 * @brief 该函数是设置选定的数据端口引脚。
```

```
 * @param GPIOx: x 可以是 A～G 来选择 GPIO 外围设备。
 * @param GPIO_Pin: 指定要写入的端口位。这个参数可以是 GPIO_Pin_x 的任意组合,其中 x 可以
 * 是 0～15。
 * @retval 无
 */
void GPIO_ResetBits(GPIO_TypeDef * GPIOx, uint16_t GPIO_Pin);
/**
 * @brief 该函数是设置选定的数据端口位。
 * @param GPIOx: x 可以是 A～G 来选择 GPIO 外围设备。
 * @param GPIO_Pin: 指定要写入的端口位。这个参数可以是 GPIO_Pin_x 的任意组合,其中 x 可以
 * 是 0～15。
 * @retval 无
 */
void GPIO_WriteBit(GPIO_TypeDef * GPIOx, uint16_t GPIO_Pin, BitAction BitVal);
/**
 * @brief 该函数是设置或清除选定的数据端口位。
 * @param GPIOx: x 可以是 A～G 来选择 GPIO 外围设备。
 * @param GPIO_Pin: 指定要写入的端口位。这个参数可以是 GPIO_Pin_x,其中 x 可以是 0～15。
 * @param BitVal: 指定要写入所选位的值。该参数可以是 BitAction 枚举值中的一个:
 * @arg Bit_RESET: 清除端口引脚。
 * @arg Bit_SET: 设置端口引脚。
 * @retval 无
 */
void GPIO_Write(GPIO_TypeDef * GPIOx, uint16_t PortVal);
/**
 * @brief 该函数是将数据写入指定的 GPIO 数据端口。
 * @param GPIOx: x 可以是 A～G 来选择 GPIO 外围设备。
 * @param PortVal: 指定要写入端口输出数据寄存器的值。
 * @retval 无
 */
void GPIO_PinLockConfig(GPIO_TypeDef * GPIOx, uint16_t GPIO_Pin);
/**
 * @brief 该函数是 GPIO 引脚锁定配置寄存器。
 * @param GPIOx: x 可以是 A～G 来选择 GPIO 外围设备。
 * @param GPIO_Pin: 指定要写入的端口位。这个参数可以是 GPIO_Pin_x 的任意组合,其中 x 可以
 * 是 0～15。
 * @retval 无
 */
void GPIO_EventOutputConfig(uint8_t GPIO_PortSource, uint8_t GPIO_PinSource);
/**
 * @brief 该函数是选择用作事件输出的 GPIO 引脚。
 * @param GPIO_PortSource: 选择作为事件输出源的 GPIO 端口。这个参数可以是 GPIO_
 * PortSourceGPIOx,其中 x 可以是 A～G。
 * @param GPIO_PinSource: 指定事件输出的引脚。这个参数可以是 GPIO_PinSourcex,其中 x 可以
 * 是 0～15。
 * @retval 无
 */
void GPIO_EventOutputCmd(FunctionalState NewState);
/**
 * @brief 该函数是启用或禁用事件输出。
 * @param NewState: 事件输出的新状态。此参数可以是启用或禁用。
 * @retval 无
 */
```

```
void GPIO_PinRemapConfig(uint32_t GPIO_Remap, FunctionalState NewState);
/**
 * @brief 该函数是更改指定引脚的映射。
 * @param GPIO_Remap: 选择要重新映射的引脚。
 * @paramNewState: 重新映射端口引脚的新状态。这个参数可以是启用或禁用。
 * @retval 无
 */
void GPIO_EXTILineConfig(uint8_t GPIO_PortSource, uint8_t GPIO_PinSource);
/**
 * @brief 该函数是选择作为 EXTI 线的 GPIO 引脚。
 * @param GPIO_PortSource: 选择作为 EXTI 线源的 GPIO 端口。这个参数可以是 GPIO_
 * PortSourceGPIOx,其中 x 可以是 A~G。
 * @param GPIO_PinSource: 指定要配置的 EXTI 行。这个参数可以是 GPIO_PinSourcex,其中 x 可以
 * 是 0~15。
 * @retval 无
 */
void GPIO_ETH_MediaInterfaceConfig(uint32_t GPIO_ETH_MediaInterface);
/**
 * @brief 该函数是选择以太网媒体接口。
 * @note 这个函数只适用于 STM32 连接线路设备。
 * @param GPIO_ETH_MediaInterface 指定媒体接口模式。该参数可以是以下值之一:
 * @arg GPIO_ETH_MediaInterface_MII: MII 模式
 * @arg GPIO_ETH_MediaInterface_RMII: RMII 模式
 * @retval 无
 */
```

3.3.2　GPIO 配置步骤

不同于 51 单片机,在使用 GPIO 之前,必须对它们进行配置。一般来讲,使用任何
GPIO 引脚所需的配置如图 3-4 所示。

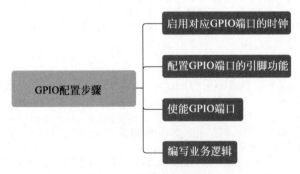

图 3-4　GPIO 配置步骤

基本初始化步骤如下:

(1) 启用相应外围设备的时钟;

(2) 配置外设功能参数,调用初始化函数,初始化外设相关的参数;

(3) 使能相应的 GPIO;

(4) 编写应用逻辑。

基于 STM32 的 GPIO 初始化程序的框架结构,如以下代码所示:

```
# include < stm32f10x. h >
# include < stm32f10x_rcc. h >
# include < stm32f10x_gpio. h >
int main( void) {
    GPIO_InitTypeDef GPIO_InitStructure
    //Enable Peripheral Clocks (1) ...
    //Configure Pins (2) ...
    //Enable the corresponding peripheral.... (3) ...
    while (1) {
    //Coding application logic... (4) ...
    }
}
```

3.4 STM32 GPIO 应用实例

3.4.1 实例标准库函数开发

本节采用基于标准固件库的设计方式,利用单个 GPIO 引脚输出高低电平控制发光二极管,并按一定时间间隔改变 I/O 口电平,达到 GPIO 的库函数实现灯光闪烁效果。图 3-5 是发光二极管 D1 与 STM32F103C6 的 PB0 接口电路的原理图。

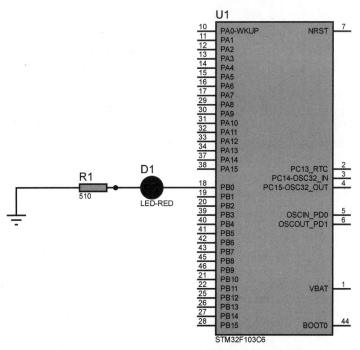

图 3-5 发光二极管与 STM32F103C6 的接口电路

图 3-5 的电阻 R1 是限流电阻。R1 阻值的改变会导致发光二极管 D1 的亮度也发生改变,R1 的阻值范围一般选用 $400\Omega \sim 1k\Omega$ 的。程序流程设计中首先需要配置 GPIO,然后主循环中不断检测发光二极管 D1 的状态,当检测到发光二极管 D1 开时,则 GPIO 的 PB0 输

出为高电平；相反，则输出低电平。图 3-6 为发光二极管闪烁程序流程图。

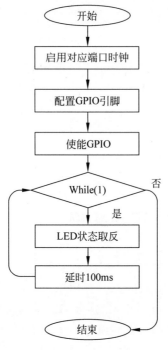

图 3-6　发光二极管闪烁程序流程

发光二极管工程文件中的源文件存放了 GPIO 的管脚定义、GPIO 初始化、全局变量声明、函数声明以及 LED 状态切换等功能，构成了发光二极管闪烁的主程序。具体代码如下：

```
# include "stm32f10x.h"
/ * 函数名:Delay
* 功能描述:不精确的延时,延时时间 = nCount/72000000,72MHz 为 STM32 主频
* 输入参数:nCount
* 输出参数:无
*/
void Delay( u32 nCount)
{
      for(;nCount != 0;nCount -- );
}

int main(void)
{
    GPIO_InitTypeDef GPIO_InitStructure;                    //定义一个 GPIO_InitTypeDef 类型
                                                            //的结构体变量
    RCC_APB2PeriphClockCmd(RCC_APB2Periph_GPIOB,ENABLE);   //开启 GPIOB 的时钟
    GPIO_InitStructure.GPIO_Pin = GPIO_Pin_0;              //选择要使用的 I/O 引脚,此处选
                                                            //择 PB0 引脚
    GPIO_InitStructure.GPIO_Mode = GPIO_Mode_Out_PP;       //设置引脚输出模式为推挽输出
    GPIO_InitStructure.GPIO_Speed = GPIO_Speed_50MHz;      //设置引脚的输出频率为 50MHz
    GPIO_Init(GPIOB,&GPIO_InitStructure);                  //调用初始化库函数初始化 GPIOB
                                                            //端口
```

```
while(1) {
    if(ReadOutputDataBit(GPIOB,GPIO_Pin_0) == 0){     //读取 PB0 状态
        GPIO_SetBits(GPIOB,GPIO_Pin_0);               //调用 GPIO_SetBits 函数,将 PB0
                                                      //置为高电平,点亮 D1
    }else{
        GPIO_ResetBits(GPIOB,GPIO_Pin_0);             //调用 GPIO_ReSetBits 函数,将
                                                      //PB0 置为低电平,熄灭 D1
    }
    Delay(72000);                                     //调用延迟函数,延迟 100ms
}
}
```

3.4.2 基于 STM32CubeMX 的实例开发

通过 3.4.1 节的实验发现,基于标准库函数的 STM32 工程需要写很多初始化代码,这些初始化代码往往都是固定的,开发人员没必要每次都重写这些初始化程序。为解决这个问题,ST 公司推出了 STM32CubeMX 工具自动生成相应配置的初始化代码。下面以 STM32CubeMX 为例进行发光二极管闪烁程序的开发。

1. 构建 STM32CubeMX 工程

第 2 章已经介绍了 STM32CubeMX 工具的安装,找到如图 3-7 所示快捷图标,双击该图标启动 STM32CubeMX 开发工具。

图 3-7 STM32CubeMX 快捷图标

STM32CubeMX 开发工具启动后的首界面如图 3-8 所示。在 STM32CubeMX 的菜单中选中 File 选项卡,并单击"New Project…",即可创建一个新的项目。

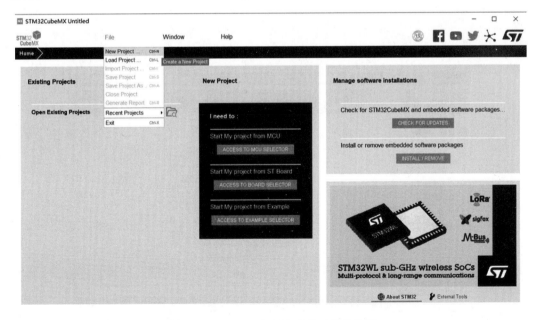

图 3-8 STM32CubeMX 开发工具首界面

与前面利用标准库函数创建工程不同,STM32CubeMX 的新工程都需要预先指定使用的芯片型号。图 3-9 是弹出的新创建项目界面,在 Part Number 搜索框中输入芯片型号。例如,STM32F103C 后按 Enter 键,检索出与输入关键词相近和封装不同的芯片信息,这里选择封装为 LQFP48 的 STM32F103C6 芯片。

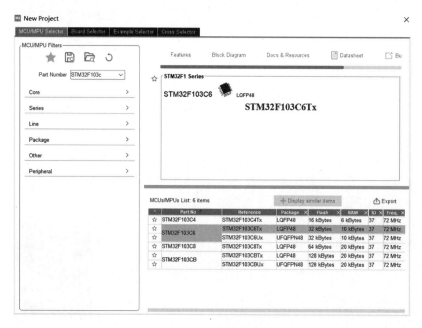

图 3-9　创建项目界面

双击 LQFP48 封装的 STM32F103C6 芯片,弹出如图 3-10 所示界面,至此工程创建完成。

图 3-10　创建工程结束界面

1）配置 STM32CubeMX 工程

在创建了基于 STM32F103C6Tx 的工程后，还要对该芯片的引脚参数进行配置。首先配置芯片 STM32F103C6Tx 的 SYS，选择左边目录 System Core 中的 SYS 选项卡，会弹出 SYS 模式和配置（SYS Mode and Configuration）界面，如图 3-11 所示。

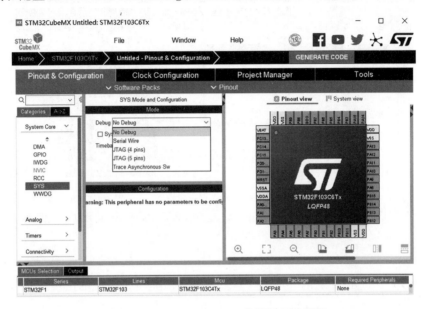

图 3-11　STM32F103C6Tx 芯片的 SYS 配置

Debug 的下拉列表中包括 No Debug、Serial Wire、JTAG（4 pins）、JTAG（5 pins）和 Trace Asynchronous Sw 五种模式。其中 No Debug 主要用于利用仿真软件调试程序。Serial Wire 是指利用 PA13 和 PA14 引脚进行串口调试。JTAG（4 pins）由 TDO4、TCK、TDI、TMS 线组成，分别为数据输出线、时钟、数据输入和模式选择。JTAG（5 pins）是在 4 线 JTAG 基础上加入了 VREF。Trace Asynchronous Sw 是指轨迹异步 SW 调试。由于 STM32CubeMX 默认是关闭调试接口的，为确保工程的完整性，可以选择 Trace Asynchronous Sw 把调试器选进来；另外，选进调试器也不会占用额外的程序代码。本节实验将利用仿真软件实现程序的调试，Debug 选项可以选为 No Debug 或 Serial Wire。

2）配置系统时钟

图 3-12 是配置 STM32F103C6Tx 的时钟。通过选择图 3-12 最左侧的 RCC，可以设置芯片的时钟源。首先从 STM32CubeMX 的引脚配置页面上找到 RCC 选项卡，单击 RCC 选项卡后右侧出现 RCC 模式和配置面板（RCC Mode and Configuration）。通过该面板配置高速时钟（HSE）和低速时钟（LSE）。考虑到在发光二极管闪烁程序中需要用到高速时钟，所以选定高速时钟后面的下拉列表框进行设置。一般而言，高速时钟和低速时钟的下拉选项卡包括禁止（Disable）、旁路时钟源（Bypass Clock Source）以及外部晶体/陶瓷谐振器（Crystal/Ceramic Resonator）三种。其中，Disable 选项表示当前工程不启用时钟源；Bypass Clock Source 是外部时钟，外部提供时钟只需要接入 OSC_IN 引脚，而 OSC_OUT 引脚悬空；而 Crystal/Ceramic Resonator 相当于石英/陶瓷晶振，需要通过外部无源晶体与芯片内部时钟的驱动电路共同配合形成时钟源，且 OSC_IN 与 OSC_OUT 引脚都要连接，

将会增加启动时间,但时钟源的精度往往较高。

图 3-12　系统时钟选择

HSE 为本实验中采用的系统时钟源,选项选为 Crystal/Ceramic Resonator,此时 STM32F103C6Tx 的 PD0 和 PD1 引脚会被占用。

MCO 是指使能 MCO 引脚时钟输出。由于本次实验选择的是 HSE,所以只对 HSE 时钟配置,具体操作步骤如下:

(1) 将 HSE 外部时钟源输入频率(Input Frequency)设置默认值 8,其取值范围为 4～16MHz;

(2) 选择 PLL Source Mux 的通道,选择 PLL;

(3) 双击 HCLK 频率,然后系统会自动配置成用于期望的时钟。配置前的时钟树如图 3-13 所示。

配置完成的时钟树如图 3-14 所示。

3) 配置 GPIO 口功能

在完成 STM32F103C6Tx 系统时钟的配置后,需要继续配置其 GPIO 口功能。切换回 Pinout&Configuration 选项卡,打开如图 3-15 所示的界面。

开始配置 STM32F103C6Tx 芯片 GPIO 口的功能,本实验的目标是实现 PB0 连接发光二极管的闪烁,所以需要配置 PB0 引脚的功能。该引脚功能如下:

Reset_State 设置为低电平状态功能;

ADC1_IN8 是模/数转换器 1 通道 8 的数据采集功能;

ADC2_IN8 是模/数转换器 2 通道 8 的数据采集功能;

TIM1_CH2N 是高级定时器 1 的通道 2 功能;

TIM3_CH3 是通用定时器 3 的通道 3 功能;

GPIO_Input 是通用输入引脚功能;

GPIO_Output 是通用输出引脚功能;

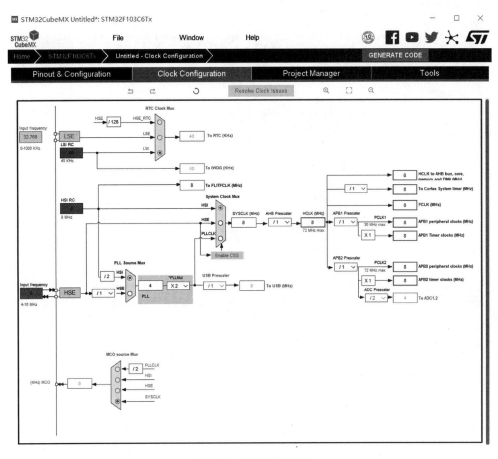

图 3-13　系统时钟配置

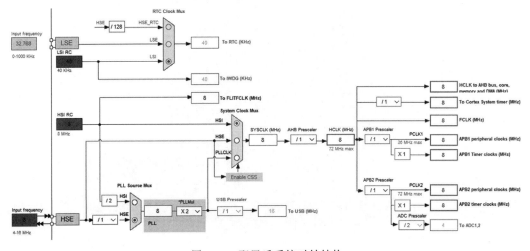

图 3-14　配置后系统时钟结构

图 3-15　GPIO 功能配置

GPIO_Analog 是通用模拟信号输出功能；

EVENTOUT 是事件输出功能；

GPIO_EXTI0 是中断 EXTI0 功能。

由图 3-5 可知，需要将 PB0 引脚配置为输出功能。单击图 3-15 中 STM32F103C6Tx 示意图的 PB0 引脚，在弹出的选项选框中，找到 GPIO_Output 选项条并选择，如图 3-16 所示。

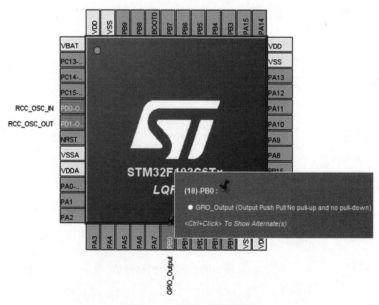

图 3-16　GPIO 功能配置

配置好 PB0 为输出后，右击 PB0 引脚可以为 GPIO 的标识设置，这个标识可以在程序中直接使用，而不需要通过 PB0 的地址进行访问，如图 3-17 所示。

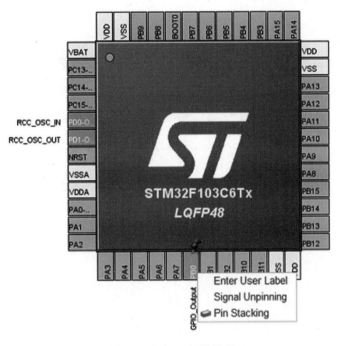

图 3-17　GPIO 标识设置

下面选择 Enter User Label 选项，本次设置为 LED-RED，如图 3-18 所示。

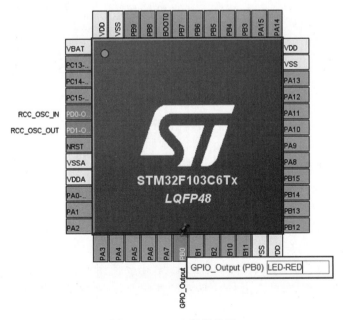

图 3-18　GPIO 标识分配

以上 PB0 引脚功能配置结束后，接下来在最左侧的 System Core 目录下单击 GPIO 选项卡。在 GPIO 模式和配置（GPIO mode and configuration）页面中列出了上面配置 PB0 引脚的信息，如图 3-19 所示。

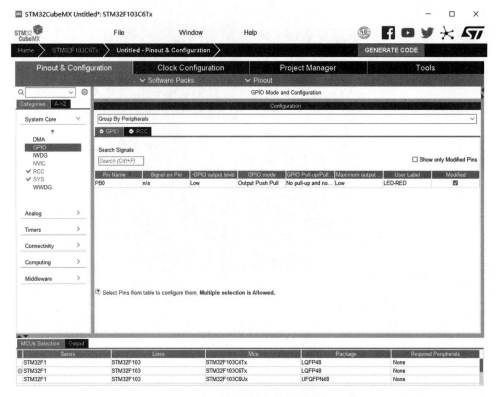

图 3-19　GPIO 的 PB0 配置信息

单击列表中的 PB0 查看引脚详细参数，如图 3-20 所示。GPIO output level 选项可以将引脚电平设置成高电平或低电平。GPIO mode 为 GPIO 模式，具体见表 3-2。GPIO Pull-up/Pull-down 为上拉电阻、下拉电阻、无上拉或下拉。Maximum output speed 为引脚速度设置，包括低速、中速、高速。User Label 为用户标签，可以给引脚设置名称，如 LED-RED。根据本实验的要求将 PB0 配置为推挽输出模式、上拉、高速输出模式，并且引脚标识为 LED-RED。

至此，STM32F103C6Tx 芯片的基本参数已经配置完成了。可以看出和我们使用库函数时的配置过程是一样的，但不同的是仅需要单击鼠标便可以完成上述操作，这正是 STM32CubeMX 的强大之处。

4）输出配置后的工程

根据发光二极管闪烁实验的功能需求，需要对 STM32F103C6Tx 芯片进行一定的配置，为了能在仿真器或芯片中执行配置后的工程，需要使用 Project Manager 选项卡配置导出当前工程生成的源程序，进入图 3-21 所示的左侧 Project 选项卡的 Project Settings 界面进行输出配置。

其中，Project Name 为当前工程文件名，该文件名根据实验的实际功能进行自定义，在本实验中将 STM32_GPIO_LED；Project Location 作为当前工程存放的路径，也可以根据

Group By Peripherals ⌄

⊘ GPIO   ⊘ RCC

Search Signals

Search (Crtl+F)   ☐ Show only Modified Pins

Pin Name ▲	Signal on Pin	GPIO output level	GPIO mode	GPIO Pull-up/Pull...	Maximum output...	User Label	Modified
PB0	n/a	High	Output Push Pull	Pull-up	High	LED-RED	☑

PB0 Configuration :

GPIO output level	High ⌄
GPIO mode	Output Push Pull ⌄
GPIO Pull-up/Pull-down	Pull-up ⌄
Maximum output speed	High ⌄
User Label	LED-RED

图 3-20　GPIO 详细配置界面

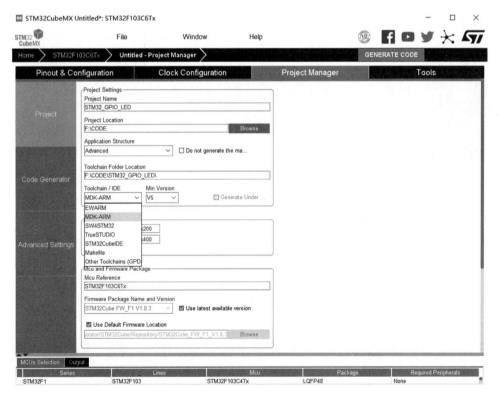

图 3-21　配置好的输出配置

硬盘的情况选择合适的路径；而 Toolchain/IDE 是非常关键的，它决定了用 STM32CubeMX 生成代码所能编译源代码的集成开发环境，即确定集成开发环境的类型。这需要根据项目的开发环境进行选择，本书用到的集成开发环境是 Keil，因此选择 MDK-ARM。Min Version 是对应集成开发环境的版本号，用于本书选用的是 Keil5，所以选择 V5 的版本；除此之外的参数，保持系统默认即可。如有特殊的要求，需要结合实际项目开发的需要进行设定。

单击左侧的 Code Generator 选项卡可以进入如图 3-22 所示的配置界面，其选择内容具体包括：为每一个外设的芯片能够生成独立的初始化头文件和源文件，选择只复制所需文件到工程，这样就会有 .h 和 .c 两种形式的输出文件；当代码重新生成时，文件会保留用户原有代码，而当没有代码重新生成时，就会自动删除之前系统生成的文件。

图 3-22　配置 Code Generator

5）生成代码

以上选项信息设置好后，单击 Generate Code 按钮便可生成 Keil 源代码，如图 3-23 所示。

代码生成后弹出是否打开工程对话框，如图 3-24 所示。

利用 Stm32CubeMX 生成源代码后，通过单击弹出的对话框中的"Open Project"按钮，便可以启动 Keil 5，同时用 Keil5 打开当前生成源代码的工程文件，启动后的效果如图 3-25 所示。

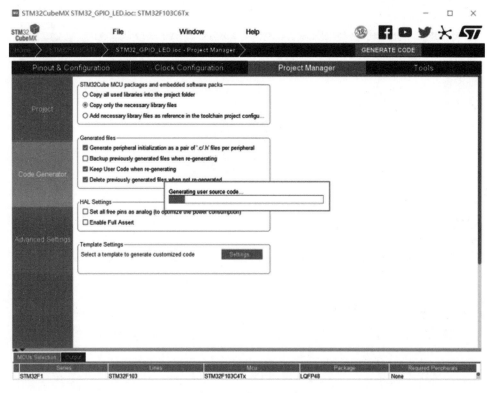

图 3-23　生成用户源代码

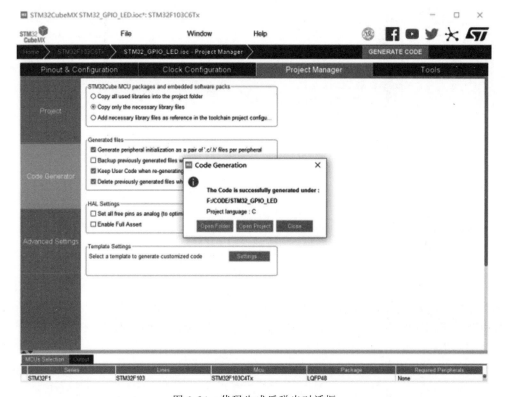

图 3-24　代码生成后弹出对话框

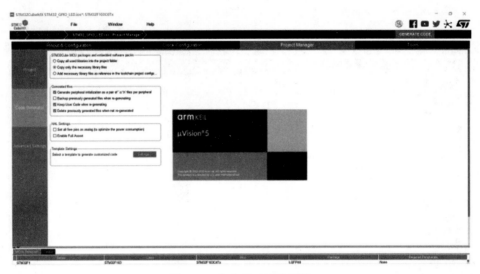

图 3-25　启动 Keil 开发环境

2. Keil 软件

Keil 软件启动后,进入图 3-26 所示的页面。STM32CubeMX 生成了左侧工程目录树中的源程序,接着选择左侧工程目录树中 Application/User/Core 文件下的 main.c 文件,然后在 Keil 软件的右侧显示窗打开源代码,如图 3-26 所示。

图 3-26　Keil 首页面

根据已经生成的源文件可以看到,发光二极管闪烁实验大部分的源代码都已经生成,其中包括启用相应外围设备的时钟、配置外设功能参数、调用初始化函数、初始化外设相关的参数以及使能相应的外设等,但应用业务逻辑的源代码,用户需要根据具体的应用来设计和实现此部分代码,如图 3-27 所示。

使用 Keil 软件将编写完成的发光二极管闪烁程序进行编译,继而生成.hex 文件。

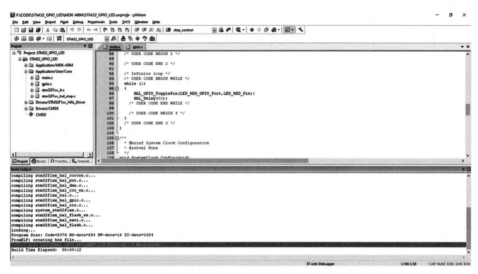

图 3-27 发光二极管闪烁程序的应用逻辑

3. Proteus 仿真

为了确定上述程序编写的准确性,可以运用 Proteus 工具构建 STM32F103C6Tx 的发光二极管闪烁的仿真环境,利用 Proteus 模拟 STM32F103C6Tx 在物理环境下的运行状态,然后通过观察 STM32F103C6Tx 引脚的变化来证明上述实验的有效性。

1) 创建 Proteus 工程

双击桌面上 Proteus 8 Professional 的快捷图标,启动软件,如图 3-28 所示。

软件启动后,进入图 3-29 所示的首界面。

图 3-28 Proteus 8 Professional
快捷图标

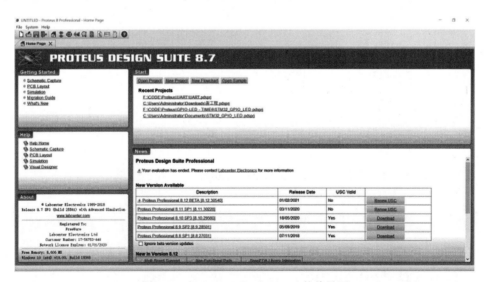

图 3-29 Proteus 8 Professional 的首界面

单击 Proteus 8 的 File 选项卡,选择 New Project 选项,打开如图 3-30 所示的新建工程界面。

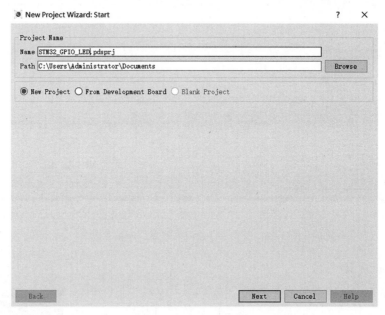

图 3-30   新建工程界面

设置好工程名和工程存放的物理位置后,单击"Next" Next 按钮,进入如图 3-31 所示的原理图大小设置界面,根据设计需要选择图纸大小。

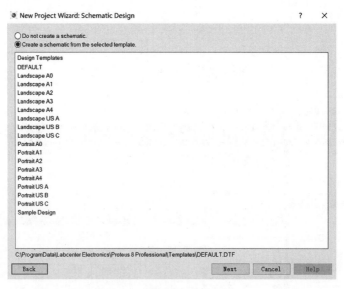

图 3-31   原理图大小设置界面

原理图的尺寸可根据元器件的多少进行选择,本实验选择 DEFAULT 模板,选择完毕后单击"Next" Next 按钮进入如图 3-32 所示的 PCB 配置界面。

如果需要创建 PCB,则可以选择创建 PCB 选项,而且需要选择合适的模板。本实验不

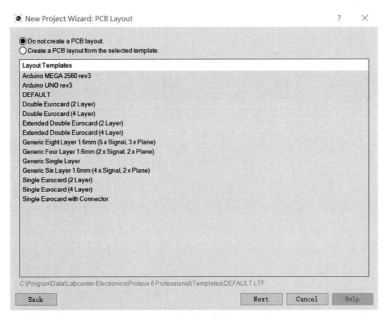

图 3-32 PCB 配置界面

需要 PCB，所以选择不创建 PCB 布局选项，即无须设计 PCB。然后选择"Next" Next 按钮即可，进入如图 3-33 所示的固件库设置界面。

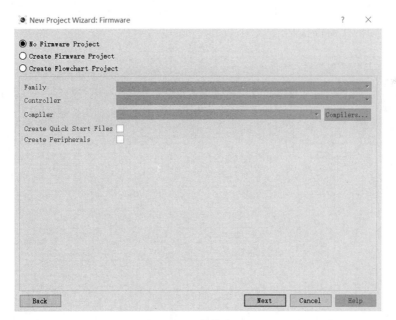

图 3-33 固件信息配置

固件库是指确保程序在控制器上正确运行所需要的中间件，需要结合项目的实际情况进行配置。本书使用 STM32CubeMX 和 Keil 联合对 STM32 进行仿真验证，所以无须用 Proteus 进行开发，故直接单击"Next" Next 按钮进入图 3-34 所示的配置概要界面。

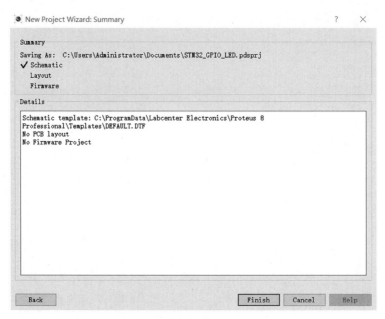

图 3-34　配置概要

单击"Finish"按钮完成仿真环境的工程创建。接下来,利用当前工程对实验进行仿真。

2) 检索器件

单击 Library 选项卡,并单击从库选择部件(Pick parts from libraries),如图 3-35 所示,添加本实验所需的元器件。

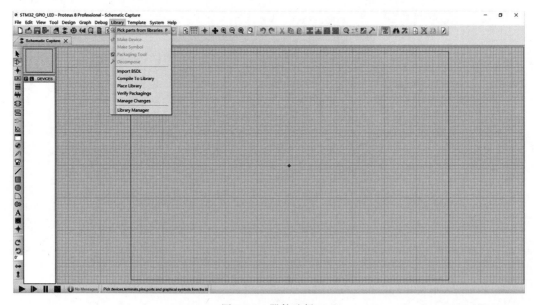

图 3-35　器件选择

进入选择元器件界面后,在 Keywords 界面输入要检索的器件并回车后,可以查看具体的器件结果。例如,输入关键词 STM32 并按回车后,右边列表会列出与 STM32 相关的

MCU,如图 3-36 所示。

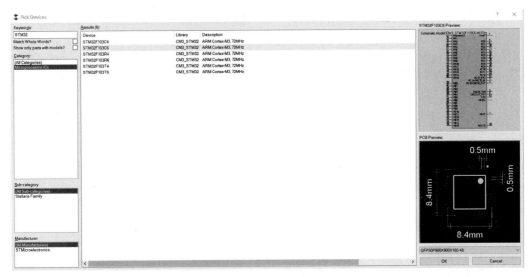

图 3-36 MCU 选择

本次选择 STM32F103C6 作为仿真实验的 MCU,如图 3-37 所示。

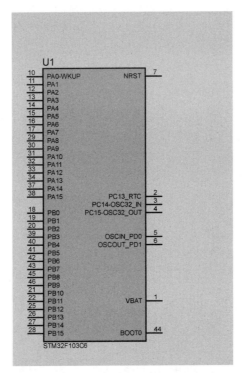

图 3-37 STM32F103C6 元件

当单击 STM32F103C6 元件,则该器件便添加到原理图中,如图 3-38 所示。

用同样的方式,选择本实验需要的发光二极管,如图 3-39 所示。

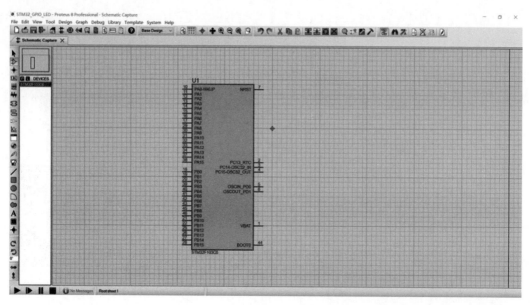

图 3-38　添加 STM32F103C6 元件

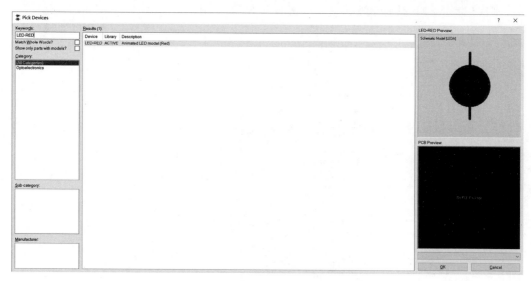

图 3-39　添加发光二极管

最后,添加限流电阻 R1 和接地,并将这些元件连接到一起。注意,D1 需要接到 STM32F103C6 元件的 PB0 引脚。发光二极管闪烁实验原理图如图 3-40 所示。

接下来配置 STM32F103C6,如图 3-41 所示。双击弹窗上的 STM32F103C6 选项,在 STM32F103C6 芯片中加载之前用 Keil 编译好的发光二极管闪烁程序并设置好 STM32F103C6 芯片的晶振频率,其余设置均保持默认值,最后单击 OK 按钮。

3) 仿真

基于发光二极管闪烁实验的原理图搭建的电路运行仿真,如图 3-42 所示。单击运行仿真或者快捷键 F12 进行仿真实验。

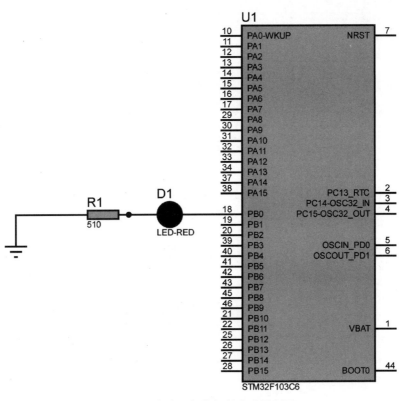

图 3-40 发光二极管闪烁实验原理图

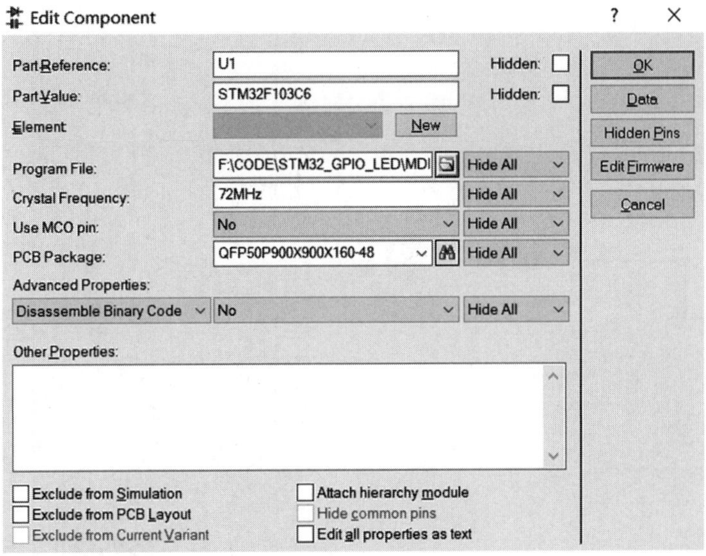

图 3-41 STM32F103C6 芯片配置

运行仿真后可以观察 STM32F103C6 引脚 PB0 和 LED-RED 的变化。根据发光二极管闪烁程序,每隔 50ms,LED-RED 状态变化一次。LED-RED 关状态的仿真结果如图 3-43 所示,这时 PB0 引脚输出低电平。

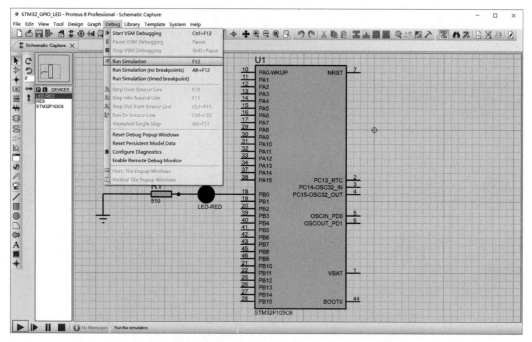

图 3-42　运行仿真

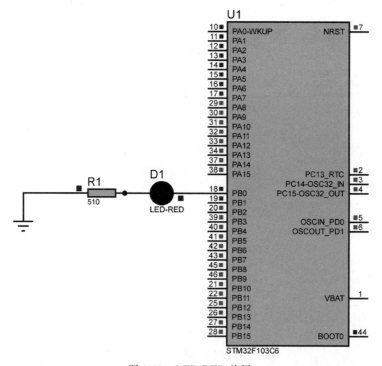

图 3-43　LED-RED 关闭

图 3-44 是 LED-RED 开状态的仿真结果。这时 PB0 引脚由程序拉高，LED-RED 变红，说明发光二极管被打开。

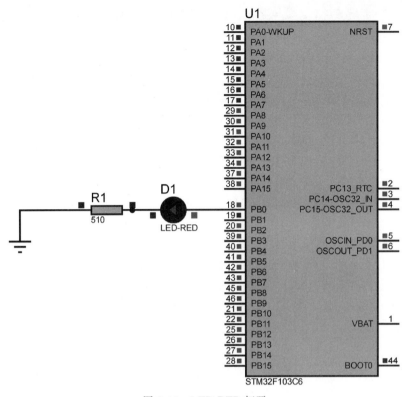

图 3-44 LED-RED 打开

本章小结

本章主要介绍了输入/输出的概念、STM32 的 GPIO、标准库函数、GPIO 配置的步骤等，最后通过一个发光二极管闪烁程序进一步说明了如何使用 GPIO。通过本章的学习，要求学生掌握输入/输出的有关概念、掌握 STM32 的 GPIO 开发流程、熟练使用 STM32CubeMX 工具生成 GPIO 项目、熟练应用 Keil 软件编译环境和仿真环境、了解 Proteus 仿真环境，对基于 STM32 的嵌入式系统开发建立初步的认识，为后面的学习打下基础。

习题 3

1. 填空题

（1）微控制器芯片将输入/输出分为_____、_____、_____和_____。

（2）_____用来配置 GPIOx 端口的使能位。

2. 选择题

（1）（ ）指输出较大的电流来驱动外围电路设备，该模式既可以输出高电平又可以输出低电平。

  A. 准双向 I/O   B. 推挽输出   C. 高阻态   D. 开漏

(2)(　　)是指 STM32 微控制器片内外设中可配置的输入/输出接口。

  A. GPIO   B. EXTI   C. DMA   D. NVIC

(3) STM32 的 GPIO 的每个端口都有(　　)个输入/输出引脚。

  A. 8   B. 16   C. 32   D. 0

(4) 关于 STM32 的 GPIO 引脚的寄存器描述不正确的是(　　)。

  A. 每个 GPIO 引脚都有两个 32 位配置寄存器

  B. 每个 GPIO 引脚都有两个 32 位数据寄存器

  C. 每个 GPIO 引脚都有一个 32 位锁定寄存器

  D. 每个 GPIO 引脚都有一个 32 位复位寄存器

(5) 每个 GPIO 引脚有三种输出速度,不包括(　　)。

  A. 50MHz   B. 10MHz   C. 2MHz   D. 100MHz

3. 简答题

(1) 简述什么是输入/输出,及各种工作模式的含义。

(2) 简述 GPIO 引脚包含几种输入和输出模式,及每种模式的含义。

(3) 简述 GPIO 配置步骤。

## 第 4 章

中 断 机 制

在嵌入式系统中,为了使微控制器能够停止当前操作来响应突发的外部事件,一般都需要通过微控制器的中断机制,该机制实现了优先处理外部请求事件,并根据外部事件的处理结果完成相关的显示或控制。本章将讨论以 Cortex-M3 为例的 STM32 微控制器的中断是如何工作的。中断是 STM32 微控制器中非常重要的片内外围机制,是快速响应外围设备的关键。本章首先介绍中断的基本概念及其工作原理,然后以 STM32F103 讲述中断的开发,最后通过一个开发案例来演示如何使用 STM32F103 的中断。

学习目标

➤ 掌握中断的有关概念和特点;

➤ 掌握 STM32 片内外设中断的概念、嵌套向量中断控制器、中断优先级以及外部中断;

➤ 了解 STM32 的中断向量表;

➤ 了解 STM32 中断的标准库函数;

➤ 掌握 STM32 中断的配置步骤;

➤ 熟练使用 STM32CubeMX、Keil 和 Proteus 工具开发中断项目。

4.1 中断概述

中断是一种允许外设在关键事件发生时通知软件的硬件机制。例如,为了播放音频文件,我们可能希望以精确的间隔产生模拟输出信号,实现方法是配置一个计时器,以精确的间隔生成中断。配置的中断一旦产生一个事件,微控制器将从当前应用程序转向执行一个特殊的中断处理程序,以"服务"中断事件传输。一旦中断微控制器完成了它的任务,微控制器就会返回之前的应用程序继续执行。中断在通信中也很重要,例如当串口接收到一个字符时便可以利用中断通知微控制器。如果系统中没有使用中断,那么就会让微控制器定期对外围设备进行轮询,以便处理外围设备的请求,这将导致微控制器的很多资源浪费在等待响应外围设备请求上,最主要原因是外围设备的请求速度一般慢于微控制器的处理速度,而微控制器不能一直等待外部事件请求。所以让外围设备在需要微控制器时主动发起处理请求,即产生中断。与主动轮询外围设备相比,微控制器的被动响应外围设备的请求是一个更合理的方式。使用中断的好处,可以总结如下:

（1）提高微控制器响应外围设备的速度，实现对实时事件的及时处理；

（2）提高微控制器的运算效率，主要是因为微控制器处理速度快，而外围设备处理响应慢；

（3）提高微控制器的稳定性，对微控制器内部突发故障进行及时处理。

中断在嵌入式系统占有极其重要的地位，中断机制使得系统能更有效更合理地发挥效能。中断使微控制器在执行指令的过程中，由于微控制器接收到了片内外设的突发请求，例如 GPIO、定时器、串口等，引发微控制器中止执行当前的指令，而转去执行片内外设的响应程序，如图 4-1 所示。这个响应程序通常称为中断服务程序。一旦微控制器停止当前主程序而执行中断服务程序中的指令，则必须执行完中断服务程序所有指令后，才能返回到主程序中未执行指令处继续执行剩余指令。需要说明的是，这些片内外设的突发请求是随机产生的，主程序本身不能判断会发生哪些中断请求。

图 4-1 是系统只有一个中断的情形。而实际的嵌入式系统在处理片内外设的突发请求时，可能会出现一个中断的中断服务程序没执行完，而又产生了新的中断请求，这个过程可以理解为如图 4-2 所示的情形。

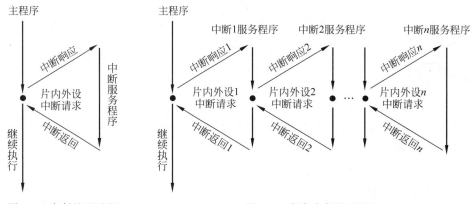

图 4-1 中断处理过程   图 4-2 嵌套中断处理过程

在主程序中，指令是逐条顺序执行的，即使存在跳转与分支，但究其实质，还是顺序地按程序编写者的意愿执行规定的指令。这个过程是主动的操作，只要程序中编写了调用指令，那么执行该指令就一定会调用子程序段，最后返回调用指令的下一条指令处继续执行其余指令。与之前微控制器调用某个程序段不同，中断是被动的操作，一旦中断产生，则立即停止主程序的指令调用，而转到中断服务程序去执行。

中断产生的条件总结如下：

（1）硬件中断，是指程序在运行时由外围设备通过某种方式触发的中断，如 GPIO 引脚从高到低地变换，或是定时器计数溢出、DMA 空、FIFO 非空、A/D 转换结束或是串口收发数据等。

（2）软件中断，是由微控制器内部事件产生，如通过指令置位寄存器相关标志位所引发中断。

硬件中断包括电平触发方式和跳变沿触发方式。数字电路中电平分为上升沿和下降沿，如图 4-3 所示。当数字电平由低电平状态变换为高电平状态的那一瞬间称作上升沿；反之，数字电平由高电平状态变换为低电平状态的那一瞬间称作下降沿。

就系统程序执行顺序而言，主程序调用子程序是一种主动执行子程序的行为。然而中

图 4-3　上升沿和下降沿

断的发生是随机的(通过指令设置的除外),在这一过程中随时都可能会产生新的中断。按照事件发生的顺序,可将嵌入式系统中的中断执行过程总结如下:

(1) 中断源发出中断请求。

微控制器判断当前是否允许中断和该中断源是否被屏蔽。如果微控制器允许中断请求,则转向中断求解处理程序。

(2) 优先权排队。

微控制器执行完当前指令或当前指令无法执行完,用于产生了中断,则立即停止当前程序,并保护断点地址和处理机当前状态,转入相应的中断服务程序执行中断请求处理。

(3) 执行中断服务程序。

中断服务程序中设置了如何响应中断请求的程序。当中断服务程序执行结束后,微控制器将恢复被保护的状态,执行"中断返回"指令并回到被中断的程序或转入其他程序继续执行。

4.2　STM32 的中断

中断是嵌入式微控制器 STM32 非常重要的片内外设资源。STM32 丰富的、强大的中断系统可以大大提高对外部事件的处理速度和响应能力,从而提高整个嵌入式系统响应的实时性和灵活性。STM32 的中断功能很强大,每个外设都可以产生中断,STM32 在内核水平上搭载了异常响应系统,系统异常有 8 个,外部中断有 60 个。嵌套向量中断控制器(Nested Vectored Interrupt Controller,NVIC)控制了整个芯片所有中断相关的功能。此外,为了以后系统能使用更多的中断,中断优先级寄存器(Interrupt Priority,IP)数组中预留了 240 个位置作为中断的扩展。NVIC 结构如图 4-4 所示。

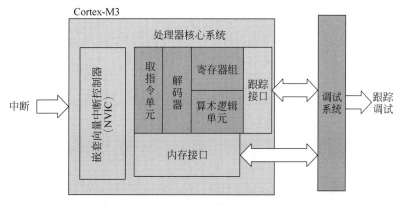

图 4-4　NVIC 结构

从内核架构图可以看到,NVIC控制器管理内核中的中断。内核对中断的控制主要表现为以下几个方面:中断地址、中断优先级、中断使能。程序的执行无非就是寻找地址,中断也是程序的一部分,而它的地址却是由内核确定的,而且是不允许修改的。NVIC控制器主要的作用是找到中断的入口地址。优先级在中断中是一个非常重要的概念,如果同时产生多个中断,微控制器会根据各个中断的优先级来选择这些中断的处理顺序。在Cortex-M3内核中,优先级用整数来表示,这个数越小代表级别越高。

4.2.1 嵌套向量中断控制器

由于STM32的中断系统比较复杂,所以在内核中有一个专门管理中断的控制器,即嵌套向量中断控制器(NVIC)。在整个中断系统中,NVIC负责控制除了SYSTICK之外的所有中断。在标准库中提供了一套通过NVIC来控制中断的API。首先来看NVIC_Init()函数,这套函数首先要定义并填充一个结构体NVIC_InitTypeDef。该结构体的定义如下:

```
typedef struct
{
    uint8_t NVIC_IRQChannel;
    uint8_t NVIC_IRQChannelPreemptionPriority;
    uint8_t NVIC_IRQChannelSubPriority;
    FunctionalState NVIC_IRQChannelCmd;
} NVIC_InitTypeDef;
```

其中,NVIC_IRQChannel代表配置中断向量的通道,并指定是否启用或禁用IRQ通道。NVIC_IRQChannelPreemptionPriority指定的是NVIC_IRQChannel中定义的IRQ通道的抢占优先级,参数选择值在0~15。NVIC_IRQChannelSubPriority指定NVIC_IRQChannel中定义的IRQ通道的次级优先级,可选参数在0~15。NVIC_IRQChannelCmd指定NVIC_IRQChannel中定义的IRQ通道是否启用或禁用,该参数可设置为"ENABLE"或"DISABLE"。

4.2.2 中断向量表

STM32F103x具有十分强大的中断系统,共84个中断,并将中断分为两个类型:内核异常16个和可屏蔽中断68个,如图4-5所示。内核中断是由系统内部产生的,而可屏蔽中

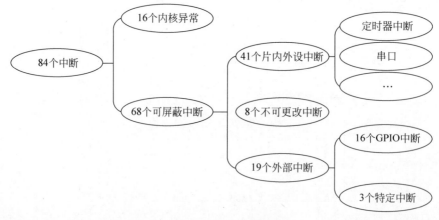

图 4-5　STM32 的 84 个中断

断又由外部中断和内部中断两部分组成。外部中断指的是由外部特定的信号或者 GPIO 产生的中断；内部中断指的是由片内外设产生的中断，例如定时器、串口、DMA 等。外部中断需要开发人员编写业务逻辑代码来响应外部中断请求。

将系统中所有中断按功能和入口地址按表编排起来，形成了 STM32 中断向量表，如表 4-1 所示。

表 4-1　STM32F10xxx 产品（小容量、中容量和大容量）的向量表

位置	优先级	优先级类型	名　称	说　明	地　址
	—	—	—	保留	0x0000_0000
	−3	固定	Reset	复位	0x0000_0004
	−2	固定	NMI	不可屏蔽中断，RCC 时钟安全系统（CSS）连接到 NMI 向量	0x0000_0008
	−1	固定	硬件失效	所有类型的失效	0x0000_000C
	0	可设置	存储管理	存储器管理	0x0000_0010
	1	可设置	总线错误	预取指令失败，存储器访问失败	0x0000_0014
	2	可设置	错误应用	未定义的指令或非法状态	0x0000_0018
	—	—	—	保留	0x0000_001C～0x0000_002B
	3	可设置	SVCall	通过 SWI 指令的系统服务调用	0x0000_002C
	4	可设置	调试监控	调试监控器	0x0000_0030
	—	—	—	保留	0x0000_0034
	5	可设置	PendSV	可挂起的系统服务	0x0000_0038
	6	可设置	SysTick	系统滴答定时器	0x0000_003C
0	7	可设置	WWDG	窗口定时器中断	0x0000_0040
1	8	可设置	PVD	连到 EXTI 的电源电压检测（PVD）中断	0x0000_0044
2	9	可设置	TAMPER	侵入检测中断	0x0000_0048
3	10	可设置	RTC	实时时钟（RTC）全局中断	0x0000_004C
4	11	可设置	Flash	闪存全局中断	0x0000_0050
5	12	可设置	RCC	复位和时钟控制（RCC）中断	0x0000_0054
6	13	可设置	EXTI0	EXTI 线 0 中断	0x0000_0058
7	14	可设置	EXTI1	EXTI 线 1 中断	0x0000_005C
8	15	可设置	EXTI2	EXTI 线 2 中断	0x0000_0060
9	16	可设置	EXTI3	EXTI 线 3 中断	0x0000_0064
10	17	可设置	EXTI4	EXTI 线 4 中断	0x0000_0068
11	18	可设置	DMA1 通道 1	DMA1 通道 1 全局中断	0x0000_006C
12	19	可设置	DMA1 通道 2	DMA1 通道 2 全局中断	0x0000_0070
13	20	可设置	DMA1 通道 3	DMA1 通道 3 全局中断	0x0000_0074
14	21	可设置	DMA1 通道 4	DMA1 通道 4 全局中断	0x0000_0078
15	22	可设置	DMA1 通道 5	DMA1 通道 5 全局中断	0x0000_007C
16	23	可设置	DMA1 通道 6	DMA1 通道 6 全局中断	0x0000_0080
17	24	可设置	DMA1 通道 7	DMA1 通道 7 全局中断	0x0000_0084
18	25	可设置	ADC1_2	ADC1 和 ADC2 的全局中断	0x0000_0088

续表

位置	优先级	优先级类型	名　称	说　明	地　址
19	26	可设置	USB_HP_CAN_TX	USB 高优先级或 CAN 发送中断	0x0000_008C
20	27	可设置	USB_LP_CAN_RX0	USB 低优先级或 CAN 接收 0 中断	0x0000_0090
21	28	可设置	CAN_RX1	CAN 接收 1 中断	0x0000_0094
22	29	可设置	CAN_SCE	CAN SCE 中断	0x0000_0098
23	30	可设置	EXTI9_5	EXTI 线[9：5]中断	0x0000_009C
24	31	可设置	TIM1_BRK	TIM1 刹车中断	0x0000_00A0
25	32	可设置	TIM1_UP	TIM1 更新中断	0x0000_00A4
26	33	可设置	TIM1_TRG_COM	TIM1 触发和通信中断	0x0000_00A8
27	34	可设置	TIM1_CC	TIM1 捕获比较中断	0x0000_00AC
28	35	可设置	TIM2	TIM2 全局中断	0x0000_00B0
29	36	可设置	TIM3	TIM3 全局中断	0x0000_00B4
30	37	可设置	TIM4	TIM4 全局中断	0x0000_00B8
31	38	可设置	I2C1_EV	I2C1 事件中断	0x0000_00BC
32	39	可设置	I2C1_ER	I2C1 错误中断	0x0000_00C0
33	40	可设置	I2C2_EV	I2C2 事件中断	0x0000_00C4
34	41	可设置	I2C2_ER	I2C2 错误中断	0x0000_00C8
35	42	可设置	SPI1	SPI1 全局中断	0x0000_00CC
36	43	可设置	SPI2	SPI2 全局中断	0x0000_00D0
37	44	可设置	USART1	USART1 全局中断	0x0000_00D4
38	45	可设置	USART2	USART2 全局中断	0x0000_00D8
39	46	可设置	USART3	USART3 全局中断	0x0000_00DC
40	47	可设置	EXTI15_10	EXTI 线[15：10]中断	0x0000_00E0
41	48	可设置	RTCAlarm	连到 EXTI 的 RTC 闹钟中断	0x0000_00E4
42	49	可设置	USB 唤醒	连到 EXTI 的从 USB 待机唤醒中断	0x0000_00E8
43	50	可设置	TIM8_BRK	TIM8 刹车中断	0x0000_00EC
44	51	可设置	TIM8_UP	TIM8 更新中断	0x0000_00F0
45	52	可设置	TIM8_TRG_COM	TIM8 触发和通信中断	0x0000_00F4
46	53	可设置	TIM8_CC	TIM8 捕获比较中断	0x0000_00F8
47	54	可设置	ADC3	ADC3 全局中断	0x0000_00FC
48	55	可设置	FSMC	FSMC 全局中断	0x0000_0100
49	56	可设置	SDIO	SDIO 全局中断	0x0000_0104
50	57	可设置	TIM5	TIM5 全局中断	0x0000_0108
51	58	可设置	SPI3	SPI3 全局中断	0x0000_010C
52	59	可设置	UART4	UART4 全局中断	0x0000_0110
53	60	可设置	UART5	UART5 全局中断	0x0000_0114
54	61	可设置	TIM6	TIM6 全局中断	0x0000_0118
55	62	可设置	TIM7	TIM7 全局中断	0x0000_011C
56	63	可设置	DMA2 通道 1	DMA2 通道 1 全局中断	0x0000_0120
57	64	可设置	DMA2 通道 2	DMA2 通道 2 全局中断	0x0000_0124
58	65	可设置	DMA2 通道 3	DMA2 通道 3 全局中断	0x0000_0128
59	66	可设置	DMA2 通道 4_5	DMA2 通道 4 和 DMA2 通道 5 全局中断	0x0000_012C

表 4-1 中内核异常的优先级为 $-3\sim6$,地址是 0x0000_0000$\sim$0x0000_003C。内核异常不能够被打断,不需要设定异常的优先级。需要说明的是,内核异常的优先级高于外部中断,即优先执行完内核异常后才能响应外部中断。常见的内核异常有以下几种:复位(reset),不可屏蔽中断(NMI),硬错误(Hard Error),其他的也可以在表上找到。

异常是否可以执行以及何时可以执行都会受到异常优先级的影响。一个高优先级(优先级级别中的较小数)异常可以抢占一个低优先级(优先级级别中的较大数)异常,这是嵌套的异常/中断场景。某些异常(reset、NMI、Hard Error)具有固定的优先级,它们是负数,表示比其他异常具有更高的优先级。Cortex-M3 支持三个固定的最高优先级级别和多达 256级的可编程优先级(最多 128 级抢占)。当设计一个 Cortex-M3 芯片或 SoC 时,芯片工程师可以通过定制它的优先级,这种级别的变化是通过删除优先级配置寄存器 LSB 来实现的。需特别注意的是复位中断的优先级是最高的,而且不可修改。

4.2.3　中断优先级

表 4-1 中除了内核异常的所有中断都是外部中断,包含 EXTI 线中断、定时器中断、I^2C、SPI 等所有的片内外设中断,这些中断都需要配置其优先级。NVIC 控制器对于优先级的控制分为两级:抢占优先级和响应优先级。

抢占优先级决定了响应中断处理函数的处理顺序,即抢占优先级高的中断将优先被执行,且能够打断优先级低的中断,待优先级较高的中断处理函数执行完毕后,再回来继续执行之前优先级低的或者返回到主程序产生中断的位置继续执行后续的指令。所以在实际应用中当存在多个抢占优先级不同的中断请求时,很有可能会产生中断请求的嵌套,如图 4-2 所示的情况。

响应优先级又称为子优先级。若两个中断请求的抢占优先级相同,那么响应优先级才起作用,即较高响应优先级的中断请求先执行,且在执行的同时不能被下一个响应优先级更高的中断请求打断,直到当前中断请求的中断处理函数执行结束后,才能响应其他高响应优先级的中断处理函数。

NVIC 中有一个寄存器是"应用程序中断及复位控制寄存器",其中有一个位段名为"优先级组"。优先级组分配:默认为 7 位抢占。中断优先级组的配置一般在程序初始化时设置一次。抢占优先级和子优先级的设置由一个 8 位的寄存器(IPR)决定,NVIC 控制器会将这个 8 位的寄存器分为两半,即高位控制抢占优先级和低位控制子优先级。

NVIC 控制器中还有一个寄存器(ARICR[10:8])决定 8 位的优先级寄存器(IPR)如何分成两半,表 4-2 给出了 ARICR[10:8]与 IPR 的关系。

表 4-2　抢占优先级和子优先级分组关系

分组位置	表达抢占优先级的位段	表达响应优先级的位段
0	[7:1]	[0:0]
1	[7:2]	[1:0]
2	[7:3]	[2:0]
3	[7:4]	[3:0]
4	[7:5]	[4:0]
5	[7:6]	[5:0]
6	[7:7]	[6:0]
7	0 位	所有位

注意：虽然表4-2给出了优先级的分组关系，然而在STM32芯片中不会使用优先级寄存器的所有位。例如，STM32F103使用高4位来表示优先级，假如ARICR[10：8]＝5，对照上面的表格可以知道：[7：6]表示抢占优先级[5：0]表示子优先级。设置STM32F103的优先级分组是5，那么所有的中断抢占优先级都是2位控制，子优先级也都是2位控制。对于一个CPU会有N个中断，每个中断的优先级各自可以自由配置，但是中断优先级分组只有一个。

4.2.4 外部中断

外部中断是由GPIO口的电平信号变化引起的，是常用的中断方式之一。外部中断/事件控制器（External Interrupt/event Controller，EXTI）管理了20个中断/事件线（STM32F103共有19个中断/事件线，不包含以太网唤醒事件）。每个中断/事件线都对应有一个边沿检测器，可以实现输入信号的上升沿检测和下降沿检测。EXTI实现了对每个中断/事件线进行单独配置，这个配置对应中断或者事件，以及触发事件的属性。例如，当按下连接GPIO引脚的按键，则GPIO引脚的电平发生变化，从而引发中断。STM32F10x外部中断包含有20个用于产生事件/中断请求的边沿检测器。图4-6是一条外部中断/事件控制器的示意图。

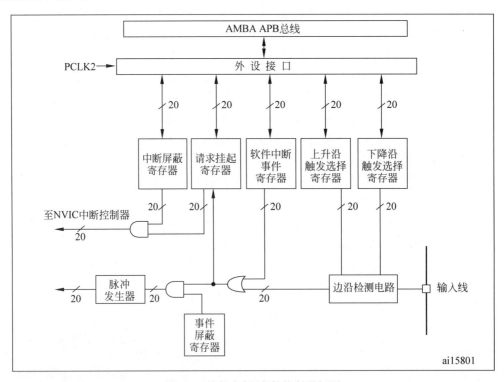

图4-6 外部中断/事件控制器框图

从图4-6可知，从外部激励信号来看，中断和事件的产生源都可以是一样的。之所以分成两个部分，是由于中断需要CPU参与，需要执行完中断服务函数才能产生结果。但是，事件是靠脉冲发生器产生一个脉冲，进而由硬件自动完成这个事件产生的结果。这要求相应的联动部件预先设置好，比如引发的 DMA 操作、A/D 转换等。

图 4-6 中的每根输入线都可以根据实际应用要求进行配置。例如，选择中断或事件、配置相应的触发事件。在 ST 官网的数据手册里触发事件引出了事件模式和中断模式两个概念。触发事件即 GPIO 引脚的高低电平切换状态，由上升沿触发、下降沿触发和边沿触发组成。如果具有相同触发源的触发中断事件可能被配置中断模式（中断事件）或事件模式（非中断事件），那么在相关事件的触发配置时就出现两种可能，即允许产生中断或禁止产生中断。当 GPIO 引脚由于电平发生变化成为触发事件时，如果要使该触发事件转换为中断模式，必须先使能相关中断标志位。一旦触发事件变为中断，这时该事件便可以让 CPU 激活相关中断请求，在 NVIC 配置相应中断后，CPU 便参与进行后续的中断响应服务，具体包括：首先将中断前的上下文数据入栈；然后响应中断处理请求并执行用户编写的中断服务处理程序；最后恢复中断前的上下文数据。而事件模式就没有中断事件后续的流程，只是有些硬件触发信号或标志的产生。例如，STM32 的 GPIO 口的电平发生变化，将触发外部中断。但在具体配置时，可以根据需要来决定启用还是禁用相关 GPIO 引脚的中断功能，从而选择不同的事件触发方式，即事件模式和中断模式。如果不希望电平跳变事件触发中断，就配置为事件模式；反之，配置为中断模式。

图 4-6 中信号线上画有一条斜线，并在旁边标记"20"字样的注释，表示这样的线路共有 20 条。图中从输入线到脉冲发生器这部分标出了外部中断信号的传输路径。更具体地讲，首先外部信号将从右下方的"输入线"进入，经过"边沿检测电路"后就进入"或门"。这个"或门"的另一个输入是"软件中断事件寄存器"，软件中断事件可以优先于外部输入信号请求一个中断或事件，即当"软件中断事件寄存器"的对应标志位使能时，不管外部输入信号如何，由于硬件电路使用的是"或门"，那么它都会输出有效信号。一个中断或事件请求信号经过"或门"后，便进入"请求挂起寄存器"。到此之前，中断和事件的信号传输通路都是一致的，即"请求挂起寄存器"记录了外部信号源的电平变化。当"请求挂起寄存器"将记录的外部请求信号经过"与门"，并向"NVIC 中断控制器"发出一个中断请求，如果"中断屏蔽寄存器"的标志位为 0，则该请求信号经过"与门"后便不能传输，这样就实现了中断的屏蔽操作。

理解了外部中断的请求机制，就很容易理解事件的请求机制了。与外部中断机制不同，外部事件信号的传输路径经过"或门"后便进入"与门"，这个"与门"的作用与之前的"与门"类似，用于引入"事件屏蔽寄存器"的控制；然后通过中断"请求挂起寄存器"，最后与"事件屏蔽寄存器"一起经过"与门"输出到 NVIC 中断检测电路，这个边沿检测电路受上升沿或下降沿选择寄存器控制，用户可以使用这两个寄存器控制需要哪一个边沿产生中断。因为选择上升沿或下降沿是分别受 2 个平行的寄存器控制，所以用户可以同时选择上升沿或下降沿；而如果只有一个寄存器控制，那么只能选择一个边沿了。最后，"脉冲发生器"的一个跳变的信号转变为一个单脉冲，输出到芯片中的其他功能模块。

简单举例：外部 I/O 触发 A/D 转换，来测量外部物品的重量。如果使用传统的中断通道，需要 I/O 触发产生外部中断，外部中断服务程序启动 A/D 转换，A/D 转换完成后并由中断服务程序提交最后结果。如果使用事件通道，I/O 触发产生事件，然后联动触发 A/D 转换，A/D 转换完成中断服务程序提交最后结果。相比之下，后者不要软件参与 A/D 触发，并且响应速度也更快。如果使用事件触发 DMA 操作，完全不用软件参与就可以完成某些联动任务。可以这样简单地认为：事件机制提供了一个完全由硬件自动完成的触发到产生结果的通道，不需要软件的参与，降低了微控制器的负荷，节省了中断资源，提高了响应速度（硬件总快于软件），是利用硬件来提升微控制器芯片处理事件能力的一个有效方法。

外部中断单元有 20 条中断线，通过 NVIC 连接到中断向量上，具体中断线的分配详见表 4-3。

表 4-3 中断线分配

EXTI 线	功能描述	EXTI 线	功能描述
EXTI 线 0～15	外部 GPIO 端口的输入中断	EXTI 线 18	连接到 USB OTG FS 唤醒事件
EXTI 线 16	连接到 PVD 输出	EXTI 线 19	连接到以太网唤醒事件
EXTI 线 17	连接到 RTC 报警事件		

表 4-3 中第一行 EXTI 线 0～15 共 16 条连接到 GPIO 端口的引脚上，可以在上升沿或下降沿或两者同时产生中断。其余 4 条出口线连接到 PVD 输出、RTC 报警事件、USB OTG FS 唤醒事件和以太网唤醒事件。NVIC 为 EXTI 线 0～4 提供单独的中断向量地址，而其余的 EXTI 线以 5～9 行和 10～15 行分别为一组连接到两个额外的中断向量地址。EXTI 线对于 STM32 实现低功能很重要，因为它不是一个时钟的外围设备，即使两个主振荡都停止了，它也可以被用来从它的停止模式中唤醒微控制器，从而提高微控制器的电源利用率。EXTI 线可以产生退出等待中断模式的中断和退出等待事件模式的事件。

STM32F10x 的 EXTI 供外部 GPIO 口使用的中断线有 16 根，但使用的 STM32F103 芯片却远远不止 16 个 I/O 口，那么 STM32F103 芯片怎么解决这个问题呢？因为 STM32F103 芯片每个 GPIO 端口均有 16 个引脚，因此把每个端口的 16 个 I/O 对应那 16 根中断线 EXTI0～EXTI15。比如，GPIOx. 0～GPIOx. 15（其中，x＝A、B、C、D、E、F、G）分别对应中断线 EXTI0～EXTI15，这样一来每个中断线就对应了最多 7 个 I/O 口，比如，GPIOA. 0、GPIOB. 0、GPIOC. 0、GPIOD. 0、GPIOE. 0、GPIOF. 0、GPIOG. 0。图 4-7 列出了外部中断线 EXTI 和 GPIO 引脚之间的对应关系，可以总结出外部中断线 EXTIx 与 GPIOx 相连接。

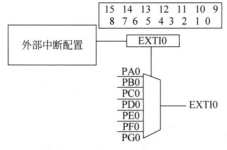

图 4-7 EXTI 的 GPIO 映射

但是中断线每次只能连接一个在 I/O 口上，这样就需要通过 AFIO 的外部中断配置寄存器 1 的 EXTIx[3：0]位来决定对应的中断线映射到哪个 GPIO 端口上，对于中断线映射到 GPIO 端口上的配置函数在 STM32f10x_gpio. c 和 STM32f10x_gpio. h 中，所以使用到外部中断时要把这个文件加入到工程中。GPIO引脚的 16 条 EXTI 线可以映射到任何端口引脚,这是通过配置寄存器完成的。在这些寄存器中,每个 EXTI 行被映射到一个 4 位字段。这个域允许每个 EXTI 线被映射到任何 GPIO 端口上,例如,EXTI线 0 可以被映射到端口 A,B,C,D 或 E 的引脚 0上。这使任何外部引脚都可以被映射到一个中断线上。EXTI 还可以与已映射到外部引脚的 AF 功能结合使用。一旦 EXTI 配置寄存器被设置好,每个外部中断都可以被配置成在上升沿或下降沿生成一个中断或事件,同时也可以通过写入软件中断寄存器中的匹配位来强制一个 EXTI 中断。

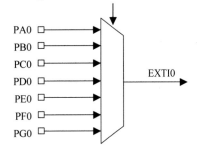

在 AFIO_EXTICR1 寄存器的 EXTI0[3:0] 位

PA0 PB0 PC0 PD0 PE0 PF0 PG0 → EXTI0

STM32 的所有 GPIO 都引入到了 EXTI 外部中断线上,例如当使用外部中断 0 时,可以配置 EXTI 与 PA0~PG0 中的一个或者几个相连。也就是说,所有的 I/O 口经过配置后都能够触发中断。图 4-8 是 GPIO 和 EXTI 的对应关系。

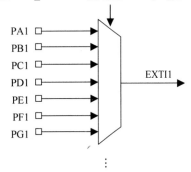

在 AFIO_EXTICR1 寄存器的 EXTI1[3:0] 位

PA1 PB1 PC1 PD1 PE1 PF1 PG1 → EXTI1

从图 4-8 可知,每个端口一共有 16 个中断线:EXTI0~EXTI15。每个中断线都对应了从 PAx~PGx 一共 7 个 GPIO。也就是说,在同一时刻每个中断线只能响应一个 GPIO 端口的中断,不能同时响应所有端口的中断事件,但是可以分时复用。在 EXTI 线中,有三种触发中断的方式:上升沿触发、下降沿触发、双边沿触发。根据不同的电路,选择不同的触发方式,以确保中断能够被正常触发。NVIC 对中断有总控的功能,通过寄存器的一个标志位决定中断功能是否被开启。

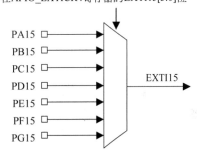

在 AFIO_EXTICR4 寄存器的 EXTI15[3:0] 位

PA15 PB15 PC15 PD15 PE15 PF15 PG15 → EXTI15

图 4-8 GPIO 和 EXTI 的连接方式

4.3 STM32 中断库函数

4.3.1 标准库函数

为了便捷地实现嵌入式应用,ST 公司为开发者提供了中断片内外设操作的标准外设库接口函数,开发者能够使用 ST 公司定义的函数直接配置和使用 GPIO 引脚,从而规避了直接读写中断相关寄存器所引起的错误。在使用标准外设库函数对项目进行开发时,头文件 STM32f10x_gpio.h 和 STM32f10x_it.h 需要被加入到工程中。若是想查看 GPIO 库函数的源码,可以阅读源文件 STM32f10x_it.c。下面列出了中断配置中常用的标准库函数,具体函数头定义如下:

```
void NVIC_Init(NVIC_InitTypeDef * NVIC_InitStruct);
```

```
/**
 * @brief 该函数是根据 NVIC_InitStruct 中指定的参数初始化 NVIC 外设
 * @param  NVIC_InitStruct:指向 NVIC_InitTypeDef 结构体的指针,该结构体包含指定 NVIC 外围
   设备的配置信息
 * @retval 无
 */
void NVIC_PriorityGroupConfig(uint32_t NVIC_PriorityGroup);
/**
 * @brief 该函数是配置优先级分组:抢占优先级和次级优先级
 * @param  NVIC_PriorityGroup:优先级组位长度
 * @retval 无
 */
void NVIC_SetVectorTable(uint32_t NVIC_VectTab, uint32_t Offset);
/**
 * @brief 该函数是设置向量表的位置和偏移量
 * @param NVIC_VectTab: vector 表是在 RAM 还是 FLASH 内存中
 * @param Offset:向量表的基偏移字段.该值必须是 0x200 的倍数
 * @retval 无
 */
void NVIC_SystemLPConfig(uint8_t LowPowerMode, FunctionalState NewState);
/**
 * @brief 该函数是选择系统进入低功耗模式的条件
 * @param LowPowerMode:系统进入低功耗模式的新模式
 * @param NewState: LP 条件的新状态.取值包括:启用或禁用
 * @retval 无
 */
void SysTick_CLKSourceConfig(uint32_t SysTick_CLKSource);
/**
 * @brief 该函数是配置 SysTick 时钟源
 * @param SysTick_CLKSource: SysTick 时钟源
 * @retval 输入端口引脚值
 */
void EXTI_DeInit(void)
/**
  * @brief  将 EXTI 片内外设寄存器初始化为其默认值
  * @param 无
  * @retval 无
  */
void EXTI_Init(EXTI_InitTypeDef * EXTI_InitStruct);
/**
  * @brief  根据 EXTI_InitStruct 结构体中指定的参数初始化 EXTI 片内外设
  * @param  EXTI_InitStruct:指向包含 EXTI 外设配置信息的 EXTI_InitTypeDef 结构体的指针
  * @retval 无
  */
void EXTI_StructInit(EXTI_InitTypeDef * EXTI_InitStruct);
/**
  * @brief  填充每个 EXTI_InitStruct 成员的重置值
  * @param EXTI_InitStruct:指向将被初始化的 EXTI_InitTypeDef 结构体的指针
```

```
 *  @retval 无
 */
void EXTI_GenerateSWInterrupt(uint32_t EXTI_Line);
/**
 *  @brief  生成一个软件中断
 *  @param  EXTI_Line: 指定要启用或禁用的 EXTI 线
 *    此参数可以是 EXTI_Linex 的任意组合,其中 x 可以为 0~19
 *  @retval 无
 */
FlagStatus EXTI_GetFlagStatus(uint32_t EXTI_Line);
/**
 *  @brief  检查是否设置了指定的 EXTI 线标志
 *  @param  EXTI_Line: 指定要检查的 EXTI 线标志
 *    此参数可以是:
 *      @arg EXTI_Linex: 外部中断线 x,其中 x 可以为 0~19
 *  @retval EXTI_Line 的新状态(设置或重置)
 */
void EXTI_ClearFlag(uint32_t EXTI_Line);
/**
 *  @brief  清除 EXTI 线的挂起位
 *  @param  EXTI_Line: 指定要清除的 EXTI 线标志
 *    此参数可以是 EXTI_Linex 的任意组合,其中 x 可以为 0~19
 *  @retval 无
 */
ITStatus EXTI_GetITStatus(uint32_t EXTI_Line);
/**
 *  @brief  检查指定外部中断线的状态是否有效
 *  @param  EXTI_Line: 指定要检查的 EXTI 线
 *    此参数可以是:
 *      @arg EXTI_Linex: 外部中断线 x,其中 x 可以为 0~19
 *  @retval EXTI_Line 的新状态(设置或重置)
 */
void EXTI_ClearITPendingBit(uint32_t EXTI_Line);
/**
 *  @brief  清除 EXTI 线的挂起位
 *  @param  EXTI_Line: 指定要清除的 EXTI 线
 *    此参数可以是 EXTI_Linex 的任意组合,其中 x 可以为 0~19
 *  @retval 无
 */
```

4.3.2 中断配置步骤

在使用中断之前,必须对它们进行配置后才能使用。一般来讲,使用外部中断的步骤如图 4-9 所示。

中断基本初始化步骤如下:

(1) 启用对应的 APB 时钟;

(2) 选择外部中断输入线;

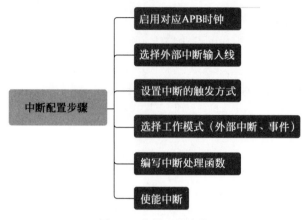

图 4-9 中断配置步骤

(3) 设置中断的触发方式；

(4) 选择工作模式(外部中断、事件)；

(5) 编写中断处理函数；

(6) 使能中断。

一个 STM32 的中断程序的整体结构，如以下代码所示。

```
# include < STM32f10x.h >
# include < STM32f10x_rcc.h >
# include < STM32f10x_gpio.h >
# include < misc.h >
# include"STM32f10x.h"

int main(void)
{
/ * 初始化 GPIO * /
GPIO_Config();
AFIO_Config();
/ * EXTI 线配置 * /
EXTI _Config();
NVIC_Configuration();
while(1);
}
void EXTI0_IRQHandler(){//中断处理函数
}
```

如要响应外部中断，需先把 I/O 口作为外部中断输入。STM32 的 GPIO 配置在第 3 章已经详细介绍，这里介绍如何将 GPIO 和中断二者结合起来，以实现外部中断响应。需要说明的是，STM32 的每个 I/O 口都可以作为中断输入。一个 STM32 的中断初始化程序整体结构有以下几个步骤：

(1) 初始化 I/O 口为输入。

设置作为外部中断 I/O 口的状态，可以设置为上拉/下拉输入，也可以设置为浮空输入，但浮空时外部一定要接上拉/下拉电阻，否则可能导致中断不停地触发。在干扰较大的地方，即使使用了上拉/下拉电阻，也建议使用外部上拉/下拉电阻，这样可以一定程度防止外部干扰带来的影响。初始化 I/O 的代码如下：

```
void GPIO_Config()
{
    /* 定义一个 GPIO_InitTypeDef 类型的结构体 */
    GPIO_InitTypeDef GPIO_InitStructure;
    /* 开启 GPIOX 的外设时钟和 AFIO 时钟 */
    RCC_APB2PeriphClockCmd(RCC_APB2Periph_GPIOX, ENABLE);
    GPIO_InitStructure.GPIO_Pin = GPIO_Pin_X
    GPIO_InitStructure.GPIO_Mode = GPIO_Mode_IPU;    /* 设置上拉输入 */
    GPIO_Init(GPIOX, &GPIO_InitStructure);           /* 调用库函数,初始化 GPIOX */
}
```

（2）开启 I/O 口复用时钟，设置 I/O 口与中断线的映射关系。

STM32 的 I/O 口与中断线的对应关系需要配置外部中断配置寄存器 EXTICR，要先开启复用时钟，然后配置 I/O 口与中断线的对应关系，才能把外部中断与中断线连接起来。具体代码如下：

```
void AFIO_Config(){
RCC_APB2PeriphClockCmd(RCC_APB2Periph_GPIOX | RCC_APB2Periph_AFIO, ENABLE);
GPIO_EXTILineConfig(GPIO_PortSourceGPIOC, GPIO_PinSource5);
}
```

（3）开启与该 I/O 口相对的线上中断/事件，设置触发条件。

首先需要配置中断产生的条件，即配置成上升沿触发或下降沿触发，或者任意电平变化触发，但是不能配置成高电平触发和低电平触发。这里根据实际情况来配置，然后开启中断线上的中断。这里需要注意的是：如果使用外部中断，并设置该中断的 EMR 位，会引起软件仿真不能跳到中断，而硬件上是可以的。而不设置 EMR 位，软件仿真就可以进入中断服务函数，并且硬件上也是可以的。因此建议不要配置 EMR 位。最后，初始化 EXTI 线。具体代码如下：

```
void EXTI _Config()
{
    /* 定义一个 EXTI_InitTypeDef 类型的结构体 */
    EXTI_InitTypeDef EXTI_InitStructure;

    /* EXTI 线(PE5)模式配置 */
    EXTI_InitStructure.EXTI_Line = EXTI_Line5;
    EXTI_InitStructure.EXTI_Mode = EXTI_Mode_Interrupt;
    EXTI_InitStructure.EXTI_Trigger = EXTI_Trigger_Falling; /* 下降沿中断 */

    EXTI_InitStructure.EXTI_LineCmd = ENABLE;
    EXTI_Init(&EXTI_InitStructure);
}
```

（4）配置中断分组（NVIC），并使能中断。

只有配置了中断的分组以及中断的使能，才能响应中断。对 STM32 的中断来说，只有配置了 NVIC 才能执行中断服务函数中的业务逻辑代码。关于 NVIC 的详细介绍，请参考前面章节。配置 NVIC 的代码如下：

```
void NVIC_Configuration()
{
    /* 定义一个 NVIC_InitTypeDef 类型的结构体 */
    NVIC_InitTypeDef NVIC_InitStructure;

    /* 为抢占优先级配置一位 */
    NVIC_PriorityGroupConfig(NVIC_PriorityGroup_1);

    /* 配置 P[A|B|C|D|E]5 为中断源 */
    NVIC_InitStructure.NVIC_IRQChannel = EXTI9_5_IRQn;
    NVIC_InitStructure.NVIC_IRQChannelPreemptionPriority = 0;
    NVIC_InitStructure.NVIC_IRQChannelSubPriority = 0;
    NVIC_InitStructure.NVIC_IRQChannelCmd = ENABLE;
    NVIC_Init(&NVIC_InitStructure);
}
```

(5) 编写中断服务函数。

中断服务函数是中断设置的最后一步,是必不可少的。如果在代码里面开启了中断,但是没编写中断服务函数,就可能引起硬件错误,从而导致程序崩溃。所以在开启了某个中断后,一定要记得为该中断编写服务函数,在中断服务函数中编写要执行的中断响应的业务逻辑代码。具体代码如下:

```
/* 中断处理函数 */
void EXTI0_IRQHandler(){
    /* 确保是否产生了 EXTI Line 中断 */
    if(EXTI_GetITStatus(EXTI_Line0) != RESET)  {
        /* 清除中断标志位 */
        EXTI_ClearITPendingBit(EXTI_Line5);
    }
}
```

编写 EXTI 中断服务函数(中断函数固件库已经定义下列函数名,不能更改),包括:EXTI0_IRQHandler、EXTI1_IRQHandler、EXTI2_IRQHandler、EXTI3_IRQHandler、EXTI4_IRQHandler、EXTI9_5_IRQHandler、EXTI15_10_IRQHandler。

4.4 STM32 中断应用实例

4.4.1 应用实例的标准库函数开发

本节采用标准库函数方式实现按键中断控制发光二极管,利用中断服务函数控制GPIO 引脚输出高低电平使得发光二极管点亮或熄灭,并通过判断按键 BUTTON1 是否被按下产生中断,利用 GPIO 的库函数实现发光二极管闪烁效果。图 4-10 是 STM32F103 中断应用实例原理图,图中为发光二极管 D1、D2、D3、D4 和 D5 与 STM32F103C6 的 PB0、PB1、PB2、PB3 和 PB4 的接口电路。

图 4-10 的电阻 R1、R2、R3、R4 和 R5 是限流电阻。它们阻值的改变会导致发光二极管的亮度也发生改变,其阻值范围一般为 $400\Omega \sim 1k\Omega$,本项目选用的限流电阻阻值都是510Ω。程序流程设计中首先需要配置 GPIOB 端口以及相关引脚,主循环中不断检测连接

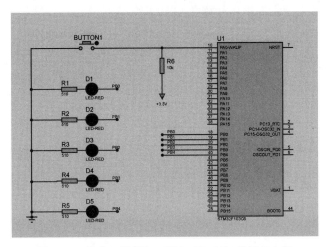

图 4-10　发光二极管与 STM32F103C6 的接口电路

发光二极管的 GPIOB 口状态,通过 BUTTON1 按键产生中断来切换 GPIOB 的引脚状态。当检测到发光二极管 D1 开时,则 PB0 输出低电平熄灭 D1,并将 PB1 输出高电平点亮 D2,依此类推,从而改变 D1～D5 是否被点亮的状态。图 4-11 为发光二极管闪烁程序流程图。

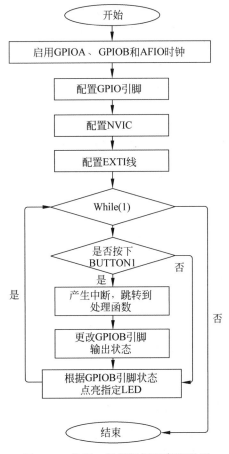

图 4-11　发光二极管闪烁程序流程图

发光二极管闪烁程序主流程由初始化 GPIO 和 LED 状态切换功能两部分构成,具体代码如下,led.c 文件用于存放管脚定义、全局变量声明和函数声明等内容。

```c
#include"STM32f10x.h"
int led_number = 0;

void GPIO_Config()
{
    /* 定义一个 GPIO_InitTypeDef 类型的结构体 */
    GPIO_InitTypeDef GPIO_InitStructure;
    RCC_APB2PeriphClockCmd(RCC_APB2Periph_GPIOB, ENABLE);    /* 开启 GPIOB 的外设时钟 */

    /* 选择要控制的 GPIOB 引脚 */
    GPIO_InitStructure.GPIO_Pin = GPIO_Pin_0|GPIO_Pin_1|GPIO_Pin_2|GPIO_Pin_3|GPIO_Pin_4;

    /* 设置引脚模式为通用推挽输出 */
    GPIO_InitStructure.GPIO_Mode = GPIO_Mode_Out_PP;
    /* 设置引脚速率为 50MHz */
    GPIO_InitStructure.GPIO_Speed = GPIO_Speed_50MHz;
    /* 调用库函数,初始化 GPIOB */
    GPIO_Init(GPIOB, &GPIO_InitStructure);
}

void NVIC_Configuration()
{
    /* 定义一个 NVIC_InitTypeDef 类型的结构体 */
    NVIC_InitTypeDef NVIC_InitStructure;
    /* 为抢占优先级配置一位 */
    NVIC_PriorityGroupConfig(NVIC_PriorityGroup_1);

    /* 配置中断源 */
    NVIC_InitStructure.NVIC_IRQChannel = EXTI0_IRQn;
    NVIC_InitStructure.NVIC_IRQChannelPreemptionPriority = 0;
    NVIC_InitStructure.NVIC_IRQChannelSubPriority = 0;
    NVIC_InitStructure.NVIC_IRQChannelCmd = ENABLE;
    NVIC_Init(&NVIC_InitStructure);
}

void EXTI_Config()
{
    /* 定义一个 GPIO_InitTypeDef 类型的结构体 */
    GPIO_InitTypeDef GPIO_InitStructure;
    /* 定义一个 EXTI_InitTypeDef 类型的结构体 */
    EXTI_InitTypeDef EXTI_InitStructure;

    /* EXTI GPIO(PA0)线配置 */
    /* 开启 GPIOB 的外设时钟和 AFIO 时钟 */
    RCC_APB2PeriphClockCmd(RCC_APB2Periph_GPIOA| RCC_APB2Periph_AFIO, ENABLE);

    /* 选择要控制的 GPIOB 引脚 */
```

```
    GPIO_InitStructure.GPIO_Pin = GPIO_Pin_0;
    /* 设置引脚模式为浮空输入 */
    GPIO_InitStructure.GPIO_Mode = GPIO_Mode_IN_FLOATING;
    /* 调用库函数,初始化 GPIOA */
    GPIO_Init(GPIOA, &GPIO_InitStructure);

    /* 配置 NVIC(PA0) */
    NVIC_Configuration();
    /* EXTI 线(PA0)模式配置 */
    GPIO_EXTILineConfig(GPIO_PortSourceGPIOA, GPIO_PinSource0);
    EXTI_InitStructure.EXTI_Line = EXTI_Line0;
    EXTI_InitStructure.EXTI_Mode = EXTI_Mode_Interrupt;
    EXTI_InitStructure.EXTI_Trigger = EXTI_Trigger_Falling;  /* 下降沿中断 */

    EXTI_InitStructure.EXTI_LineCmd = ENABLE;
    EXTI_Init(&EXTI_InitStructure);
}

void EXTI0_IRQHandler()
{
    if(EXTI_GetITStatus(EXTI_Line0) != RESET)              /* 确保是否产生 EXTI Line 中断 */
    {
        /* 更改 LED 索引位 */
        led_number++;
        /* 清除中断标志位 */
        EXTI_ClearITPendingBit(EXTI_Line0);
    }
}

int main(void)
{
    /* 初始化 LED */
    GPIO_Config();
    /* EXTI 线配置 */
    EXTI_Config();

    while(1){
        switch(led_number){

            case 0:
                GPIO_WriteBit(GPIOB, GPIO_Pin_4, Bit_RESET);
                GPIO_WriteBit(GPIOB, GPIO_Pin_0, Bit_SET);
                break;
            case 1:
                GPIO_WriteBit(GPIOB, GPIO_Pin_0, Bit_RESET);
                GPIO_WriteBit(GPIOB, GPIO_Pin_1, Bit_SET);
                break;
            case 2:
                GPIO_WriteBit(GPIOB, GPIO_Pin_1, Bit_RESET);
                GPIO_WriteBit(GPIOB, GPIO_Pin_2, Bit_SET);
                break;
```

```
        case 3:
            GPIO_WriteBit(GPIOB, GPIO_Pin_2, Bit_RESET);
            GPIO_WriteBit(GPIOB, GPIO_Pin_3, Bit_SET);
            break;
        case 4:
            GPIO_WriteBit(GPIOB, GPIO_Pin_3, Bit_RESET);
            GPIO_WriteBit(GPIOB, GPIO_Pin_4, Bit_SET);
            break;
        default:
            led_number = 0;
        }
    }
}
```

至此,利用按键中断控制发光二极管的工程就创建结束。下面使用 Keil 软件对上述工程进行编译,生成按键中断控制发光二极管的 hex 文件。为进一步验证程序的有效性,可以利用 Keil 软件的仿真功能,模拟按键按下或抬起来实现点亮或熄灭发光二极管的过程。整个仿真过程的结果如下。

图 4-12 是 GPIOA 和 GPIOB 初始化后的仿真结果。观察 GPIOA 和 GPIOB 的各个参数值,可以进一步理解 GPIO 端口的初始化过程。

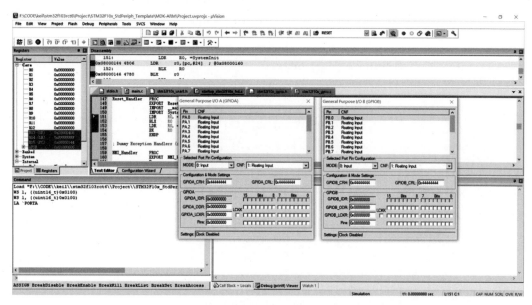

图 4-12　GPIOA 和 GPIOB 初始化结果

当单击 GPIOA 端口的引脚 0,可以将其引脚值从 0 置为 1,即图中的复选框被选中,这时表示有按键按下,同时观察 GPIOB 各个引脚的变化,很容易发现 PB0 的引脚被拉高,其余引脚处于低电平,如图 4-13 所示。

当再次单击 GPIOA 端口的引脚 0,将其对应引脚值拉低后又拉高,观察到 GPIOB 中的 PB0 拉低,PB1 引脚拉高,从而实现了 D1 熄灭且 D2 点亮的动作。图 4-14 为切换 GPIOB 引脚的状态。

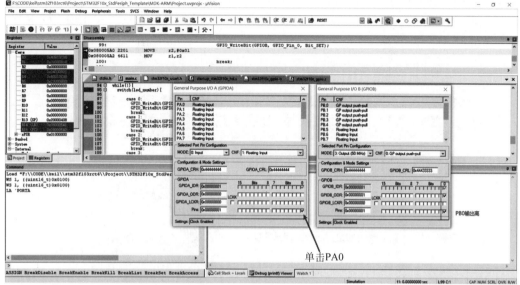

图 4-13 GPIOB 引脚变化

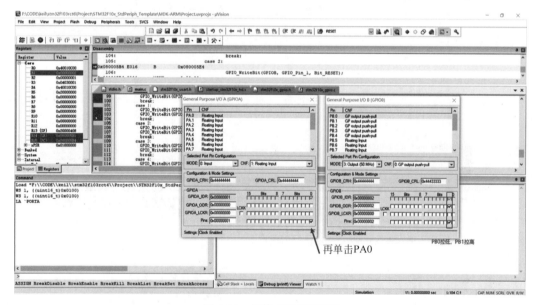

图 4-14 切换 GPIOB 引脚

4.4.2 基于 STM32CubeMX 开发

1. 新建 STM32CubeMX 工程

第 3 章详细介绍了如何使用 STM32CubeMX 新建 GPIO 工程,本节在第 3 章的基础上对中断进行配置。

1)配置 STM32CubeMX 工程

基于 STM32F103C6Tx 的工程,需要对该芯片的引脚参数进行配置。首先配置

STM32F103C6Tx 芯片的 SYS,如图 4-15 所示,选择左侧 System Core 目录中的 SYS 选项卡,弹出 SYS 模式和配置(SYS Mode and Configuration)界面。选好调试方式,DEBUG 中选中 Serial Wire,实际上板子测试时会占用 PA13 和 PA14 两个 I/O 口,用作下载或者调试。

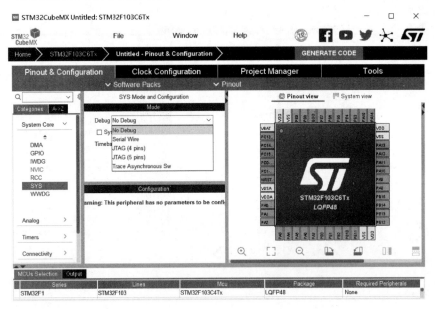

图 4-15　STM32F103C6Tx 芯片的 SYS 配置

2) 配置系统时钟

图 4-16 是配置 STM32F103C6Tx 的时钟。通过选择图 4-16 最左侧的 RCC,可以设置芯片的时钟源。单击 RCC 选项卡后,在 RCC 模式和配置面板(RCC Mode and Configuration)

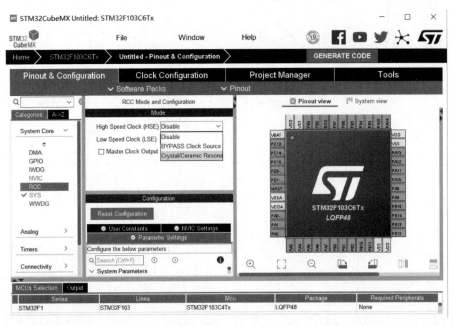

图 4-16　系统时钟选择

中出现高速时钟(HSE)和低速时钟(LSE)。由于本次发光二极管闪烁程序仿真中使用了HSE 时钟,所以需要对 HSE 时钟进行设置。图 4-16 中 HSE 和 LSE 的下拉选项卡都包括Disable、BYPASS Clock Source(旁路时钟源)以及 Crystal/Ceramic Resonator(外部晶体/陶瓷谐振器)三种。Disable 表示禁用时钟源。旁路时钟源是指无须使用外部晶体时所需的芯片内部时钟驱动组件,直接从外界导入时钟信号。外部晶体/陶瓷谐振器是由外部无源晶体与 MCU 内部时钟驱动电路共同配合形成,有一定的启动时间,精度较高。RCC 时钟,晶振选择,选择 HSE(外部高速时钟)为 Crystal/Ceramic Resonator,外部低速时钟(LSE)可有可无。本实验配置的系统时钟源选择的是 HSE,选项选为 Crystal/Ceramic Resonator,此时 STM32F103C6Tx 的 PD0 和 PD1 引脚会被占用。

在对 STM32F103C6Tx 芯片的系统时钟进行配置后,可以单击 Clock Configuration 选项卡进一步配置系统时钟的参数,如图 4-17 所示。该图包括 LSE、HSE 和 MCO(Master Clock Output)。通过时钟源输入频率(Input Frequency)配置 HSE、LSE。MCO 是指使能MCO 引脚时钟输出。由于本次实验仅选定了 HSE,所以仅对 HSE 时钟配置,具体步骤如下:

(1) 设置 HSE 外部时钟源输入频率,这里设置的是默认值 8,其取值范围为 4~16MHz。

(2) 选择 PLL Source Mux 的通道,选择 PLL。

(3) 双击 HCLK 频率,然后系统会自动配置成用于期望的时钟。配置前的时钟图如图 4-17 所示。

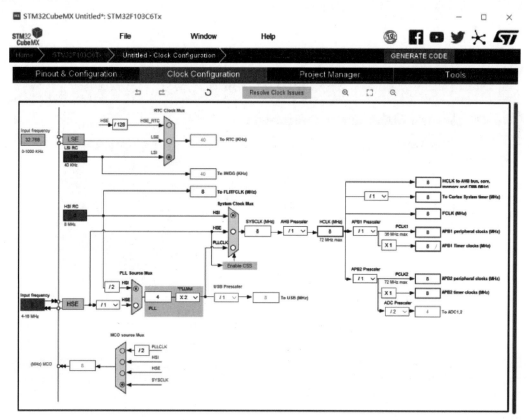

图 4-17 系统时钟配置

时钟配置,记录系统时钟频率,这里以 72MHz 用作仿真时选择芯片的晶振频率。
配置完成的时钟结构如图 4-18 所示。

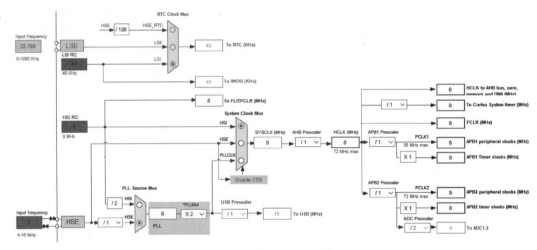

图 4-18 配置后系统时钟结构

3) 配置 GPIO 口功能

单击需要使用到的引脚,单击选择 GPIO_EXTI,GPIO_OUTPUT,选择 PA0、PB0、
PB1、PB2、PB3 和 PB4 六个引脚,如图 4-19 所示。

图 4-19 GPIO 引脚配置

PA0 作为按键 BUTTON1 外部中断的引脚,配置中断线 GPIO_EXTI0,如图 4-20 所示。

在本次实验中分别选用 GPIOB 端口的 0、1、2、3 和 4 五个引脚,用于控制 5 个 LED 灯,
如图 4-21 所示。

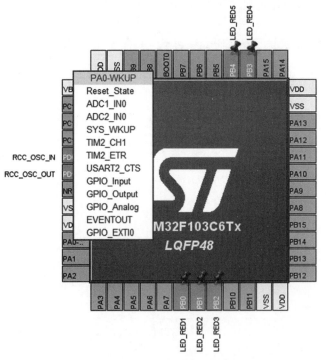

图 4-20　PA0 中断线配置

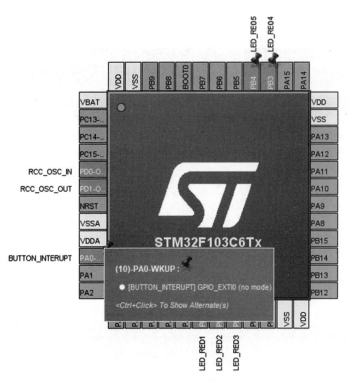

图 4-21　LED 控制引脚配置

STM32 各个引脚的配置如图 4-22 所示。其他配置为 STM32Cubemx 默认状态即可。

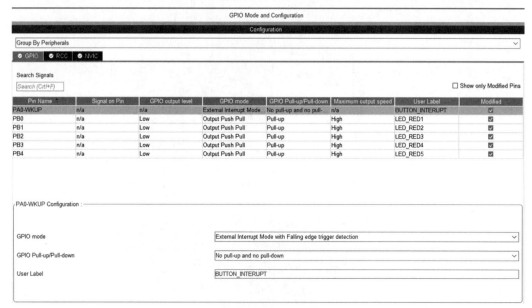

图 4-22　STM32 引脚配置

4）开启中断，设置中断优先级

中断参数配置如图 4-23 所示。

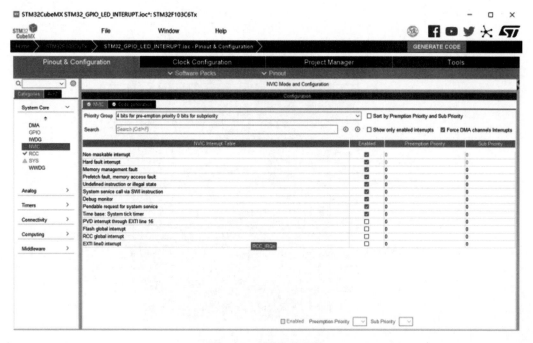

图 4-23　中断参数配置

一旦使能了中断，因为这时只使用到了外部中断，中断任务之间不会互相影响，所以优先级直接采取默认设置即可，如图 4-24 所示。

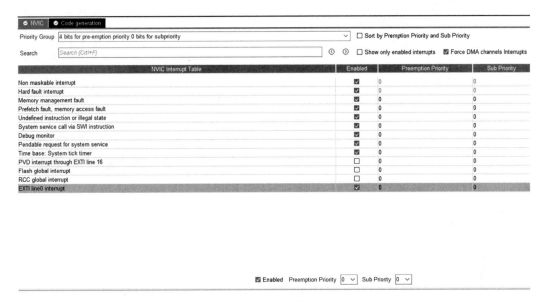

图 4-24 中断优先级

5）输出配置后的工程

根据本次发光二极管闪烁实验的功能需求，对 STM32F103C6Tx 芯片进行了配置。为了能将配置后的工程下载到仿真器或芯片中，选择 Project Manager 选项卡配置导出参数信息，将当前工程生成的源程序导出，进入图 4-25 所示左侧 Project 选项卡的 Project Settings界面进行输出配置。其中，Project Name 为当前工程文件名，可根据实际功能进行定义，本实验设为 STM32_GPIO_LED INTERUPT；Project Location 为当前工程存放的路径，可根据硬盘的情况选择合适的路径；Toolchain/IDE 选择打开输出源代码的集成开发环境的类型，需根据开发环境进行选择，本次选择 MDK-ARM；Min Version 是选择集成开发环境软件的最低版本号，本次选择 V5；其余参数选择默认设置即可。

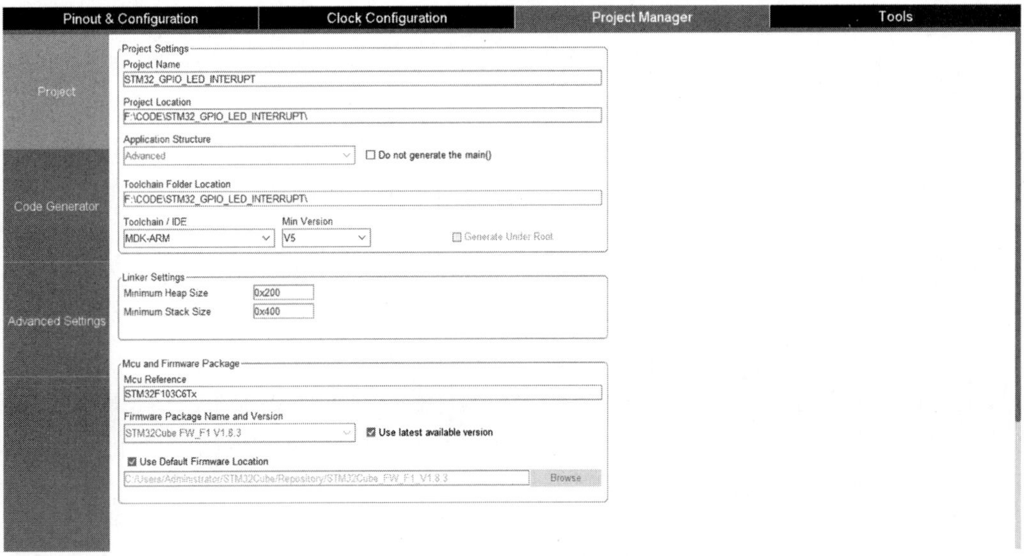

图 4-25 输出配置

在左侧单击 Code Generator 选项卡进入如图 4-26 所示的配置界面,具体包括:选择只复制所需文件到工程;为每个外设芯片生成独立的初始化头文件和源文件,这样输出文件将包括.c 和.h 文件。当重新生成代码时,保留用户原有代码;当没有重新生成代码时,删除之前生成的文件。

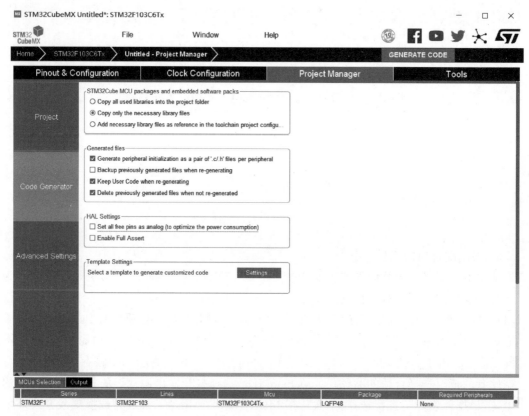

图 4-26 配置 Code Generator

6) 生成代码

以上选项信息设置好后,就可以单击 Generate Code 按钮生成 Keil 源代码,如图 4-27 所示。

代码生成后弹出是否打开工程对话框,如图 4-28 所示。

单击"Open Project"打开创建的工程,进入图 4-29 所示界面。

2. Keil 软件

Keil 软件启动后,进入如图 4-30 所示的页面。左侧工程目录树显示的源程序都是由 STM32CubeMX 生成的。下面选择左侧工程目录树中 Application/User/Core 文件下的 main.c 文件,并在 Keil 软件的右侧显示窗打开源代码,具体代码如图 4-30 所示。

通过查看生成的源文件可以发现,此发光二极管闪烁项目工程除了应用逻辑外所有的源代码均已生成,包括启用相应外围设备的时钟、配置外设功能参数、调用初始化函数、初始化外设相关的参数以及使能相应的外设等。

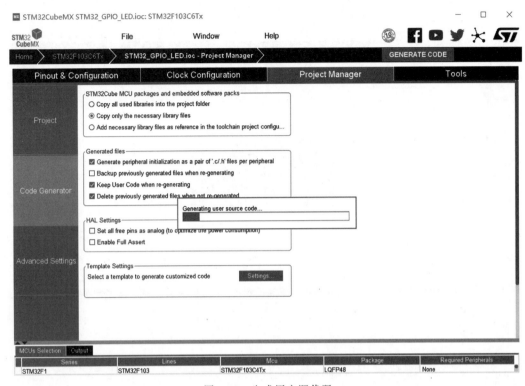

图 4-27 生成用户源代码

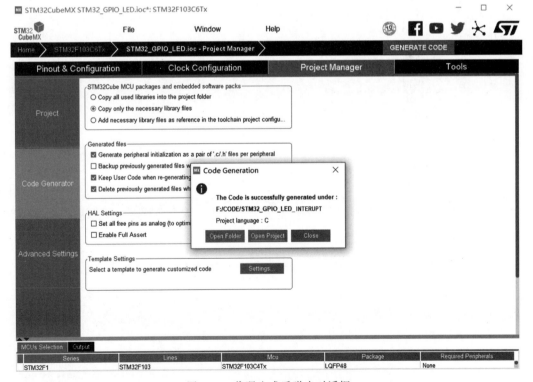

图 4-28 代码生成后弹出对话框

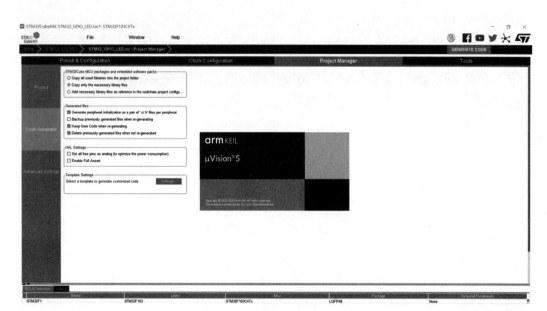

图 4-29　启动 Keil 开发环境

图 4-30　Keil 首页面

在 main.c 文件中加入 int 型变量 led_number，代码如下：

```
/* Private user code ------------------------------------------------------ */
/* USER CODE BEGIN 0 */
int led_number = 0;
/* USER CODE END 0 */
```

找到主函数，加入发光二极管闪烁的应用逻辑代码，代码如下：

```
/ * Infinite loop * /
/ * USER CODE BEGIN WHILE * /
while (1)
{

        HAL_Delay(50);

        switch(led_number){

            case 0:
                HAL_GPIO_WritePin(GPIOB, GPIO_PIN_4, GPIO_PIN_RESET);
                HAL_GPIO_WritePin(GPIOB, GPIO_PIN_0, GPIO_PIN_SET);
                break;
            case 1:
                HAL_GPIO_WritePin(GPIOB, GPIO_PIN_0, GPIO_PIN_RESET);
                HAL_GPIO_WritePin(GPIOB, GPIO_PIN_1, GPIO_PIN_SET);
                break;
            case 2:
                HAL_GPIO_WritePin(GPIOB, GPIO_PIN_1, GPIO_PIN_RESET);
                HAL_GPIO_WritePin(GPIOB, GPIO_PIN_2, GPIO_PIN_SET);
                break;
            case 3:
                HAL_GPIO_WritePin(GPIOB, GPIO_PIN_2, GPIO_PIN_RESET);
                HAL_GPIO_WritePin(GPIOB, GPIO_PIN_3, GPIO_PIN_SET);
                break;
            case 4:
                HAL_GPIO_WritePin(GPIOB, GPIO_PIN_3, GPIO_PIN_RESET);
                HAL_GPIO_WritePin(GPIOB, GPIO_PIN_4, GPIO_PIN_SET);
                break;
            default:
                led_number = 0;
        }
    / * USER CODE END WHILE * /

    / * USER CODE BEGIN 3 * /
}
/ * USER CODE END 3 * /
}
```

本章引入的外部中断的触发方式是下降沿触发，即高电平状态转换为低电平状态，一旦BUTTON1 按键按下就会产生中断，并由硬件调用中断处理函数 EXTI0_IRQHandler 进行处理。

```
/ **
 *  @brief This function handles EXTI line0 interrupt.
 */
void EXTI0_IRQHandler(void)
{
  / * USER CODE BEGIN EXTI0_IRQn 0 * /
```

```
/* USER CODE END EXTI0_IRQn 0 */
HAL_GPIO_EXTI_IRQHandler(GPIO_PIN_0);
/* USER CODE BEGIN EXTI0_IRQn 1 */

/* USER CODE END EXTI0_IRQn 1 */
}
```

利用中断回调函数对变量 led_number 进行修改,LED 的开和关由 led_number 的变量值决定。在 main.c 文件编写中断回调函数 void HAL_GPIO_EXTI_Callback(uint16_t GPIO_Pin),但切记不能定义在 main 函数内部。该函数应写在用户代码的 BEGIN 和 END 之间,这样符合 STM32Cubemx 书写代码的要求,否则配置错误重新生成代码时,用户自定义的代码会被自动删除。具体代码如下:

```
/* USER CODE BEGIN 4 */
void HAL_GPIO_EXTI_Callback(uint16_t GPIO_Pin)
{
    led_number++;
}
/* USER CODE END 4 */
```

最后,使用 Keil 软件对发光二极管闪烁程序进行编译,生成.hex 文件。

3. Proteus 仿真

为验证上述程序的正确性,利用 Proteus 工具搭建 STM32F103C6Tx 的发光二极管闪烁仿真环境。通过 Proteus 模拟 STM32F103C6Tx 在物理环境的运行状态,并观察 STM32F103C6Tx 引脚的变化来说明上述实验的有效性。接下来配置 STM32F103C6,如图 4-31 所示。双击原理图上的 STM32F103C6,将上面用 Keil 编译好的发光二极管闪烁程序加载到 STM32F103C6 芯片中,设置 STM32F103C6 芯片的晶振频率,其余保持默认即可,最后单击“OK”按钮。

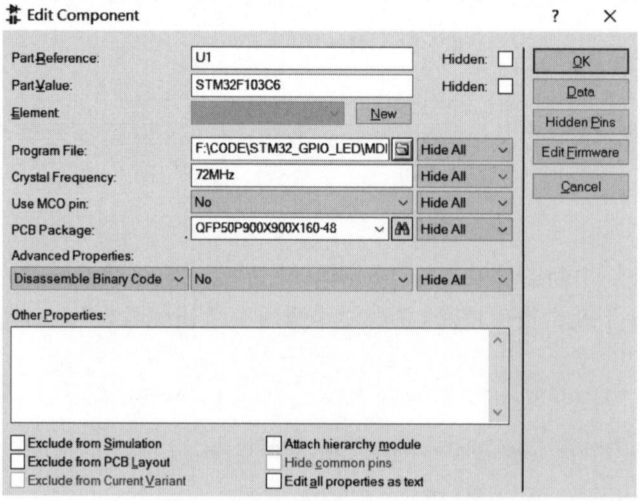

图 4-31　STM32F103C6 芯片配置

基于发光二极管闪烁实验的原理图搭建的电路运行仿真。单击运行仿真或者快捷键 F12。运行仿真后按下 BUTTON1 按钮,能够观察 STM32F103CT6 引脚 PA0、PB0 和 D1 的变化,仿真结果如图 4-32 所示。

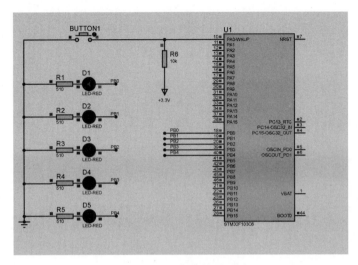

图 4-32　仿真结果 1

当 BUTTON1 再次按下后,调用回调函数 HAL_GPIO_EXTI_Callback,执行 led_number++操作。这时 PB0 引脚输出低电平,PB1 引脚输出高电平,即点亮 D2,如图 4-33 所示。

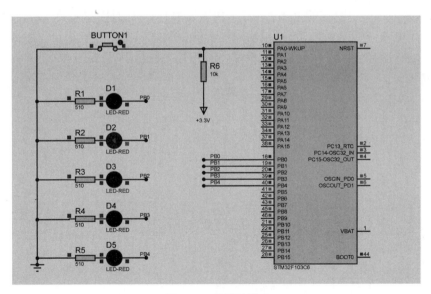

图 4-33　仿真结果 2

以此类推,每按一次 BUTTON1 都会产生一个中断,并由 EXTI0_IRQHandler 函数调用回调函数 HAL_GPIO_EXTI_Callback,更改 GPIO 引脚输出状态,从而实现每按一次 BUTTON1 就点亮一个 LED,同时熄灭其他 LED 的效果,如图 4-34 所示。

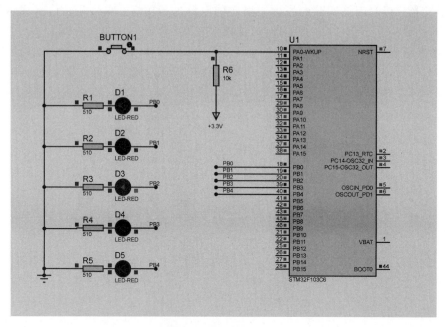

图 4-34　仿真结果 3

本章小结

本章主要介绍了中断的概念、STM32 片内外设中断的概念、嵌套向量中断控制器、中断优先级、外部中断、中断配置步骤等,最后通过按键中断点亮发光二极管的程序讲解了如何使用中断。通过本章的学习,要求学生掌握中断的有关概念,学会配置中断,并编写中断处理服务程序。

习题 4

1. 填空题

(1) 硬件中断由_____和_____组成。

(2) 数字电路中电平分为_____和_____。

(3) 数字电平从低电平变为高电平的那一瞬间叫作_____。

(4) 数字电平从高电平变为低电平的那一瞬间叫作_____。

(5) STM32 搭载了异常响应系统,系统异常有_____个,外部中断有_____个。

(6) _____控制了整个芯片所有中断相关的功能。

(7) 内核对中断的控制主要表现为_____、_____和_____。

(8) 中断分为_____和_____两个类型。

(9) NVIC 控制器对于优先级的控制分为_____和_____两级。

(10) 在 EXTI 线中,触发中断的方式包括_____、_____和_____三种。

2. 选择题

（1）（   ）是一种允许外设在关键事件发生时通知软件的硬件机制。

    A. 中断   B. GPIO   C. DMA   D. USART

（2）（   ）是指通过 GPIO 或外部特定的信号产生的中断。

    A. 外部中断   B. 内部中断   C. 内核中断   D. 内核异常

（3）下列关于异常说法正确的是（   ）。

    A. 异常是否可以执行以及何时可以执行都不会受到异常优先级的影响

    B. 一个高优先级异常不可以抢占一个低优先级异常

    C. 内核异常不能够被打断，不需要设定异常的优先级

    D. 异常不具有固定的优先级

（4）关于中断描述不正确的是（   ）。

    A. 中断在嵌入式系统占有极其重要的地位

    B. 中断机制使得系统能更有效更合理地发挥效能和提高效率

    C. 中断是主动的操作

    D. 一旦中断产生，则立即停止主程序的指令调用

（5）关于中断优先级描述不正确的是（   ）。

    A. 复位中断的优先级是最高的，而且不可修改

    B. 当多个中断同时发生时，抢占优先级高的先执行

    C. 如果抢占优先级相同，那么响应优先级高的先执行

    D. 抢占优先级不能决定响应中断处理函数的处理顺序

（6）（   ）管理了中断/事件线。

    A. NVIC   B. 外部中断/事件控制器

    C. 中断   D. 优先级

（7）EXTI 供外部 I/O 口使用的中断线有（   ）根。

    A. 8   B. 12   C. 16   D. 32

3. 简答题

（1）简述什么是中断。

（2）简述为何嵌入式系统需要中断及使用中断的好处。

（3）简述中断产生的条件。

（4）简述嵌入式系统中的中断执行过程。

（5）简述 GPIO 引发中断的过程。

（6）简述输入线到脉冲发生器的外部中断信号的传输路径。

（7）简述 STM32 的中断配置步骤。

## 第 5 章

串 口 通 信

随着数字技术水平不断提高,串行方式传输速度也随之得到了一定的改善。如果对传输速度要求不是很高,大都采用串行方式。串口还可以用于各种各样外设之间的通信。例如,目前广泛使用的 GSM/GPRS 手机调制解调器和蓝牙调制解调器可以与微控制器 UART 接口通信。主流的微控制器都带有串口,STM32 自然也不例外。串口作为 STM32 的重要外部接口,同时也是软件开发重要的调试手段,其重要性不言而喻。串行协议提供访问各种各样设备的功能。STM32 串口资源相当丰富,功能也相当强劲。STM32 一般都有多路串口,有分数波特率发生器、支持同步单线通信和半双工单线通信、支持 LIN、支持调制解调器操作、智能卡协议和 IrDA SIR ENDEC 规范、具有 DMA 等。本章将主要介绍串口的基本概念及其工作原理,然后以 STM32F103 为例讲述串口的编程开发,最后通过一个开发案例说明如何使用 STM32F103 的串口。通过 STM32CubeMX 配置串口并生成源程序,将串口发过来的数据接收后并输出到控制台上。

学习目标

➢ 了解串行通信的基本概念;

➢ 理解 STM32 的串行接口内部结构;

➢ 理解并掌握串行接口的使用方法;

➢ 理解并掌握串口的波特率设置、结构、控制和工作方式;

➢ 掌握 STM32 串口的配置步骤;

➢ 熟练使用 STM32CubeMX 创建串口工程;

➢ 熟练使用 Keil 和 Proteus 对串口调试的仿真过程。

5.1 串口通信基础

通用异步收发/传输器(Universal Asynchronous Receiver/Transmitter,UART)是一种常用的对异步比特流进行编码和解码的设备。UART 是将外围设备提供的数据字节转换成一组单独的比特信息。反过来,又将这组比特信息转换成数据字节传递给外围设备。UART 也是一种计算机与计算机或与仪器仪表间相互交互数据的通信协议。在实际应用中,不仅计算机与外部设备之间常常要进行信息交换,而且计算机之间也需要交换信息,所有这些信息的交换均称为"通信"。按发送数据位数不同,可将通信过程细化为并行通信和串行通信。UART 是一种设备间非常常用的串行通信方式,因为它简单便捷,大部分电子设备都支持该通信方式,电子工程师在调试设备时也经常使用该通信方式输出调试信息。

在计算机科学里,大部分复杂的问题都可以通过分层来简化。如芯片被分为内核层和片上外设;STM32 标准库则是在寄存器与用户代码之间的软件层。对于通信协议也以分层的方式来理解,最基本的是把它分为物理层和协议层。物理层规定通信系统中具有机械、电子功能部分的特性,确保原始数据在物理媒体的传输。协议层主要规定通信逻辑,统一收发双方的数据打包、解包标准。

5.1.1 并行通信和串行通信

并行通信是指将一个数据块各位的数据同一时刻传送出去。例如构成一个 8 位或 16 位的数据块并行传送,如图 5-1 所示。其特点是传输速度快,但当距离较远、位数又多时导致了通信线路复杂且成本高。

串行通信是一个数据块的每一个数据按位串行传送,如图 5-2 所示。其特点是通信线路简单,只要一对传输线就可以实现通信(如电话线),从而大大降低了成本,特别适用于远距离通信。其缺点是传送速度慢。异步串行通信的最基本形式是通过连接两个设备的对称导线来实现的。通常计算机与另一台计算机间相互通信时,计算机 A 通过 Tx 数据线将数据发送到计算机 B,接收数据的计算机 B 则通过 Rx 线接收来自发送计算机 A 的比特流;如果当接收计算机 B 通过 Tx 线发送数据到发送计算机 A 的比特流时,则计算机 A 需要通过 Rx 线接收这些数据,整个数据收发过程如图 5-2 所示。这种通信模式也称为"异步",因为主机和目标没有共享同一个时钟。

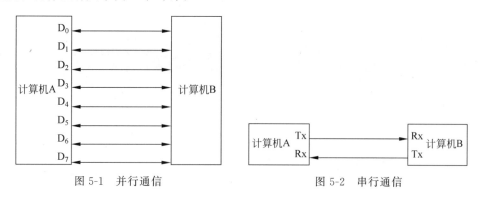

图 5-1 并行通信   图 5-2 串行通信

为进一步说明并行通信和串行通信的传输原理及其优缺点,表 5-1 比较了并行通信和串行通信两种方式的区别。

表 5-1 并行和串行通信的区别

比 较 项	并 行 通 信	串 行 通 信
传输原理	数据各个位同时传输	数据按位顺序传输
优点	速度快	占用引脚资源少
缺点	占用引脚资源多	速度相对较慢

5.1.2 单工、半双工和全双工

由于在串行通信中数据是在两机之间进行传送的,按照数据通信方向,可将发送数据过程分为单工、半双工和全双工三种方式。

1. 单工方式

单工(Simplex)方式:数据传输是由发送机向接收机的单一固定方向上传输数据,数据传输只支持数据在一个方向上传输,通信双方设备中发送机与接收机分工明确,一方固定为发送端,另一方固定为接收端。采用单工方式通信的典型发送设备如早期计算机的读卡器,典型的接收设备如打印机。计算机与打印机之间的串行通信就是单工方式,因为只能由计算机向打印机传递数据,而不可能有相反方向的数据传递。单工方式通信的示意图如图 5-3 所示。

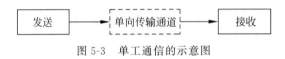

图 5-3 单工通信的示意图

2. 半双工方式

半双工(Half Duplex)方式:通信双方设备之间只有一个通信回路,接收和发送不能同时进行,只能分时接收和发送,允许数据在两个方向上传输,设备既是发送机,也是接收机,两台设备可以相互传送数据。在某一时刻,只允许数据在一个方向上传输,它实际上是一种切换方向的单工通信;它不需要独立的接收端和发送端,两者可以合并一起使用一个端口。某一时刻则只能向一个方向传送数据。例如,步话机是半双工设备,因为在一个时刻只能有一方说话。半双工通信的示意图如图 5-4 所示。

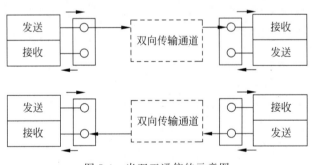

图 5-4 半双工通信的示意图

3. 全双工方式

全双工(Full Duplex)方式:通信双方设备之间的数据发送和接收可以同时进行,既是发送机,也是接收机,允许数据同时在两个方向上传输。全双工通信是两个单工通信方式的结合,需要独立的接收端和发送端。两台设备可以在两个方向上同时传送数据。例如,电话是全双工设备,因为双方可同时说话。全双工通信的示意图如图 5-5 所示。

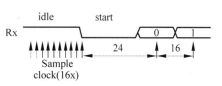

图 5-5 全双工通信的示意图

5.1.3 波特率

波特率既是指在串行通信中每秒传输数据的速度,也是指数据信号对载波的调制速率。它用单位时间内载波调制状态改变次数来表示,单位为波特。比特率指单位时间内传输的比特数,单位为 bit/s(bps)。对于 USART 波特率与比特率相等,不区分这两个概念。由于数据是按位进行传送的,传送速率往往用每秒传送的字节数来表示。在波特率选定之后,对于设计者来说,就是如何得到能满足波特率要求的发送时钟脉冲和接收时钟脉冲。收发双方对发送或接收的数据速率(即波特率)要有一定的约定。由于收发双方的信号中没有直接编码时钟信息,发送端和接收端各自独立地保持时钟,并以一个一致的频率(倍数)运行。而且发送端时钟和接收端时钟不同步,也不能保证完全相同的频率,但它们必须在频率上足够接近(优于 2%)才能正常恢复传输的数据。因此,异步通信中由于没有时钟信号,所以两个通信设备之间需要约定好波特率,即每个码元的长度,以便对信号进行解码,图 5-6 中用虚线分开的每一格就是代表一个码元。常见的波特率为 4800bps、9600bps、115 200bps 等。波特率越大,传输速率越快。

为了理解接收机如何提取编码数据,假设它有一个从空闲状态开始以波特率倍数(例如 16 倍)运行的时钟,如图 5-6 所示。接收机"采样"它的 Rx 信号,直到它检测到一个高低转换。然后等待 1.5 个周期(24 个时钟周期),以在它估计为 0 位数据中心的位置采样 Rx 信号。然后接收机以位周期间隔

图 5-6 UART 信号编码

(16 个时钟周期)采样 Rx,直到它读取了剩余的 7 个数据位和停止位。从那一点开始,这个过程不断重复,直到成功地从帧中提取数据需要超过 10.5 个周期。为了正确地检测到停止位,目标时钟相对于主机时钟的漂移要小于 0.5 个周期。

5.1.4 同步通信和异步通信

同步通信是一种连续串行传送数据的通信方式,每一次通信仅传送一帧信息。同步通信需要带时钟信号传输。比如 SPI,I²C 通信接口。这里的信息帧与异步通信中的字符帧不同,通常含有若干数据字符。

采用同步通信时,将许多字符组成一个信息组,这样字符可以一个接一个地传输,但是在每组信息(通常称为帧)的开始要加上同步字符。在没有信息传输时,要填上空字符,因为同步传输不允许有间隙。换言之,一个信息帧中包含许多字符,每个信息帧用同步字符作为开始,一般将同步字符和空字符用同一个代码。在同步传输过程中,一个字符可以对应 5~8 位。当然,对同一个传输过程,所有字符对应同样的数位,比如 n 位。这样传输时,按每 n 位划分为一个时间片,发送端在一个时间片中发送一个字符,接收端则在一个时间片

中接收一个字符。在整个系统中,由一个统一的时钟控制发送端的发送和空字符用同一个代码。接收端是能识别同步字符的,当检测到有一串数位和同步字符相匹配时,就认为开始一个信息帧。于是,把此后的数位作为实际传输信息来处理。同步通信中,在数据开始传送前用同步字符来指示,同步字符通常为1~2个,数据传送由时钟系统实现发送端和接收端同步,即检测到规定的同步字符后,连续按顺序传送数据,直到通信结束。同步传送时,字符与字符之间没有间隙,不用起始位和停止位,仅在数据块开始时用同步字符 SYNC(即同步字符 8 位)来指示,同步传送格式如图 5-7 所示。

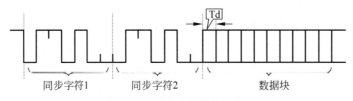

图 5-7   同步串行通信格式

同步通信中数据块传送时去掉了字符开始和结束的标志,因而其速度高于异步传送,但这种通信方式对硬件的结构要求比较高。在同步通信中,收发设备上方会使用一根信号线传输信号,在时钟信号的驱动下双方进行协调,同步数据,如图 5-8 所示。例如,通信中通常双方会统一规定在时钟信号的上升沿或者下降沿对数据线进行采样。

异步通信是一种不带时钟同步信号的通信方式,比如 UART、单总线等。异步通信在发送字符时,所发送的字符之间的时间间隔可以是任意的。当然,接收端必须时刻做好接收的准备。发送端可以在任意时刻发送字符,因此必须在每一个字符的开始和结束的地方加上标志,即加上开始位和停止位,以便使接收端能够正确地将每一个字符接收下来。异步通信的优点是通信设备简单、便宜,但传输效率较低(因为开始位和停止位的开销所占比例较大),如图 5-9 所示。

图 5-8   同步串行通信   图 5-9   异步串行通信

在异步通信中不使用时钟信号进行数据同步,它们直接在数据信号中穿插一些用于同步的信号位,或者将主机数据进行打包,以数据帧的格式传输数据。通信中还需要双方规约好数据的传输速率(也就是波特率)等,以便更好地同步。常用的波特率有9600bps 或 115 200bps 等。

在异步通信中,数据或字符是一帧一帧地传送的。帧定义为一个字符的完整的通信格式,一般也称为帧格式。在帧格式中,一个字符由 4 部分组成:起始位、数据位、奇偶校验位和停止位。首先是一个起始位“0”表示字符的开始;然后是 5~8 位数据,规定低位在前,高位在后;接下来是奇偶校验位(该位可省略);最后是一个停止位“1”,用以表示字符的结束,停止位可以是 1 位、1.5 位、2 位,不同的计算机规定有所不同。异步串行通信格式如

图 5-10 所示。

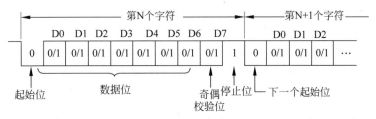

(a) 不带空闲位的格式

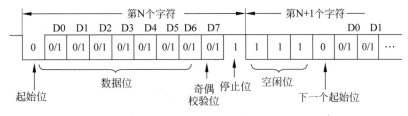

(b) 带空闲位的格式

图 5-10　异步串行通信格式

由于异步通信每传送一帧有固定格式,通信双方只需按约定的帧格式发送和接收数据,所以硬件结构比较简单。此外,它还能利用奇偶校验位检测错误,因此,这种通信方式应用比较广泛。

同步通信与异步通信的区别:

(1) 同步通信要求接收端时钟频率和发送端时钟频率一致,发送端发送连续的比特流;异步通信时不要求接收端时钟和发送端时钟同步,发送端发送完一个字节后,可经过任意长的时间间隔再发送下一个字节。

(2) 同步通信效率高;异步通信效率较低。

(3) 同步通信较复杂,双方时钟的允许误差较小;异步通信简单,双方时钟可允许一定误差。

(4) 同步通信可用于点对多点;异步通信只适用于点对点。

(5) 在同步通信中,数据信号所传输的内容绝大部分是有效数据,而异步通信中则会包含数据帧的各种标识符,所以同步通信效率高;但是同步通信双方的时钟允许误差小,时钟稍稍出错就可能导致数据错乱,异步通信双方的时钟允许误差较大。

5.1.5　串口引脚连接

对于两个芯片串口之间的连接,两个芯片 GND 共地,同时 TxD 和 RxD 交叉连接,如图 5-11 所示。这里的交叉连接的意思是,芯片 1 的 RxD 连接芯片 2 的 TxD,芯片 2 的 RxD 连接芯片 1 的 TxD。这样,两个芯片之间就可以进行 TTL 电平通信了。

• RxD:数据输入引脚表示接收数据;

• TxD:数据发送引脚表示发送数据。

如果下位机与计算机(或上位机)通过串口相连,那么上位机和下位机需要共地,但不能直接交叉连接。尽管计算机和下位机都有 TxD 和 RxD 引脚,但是计算机(或上位

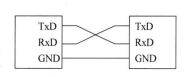

图 5-11　串口通信

机)使用的都是 RS-232 接口(通常为 DB9 封装)。RS-232 接口是 9 针(或引脚),通常是 TxD 和 RxD 经过电平转换得到的,因此不能直接交叉连接。故要想使得下位机与计算机使用 RS-232 标准传输数据信号,需要将下位机的芯片的输入/输出端口电平转换成 RS-232 类型,再交叉连接。这是因为 RS-232 电平标准的信号不能直接被微控制器芯片直接识别,所以这些信号会经过一个"电平转换芯片"转换成控制器能识别的"TTL 校准"的电平信号,才能实现通信。常见的电子电路中常使用 TTL 的电平标准,理想状态下,使用 5V 表示二进制逻辑 1,使用 0V 表示逻辑 0;而为了增加串口通信的远距离传输及抗干扰能力,RS-232 的电平标准是+15/+13V 表示 0,−15/−13V 表示 1。一般都是两个通信设备的 DB9 接口之间通过串口信号线建立起连接。

在上面的串口信号线通信方式中,由于微控制器芯片的串口和 RS-232 的电平标准是不一样的,需要经过电平转换后才可实现它们之间通信。根据通信使用的电平标准不同,串口通信可分为 TTL 标准及 RS-232 标准,见表 5-2。

表 5-2　TTL 电平标准与 RS-232 电平标准

通 信 标 准	电 平 标 准
RS-232	逻辑 0:+3~+15V 逻辑 1:−15~−3V
5V TTL	逻辑 0:0~0.5V 逻辑 1:2.4~5V

5.2　STM32 串口通信基础

STM32 的串口通信接口有两种,分别是通用异步收发器(Universal Asynchronous Receiver and Transmitter,UART)、通用同步异步收发器(Universal Synchronous Asynchronous Receiver and Transmitter,USART)。而对于大容量 STM32F10x 系列芯片,分别有 3 个 USART 和 2 个 UART。STM32 芯片具有多个 USART 外设用于串口通信,即通用同步异步收发器可以灵活地与外部设备进行全双工数据交换。有别于 USART,它还具有 UART 外设,它是在 USART 基础上裁剪掉了同步通信功能,只有异步通信。简单区分同步和异步就是看通信时是否需要对外提供时钟输出,在实际串口通信应用中主要使用 UART。

USART 只需两根信号线即可完成双向通信,对硬件要求低,使得很多模块都预留 USART 接口来实现与其他模块或者控制器进行数据传输,比如 GSM 模块、WiFi 模块、蓝牙模块等。在硬件设计时,注意还需要一根"共地线"。经常使用 USART 来实现控制器与计算机之间的数据传输,这使得调试程序变得非常方便,比如可以把一些变量的值、函数的返回值、寄存器标志位等通过 USART 发送到串口调试助手,这样可以非常清楚程序的运行状态,当正式发布程序时再把这些调试信息去除即可。这样不仅可以将数据发送到串口调试助手,还可以在串口调试助手发送数据给微控制器芯片,微控制器芯片的程序根据接收到的数据进行下一步操作。

对于 STM32F103 来说,为实现串行通信,在其内部都设计有串口电路,USART 通过软件编程既可以用作通用异步接收和发送器,也可以用作同步移位寄存器。USART 满足外部设备对工业标准不归零编码(Non-Return-to-Zero,NRZ)异步串行数据格式的要求,并且使用了小数波特率发生器,可以提供多种波特率,使得它的应用更加广泛。USART 支持同步单向通信和半双工单线通信;还支持局域互联网络(LIN)、智能卡(Smart Card)协议与 lrDA(红外线数据协会)SIR ENDEC 规范。USART 支持使用 DMA,可实现高速数据通信。有关 DMA 具体应用将在 DMA 章节作具体讲解。

USART 在 STM32 的应用最多莫过于"打印"程序信息,一般在硬件设计时都会预留一个 USART 通信接口连接计算机,用于在调试程序中可以把一些调试信息"打印"在计算机的串口调试助手工具上,从而了解程序运行是否正确、指出运行出错位置等。STM32 的 USART 输出的是 TTL 电平信号,若需要 RS-232 标准的信号,则可使用 MAX3232 芯片进行转换。

5.2.1 STM32F103 芯片的 USART 引脚

USART 引脚在 STM32F103 芯片的具体分布见表 5-3。

表 5-3 STM32F103 芯片的 USART 引脚

引　　脚	APB2	APB1	
	USART1	USART2	USART3
Tx	PA9/PB6	PA2/PD5	PB10/PD8/PC10
Rx	PA10/PB7	PA3/PD6	PB11/PD9/PC11
SCLK	PA8	PA4/PD7	PB12/PD10/PC12
nCTS	PA11	PA0/PD3	PB13/PD11
nRTS	PA12	PA1/PD4	PB14/PD12

观察表 5-3 可发现很多 USART 的功能引脚有多个 GPIO 引脚可选,这方便硬件设计,只要在程序编程时软件绑定 GPIO 引脚并对串口进行初始化即可。

STM32F103 内置了 3 个通用同步/异步收发器(USART1、USART2 和 USART3)和 2 个通用异步收发器(UART4 和 UART5)。其中,USART1 的时钟来源于 APB2 总线时钟,其最大频率为 72MHz,其余的时钟来源于 APB1 总线时钟。UART 只具有异步传输功能,所以没有 SCLK、nCTS 和 nRTS 功能引脚。

5.2.2 USART 功能框图

USART 功能框图如图 5-12 所示。按串口通信功能划分,将这个框图分成上、中、下三个部分,分别是数据处理、收发控制和波特率控制。

1. 数据处理

数据处理在功能框图 5-12 的上部分,数据从 Rx 进入接收移位寄存器,后进入接收数据寄存器,最终供 CPU 或者 DMA 来进行读取;数据从 CPU 或者 DMA 传递过来,进入发送数据寄存器,后进入发送移位寄存器,最终通过 Tx 发送出去。USART 支持 DMA 传输,可以实现高速数据传输。

1) 功能引脚

下面对数据处理部分的功能引脚进行介绍。

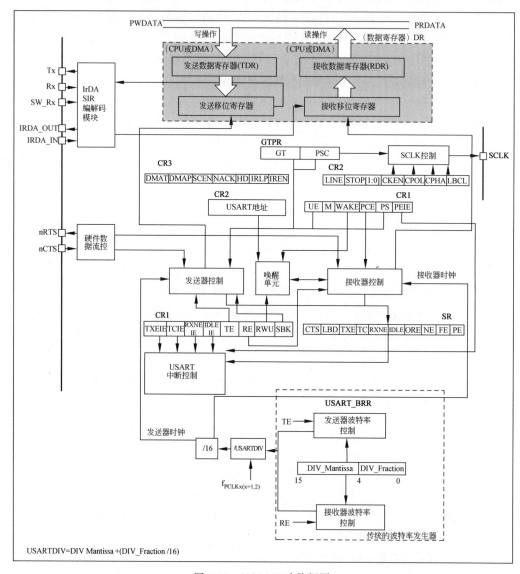

图 5-12　USART 功能框图

Tx：发送数据输出引脚。

Rx：接收数据输入引脚。

SW_Rx：数据接收引脚，只用于单线和智能卡模式，属于内部引脚，没有具体外部引脚。

nRTS：请求以发送（Request To Send），n 表示低电平有效。如果使能 RTS 流控制，当 USART 接收器准备好接收新数据时就会将 nRTS 变成低电平；当接收寄存器已满时，nRTS 将被设置为高电平。该引脚只适用于硬件流控制。

nCTS：清除以发送（Clear To Send），n 表示低电平有效。如果使能 CTS 流控制，发送器在发送下一帧数据之前会检测 nCTS 引脚，如果为低电平，表示可以发送数据，如果为高电平则在发送完当前数据帧之后停止发送。该引脚只适用于硬件流控制。

SCLK：发送器时钟输出引脚。这个引脚仅适用于同步模式。

2）数据寄存器

USART 数据寄存器（USART_DR）只有低 9 位有效，并且第 9 位数据是否有效要取决于 USART 控制寄存器 1（USART_CR1）的 M 位设置，当 M 位为 0 时表示 8 位数据字长，当 M 位为 1 表示 9 位数据字长，一般使用 8 位数据字长。

USART_DR 包含了已发送的数据或者接收到的数据。USART_DR 实际是包含了两个寄存器，一个专门用于发送的可写 TDR，另一个专门用于接收的可读 RDR。当进行发送操作时，往 USART_DR 写入数据会自动存储在 TDR 内；当进行读取操作时，向 USART_DR 读取数据会自动提取 RDR 数据。

TDR 和 RDR 都是介于系统总线和移位寄存器之间。串行通信传输的单位是一个数据位，发送时把 TDR 内容转移到发送移位寄存器，然后把移位寄存器数据每一位发送出去，接收时把接收到的每一位顺序保存在接收移位寄存器内然后才转移到 RDR。

2. 收发控制器

收发控制器在框图 5-12 的中间部分。USART 有专门控制发送的发送器、控制接收的接收器、中断控制等。使用 USART 之前需要向 USART_CR1 寄存器的 UE 位置 1 使能 USART。发送或者接收数据字长可选 8 位或 9 位，由 USART_CR1 的 M 位控制。

1）发送器

当 USART_CR1 寄存器的发送使能位 TE 置 1 时，启动数据发送，发送移位寄存器的数据会在 Tx 引脚输出，如果是同步模式 SCLK 也输出时钟信号。一个字符帧发送需要三个部分：起始位、数据帧、停止位。起始位是一个位周期的低电平，位周期就是每一位占用的时间；数据帧就是要发送的 8 位或 9 位数据，数据是从最低位开始传输的；停止位是一定时间周期的高电平。停止位时间长短可以通过 USART 控制寄存器 2（USART_CR2）的 STOP[1：0]位控制，可选 0.5 个、1 个、1.5 个和 2 个停止位。默认使用 1 个停止位。2 个停止位适用于正常 USART 模式、单线模式和调制解调器模式。0.5 个和 1.5 个停止位用于智能卡模式。具体发送字符时序图如图 5-13 所示。

当发送使能位 TE 置 1 之后，发送器开始会先发送一个空闲帧（一个数据帧长度的高电平），接下来就可以往 USART_DR 寄存器写入要发送的数据。在写入最后一个数据后，需要等待 USART 状态寄存器（USART_SR）的 TC 位为 1，表示数据传输完成，如果 USART_CR1 寄存器的 TCIE 位置 1，将产生中断。在发送数据时，几个比较重要的标志位的总结如表 5-4 所示。

2）接收器

如果将 USART_CR1 寄存器的 RE 位置 1，使能 USART 接收，使得接收器在 Rx 线开始搜索起始位。在确定到起始位后就根据 Rx 线电平状态把数据存放在接收移位寄存器内。接收完成后就把接收移位寄存器数据移到 RDR 内，并把 USART_SR 寄存器的 RXNE 位置 1。如果 USART_CR2 寄存器的 RXNEIE 置 1，则可以产生中断。在接收数据时，几个比较重要的标志位的总结如表 5-5 所示。

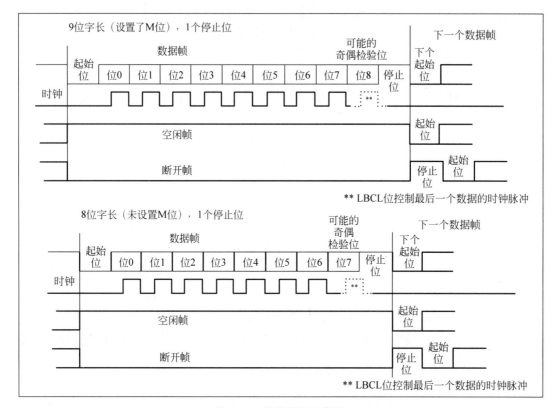

图 5-13 字符发送时序图

<table>
<tr><td colspan="2">表 5-4 串口发送寄存器标志位</td><td colspan="2">表 5-5 串口接收寄存器标志位</td></tr>
<tr><td>名 称</td><td>描 述</td><td>名 称</td><td>描 述</td></tr>
<tr><td>TE</td><td>发送使能</td><td>RE</td><td>接收使能</td></tr>
<tr><td>TxE</td><td>发送寄存器为空,发送单个字节数据时使用</td><td>RxNE</td><td>读数据寄存器非空</td></tr>
<tr><td>TC</td><td>发送完成,发送多个字节数据时使用</td><td>RxNEIE</td><td>发送完成中断使能</td></tr>
<tr><td>TxIE</td><td>发送完成中断使能</td><td></td><td></td></tr>
</table>

为得到一个信号真实情况,需要用一个比这个信号频率高的采样信号去检测,称为过采样。这个采样信号的频率大小决定最后得到源信号的准确度,一般频率越高得到的准确度越高。但为了得到越高频率采样信号也越困难,运算和功耗等也会增加,所以一般选择合适的采样频率就好。

接收器可配置为不同的采样技术,以实现从噪声中提取有效的数据。USART_CR1 寄存器的 OVER8 位用来选择不同的采样方法,如果 OVER8 位设置为 1 则采用 8 倍过采样,即用 8 个采样信号采样 1 位数据;如果 OVER8 位设置为 0 则采用 16 倍过采样,即用 16 个采样信号采样 1 位数据。

USART 的起始位检测需要用到特定序列。如果在 Rx 线识别到该特定序列就认为是检测到了起始位。起始位检测对使用 16 倍或 8 倍过采样的序列都是一样的。16 倍过采样速度虽然没有 8 倍过采样那么快,但得到的数据更加精准,其最大速度为 $f_{PCLK}/16$,f_{PCLK} 为 USART 外设的时钟。16 倍采样过程如图 5-14 所示。

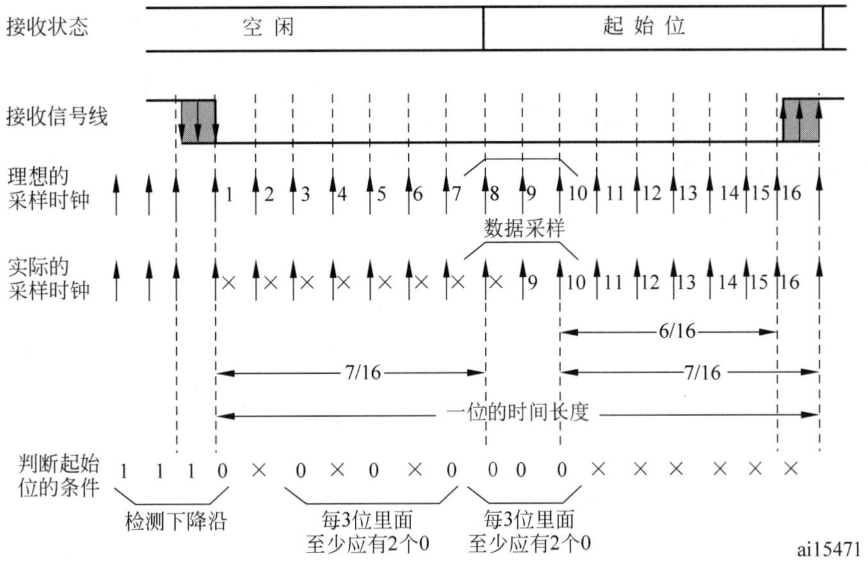

图 5-14 16 倍采样过程

图 5-14 中使用第 8、9、10 次脉冲的值决定该位的电平状态。图中的×表示电平任意，1 或 0 皆可。

3) 中断控制

STM32F103 的 USART 包含多个中断请求事件，例如发送数据寄存器为空、发送完成、准备好读取接收到的数据、奇偶校验错误、检测到空闲线路等。每一个中断请求事件对应了寄存器的事件标志位。如果要想使能某个中断请求事件，需要事先中断使能控制位，见表 5-6。

表 5-6 USART 中断请求

中 断 事 件	事 件 标 志	使 能 控 制 位
发送数据寄存器为空	TxE	TxEIE
CTS 标志	CTS	CTSIE
发送完成	TC	TCIE
准备好读取接收到的数据	RxNE	RxNEIE
检测到上溢错误	ORE	
检测到空闲线路	IDLE	IDLEIE
奇偶校验错误	PE	PEIE
断路标志	LBD	LBDIE
多缓冲通信中的噪声标志、上溢错误和帧错误	NF/ORE/FE	EIE

3. 波特率控制

波特率控制在框图 5-12 的下部分。UART 的发送和接收都需要波特率来进行控制，在接收移位寄存器、发送移位寄存器都有一个进入的箭头，分别连接到接收器控制、发送器控制。而这两者连接的又是接收器时钟、发送器时钟。也就是说，异步通信尽管没有时钟同步信号，但是在串口内部是提供了时钟信号来进行控制的。从图 5-12 中可以看到，接收器时钟和发送器时钟又被连接到同一个控制单元,也就是说它们共用一个波特率发生器。同时也可以看到,接收器时钟(发生器时钟)的计算方法、USARTDIV 的计算方法。

USART 的发送器和接收器使用相同的波特率。波特率的常用值有 2400bps、9600bps、19 200bps、115 200bps。接收器和发送器的波特率在 USARTDIV 的整数和小数寄存器中的值应设置成相同。计算公式如下:

$$\text{Tx/Rx 波特率} = \frac{f_{\text{PLCK}}}{(16 * \text{USARTDIV})}$$

其中,f_{PLCK} 是 USART 外设的时钟;USARTDIV 是一个存放在波特率寄存器(USART_BRR)的无符号定点数。这 12 位的值设置在 USART_BRR 寄存器。

下面讲解如何通过设定寄存器值得到波特率的值。选取 USART1 作为实例讲解,当使用 16 倍过采样时,即 OVER8=0,设定 $f_{\text{PLCK}}=90\text{MHz}$,为得到 115 200bps 的波特率,此时,

$$115\,200 = \frac{90\,000\,000}{(16 * \text{USARTDIV})}$$

解得 USARTDIV=48.825 125。其中,USARTDIV=DIV_Mantissa+(DIV_Fraction/16),可算得 DIV_Fraction=0xD,DIV_Mantissa=0x30,即应该设置 USART_BRR 的值为 0x30D。在计算 DIV_Fraction 时经常出现小数情况,经过取舍得到整数,这样会导致最终输出的波特率较目标值略有偏差。下面从 USART_BRR 的值为 0x30D 开始计算得出实际输出的波特率大小。由 USART_BRR 的值为 0x30D,可得 DIV_Fraction=13,DIV_Mantissa=48,所以 USARTDIV=48+13÷16=48.8125,所以实际波特率为 115 237;这个值与目标波特率的误差为 0.03%,这么小的误差在正常通信的允许范围内。8 倍过采样时计算原理是一样的。

5.2.3 STM32 的 UART 特点

STM32 的 UART 特点如下:

(1) 全双工异步通信;

(2) 分数波特率发生器系统,提供精确的波特率。发送和接收共用的可编程波特率,最高可达 4.5Mbps;

(3) 可编程的数据字长度(8 位或者 9 位);

(4) 可配置的停止位(支持 1 或者 2 位停止位);

(5) 使用 DMA 多缓冲器通信;

(6) 单独的发送器和接收器使能位;

(7) 检测标志:①接收缓冲器标志;②发送缓冲器标志;③传输结束标志;

(8) 多个带标志的中断源,触发中断;

(9) 校验控制,四个错误检测标志。

5.2.4 STM32 中的 UART 参数

STM32 中串口异步通信需要定义的参数:起始位、数据位(8 位或者 9 位)、奇偶校验位(第 9 位)、停止位(1 位,1.5 位,2 位)、波特率设置。

UART 串口通信的数据包以帧为单位,常用的帧结构为:1 位起始位、8 位数据位、1 位

奇偶校验位(可选)、1 位停止位。字长设置如图 5-15 所示。

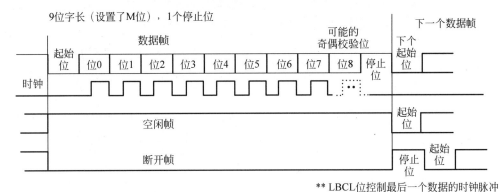

图 5-15 字长设置

奇偶校验位分为奇校验和偶校验两种,是一种简单的数据误码校验方法。奇校验是指每帧数据中,包括数据位和奇偶校验位的全部 9 位中"1"的个数必须为奇数;偶校验是指每帧数据中,包括数据位和奇偶校验位的全部 9 位中"1"的个数必须为偶数。校验方法除了奇校验(odd)、偶校验(even)之外,还可以有 0 校验(space)、1 校验(mark)以及无校验(noparity)。0/1 校验:不管有效数据中的内容是什么,校验位总为 0 或者 1。

串口通信的数据包由发送设备通过自身的 TxD 接口传输到接收设备的 RxD 接口。在串口通信的协议层中,规定了数据包的内容,它由起始位、主体数据、校验位以及停止位组成,通信双方的数据包格式要约定一致才能正常收发数据,其组成见图 5-16。

图 5-16 串口通信协议

5.3 STM32 串口的库函数

5.3.1 串口的标准库函数

标准库函数对每个外设都建立了一个初始化结构体,比如 USART_InitTypeDef。结构体成员用于设置串口外设工作参数,并由串口外设初始化配置函数,比如 USART_Init()调用。这些设定参数将会设置外设相应的寄存器,达到配置串口外设工作环境的目的。

串口初始化结构体和初始化库函数配合使用是标准库的关键理解了初始化结构体每个成员的意义,有助于串口通信的配置。初始化结构体定义在 stm32f1xx_usart.h 文件中,初始化库函数定义在 stm32f1xx_usart.c 文件中,编程时可以结合这两个文件的注释,以便正确使用这些功能。

USART 初始化结构体如下:

```
typedef struct {
    uint32_t USART_BaudRate;                    //此成员配置 USART 通信波特率
```

```
    uint16_t USART_WordLength;              //指定在一个帧中传输或接收的数据位数
    uint16_t USART_StopBits;                //指定所传输的停止位数
    uint16_t USART_Parity;                  //指定奇偶校验模式
    uint16_t USART_Mode;                    //指定接收模式是否启用或禁用传输模式
    uint16_t USART_HardwareFlowControl;     //指定是否启用或禁用硬件流控制模式
} USART_InitTypeDef;
```

USART_BaudRate：波特率设置。一般设置为 2400bps、9600bps、19 200bps、115 200bps。标准库函数会根据设定值计算得到 USARTDIV 值，并设置 USART_BRR 寄存器值。

USART_WordLength：数据帧字长，可选 8 位或 9 位。它设定 USART_CR1 寄存器的 M 位的值。如果没有使能奇偶校验控制，一般使用 8 数据位；如果使能了奇偶校验，则一般设置为 9 数据位。

USART_StopBits：停止位设置，可选 0.5 个、1 个、1.5 个和 2 个停止位，它设定 USART_CR2 寄存器的 STOP[1：0]位的值，一般我们选择 1 个停止位。

USART_Parity：奇偶校验控制选择，可选 USART_Parity_No（无校验）、USART_Parity_Even（偶校验）以及 USART_Parity_Odd（奇校验），它设定 USART_CR1 寄存器的 PCE 位和 PS 位的值。启用奇偶校验时，将计算出的奇偶校验插入传输数据的 MSB 位置（字长度设置为 9 数据位时第 9 位；字长度设置为 8 数据位时第 8 位）。

USART_Mode：USART 模式选择，有 USART_Mode_Rx 和 USART_Mode_Tx，允许使用逻辑或运算选择，它设定 USART_CR1 寄存器的 RE 位和 TE 位。

USART_HardwareFlowControl：硬件流控制选择，只有在硬件流控制模式才有效，可有四种选择：使能 RTS、使能 CTS、同时使能 RTS 和 CTS、不使能硬件流。

当使用同步模式时需要配置 SCLK 引脚输出脉冲的属性，标准库通过一个时钟初始化结构体 USART_ClockInitTypeDef 来设置，因此该结构体内容也只有在同步模式才需要设置。

USART 时钟初始化结构体如下：

```
typedef struct {
    uint16_t USART_Clock;       //时钟使能控制
    uint16_t USART_CPOL;        //时钟极性
    uint16_t USART_CPHA;        //时钟相位
    uint16_t USART_LastBit;     //最尾位时钟脉冲
} USART_ClockInitTypeDef;
```

USART_Clock：同步模式下 SCLK 引脚上时钟输出使能控制，可选禁止时钟输出 USART_Clock_Disable 或开启时钟输出 USART_Clock_Enable；如果使用同步模式发送，一般都需要开启时钟。它设定 USART_CR2 寄存器的 CKEN 位的值。

USART_CPOL：同步模式下 SCLK 引脚上输出时钟极性设置，可设置在空闲时 SCLK 引脚为低电平（USART_CPOL_Low）或高电平（USART_CPOL_High），即设定 USART_CR2 寄存器的 CPOL 位的值。

USART_CPHA：同步模式下 SCLK 引脚上输出时钟相位设置，可设置在时钟第一个变化沿捕获数据 USART_CPHA_1Edge 或在时钟第二个变化沿捕获数据，即设定 USART_CR2 寄存器的 CPHA 位的值。USART_CPHA 与 USART_CPOL 配合使用可以获得多种模式时钟关系。

　　USART_LastBit：选择在发送最后一个数据位时时钟脉冲是否在 SCLK 引脚输出，可以是不输出脉冲 USART_LastBit_Disable、输出脉冲 USART_LastBit_Enable，即设定 USART_CR2 寄存器的 LBCL 位的值。

　　下面列出了常用的操作串口的标准库函数：

```
void USART_DeInit(USART_TypeDef * USARTx);
/ **
    * @brief   将 USARTx 外围寄存器取消初始化为其默认重置值
    * @param   USARTx:选择 USART 或 UART 外围设备
    *    此参数可以是以下值之一:
    *         USART1,USART2,USART3,UART4 or UART5
    * @retval 无
    * /
void USART_Init(USART_TypeDef * USARTx, USART_InitTypeDef * USART_InitStruct);
/ **
    * @brief   根据 USART_InitStruct 中指定参数初始化 USARTx 外围设备
    *
    * @param   USARTx: 选择 USART 或 UART 外围设备
    *    此参数可以是以下值之一:
    *    USART1, USART2, USART3, UART4 or UART5.
    * @param   USART_InitStruct:指向包含指定 USART 外围设备的配置信息的 USART_InitTypeDef
    * 结构体的指针
    * @retval 无
    * /
void USART_StructInit(USART_InitTypeDef * USART_InitStruct);
/ **
    * @brief   向每个 USART_InitStruct 成员填充其默认值
    * @param   USART_InitStruct:指向将被初始化 USART_InitTypeDef 结构体的指针
    * @retval 无
    * /
void USART_ClockInit(USART_TypeDef * USARTx, USART_ClockInitTypeDef * USART_ClockInitStruct);
/ **
    * @brief   根据 USART_ClockInitStruct 结构体中指定的参数初始化 USARTx 外围时钟
    * @param   USARTx:用于选择 USART 外围设备,其中 x 可以为 1、2 和 3
    * @param   USART_ClockInitStruct:指向包含指定 USART 外围设备的配置信息的 USART_
    * ClockInitTypeDef 结构体的指针
    * @note UART4 和 UART5 不能使用智能卡和同步模式
    * @retval 无
    * /
void USART_ClockStructInit(USART_ClockInitTypeDef * USART_ClockInitStruct);
/ **
    * @brief   向每个 USART_ClockInitStruct 结构体成员填充其默认值
    * @param   USART_ClockInitStruct:指向将被初始化 USART_ClockInitTypeDef 结构体的指针
    *
    * @retval 无
    * /
void USART_Cmd(USART_TypeDef * USARTx, FunctionalState NewState);
/ **
    * @brief   启用或禁用指定的 USART 外围设备
```

```
*  @param   USARTx:选择 USART 或 UART 外围设备
*         此参数可以是以下值之一:
*            USART1, USART2, USART3, UART4 or UART5
*  @param   NewState: USARTx 外围设备的新状态
*         此参数可以是:启用或禁用
*  @retval 无
*  /
void USART_ITConfig(USART_TypeDef * USARTx, uint16_t USART_IT, FunctionalState NewState);
/ **
*  @brief   启用或禁用指定的 USART 中断
*  @param   USARTx:选择 USART 或 UART 外围设备
*    此参数可以是以下值之一:
*    USART1, USART2, USART3, UART4 or UART5
*  @param   USART_IT:指定要启用或禁用的 USART 中断源
*    此参数可以是以下值之一:
*     @arg USART_IT_CTS:   CTS 变更中断(UART4 和 UART5 不可用)
*     @arg USART_IT_LBD:   LIN 断路检测中断
*     @arg USART_IT_TXE:   传输数据寄存器为空的中断
*     @arg USART_IT_TC:    传输完成中断
*     @arg USART_IT_RXNE: 接收数据寄存器,而不是空的中断
*     @arg USART_IT_IDLE: 空闲线检测中断
*     @arg USART_IT_PE:    奇偶校验错误中断
*     @arg USART_IT_ERR:   错误中断(帧错误、噪声错误、溢出错误)
*  @param   NewState: 指定 USARTx 中断的新状态
*    此参数可以是:启用或禁用
*  @retval 无
*  /
void USART_DMACmd(USART_TypeDef * USARTx, uint16_t USART_DMAReq, FunctionalState NewState);
/ **
*  @brief   启用或禁用 USART 的 DMA 接口
*  @param   USARTx: 选择 USART 或 UART 外围设备
*    此参数可以是以下值之一:
*    USART1, USART2, USART3, UART4 or UART5
*  @param   USART_DMAReq: 指定 DMA 请求
*    此参数可以是以下值的任意组合:
*     @arg USART_DMAReq_Tx: USART 的 DMA 传输请求
*     @arg USART_DMAReq_Rx: USART 的 DMA 接收请求
*  @param   NewState: DMA 请求源的新状态
*    此参数可以是:启用或禁用
*  @note 除 STM32 高密度值设备(STM32F10X_HD_VL)外,UART5 不使用 DMA 模式
*
*  @retval 无
*  /

void USART_SetAddress(USART_TypeDef * USARTx, uint8_t USART_Address);
/ **
*  @brief   设置 USART 节点的地址
*  @param   USARTx: 选择 USART 或 UART 外围设备
*    此参数可以是以下值之一:
*    USART1, USART2, USART3, UART4 or UART5
*  @param   USART_Address: 指示 USART 节点的地址
```

```
 * @retval 无
 */
void USART_WakeUpConfig(USART_TypeDef * USARTx, uint16_t USART_WakeUp);
/**
 * @brief   选择 USART 的 WakeUp 方法
 * @param   USARTx: 选择 USART 或 UART 外围设备
 *    此参数可以是以下值之一:
 *    USART1, USART2, USART3, UART4 or UART5
 * @param   USART_WakeUp: 指定 USART 的 WakeUp 方法
 *    此参数可以是以下值之一:
 *      @arg USART_WakeUp_IdleLine: 通过空闲线路检测进行唤醒
 *      @arg USART_WakeUp_AddressMark: 通过地址标记进行唤醒
 * @retval 无
 */
void USART_ReceiverWakeUpCmd(USART_TypeDef * USARTx, FunctionalState NewState);
/**
 * @brief   确定 USART 是否处于闲置模式
 * @param   USARTx: 选择 USART 或 UART 外围设备
 *    此参数可以是以下值之一:
 *    USART1, USART2, USART3, UART4 or UART5
 * @param   NewState: USART 闲置模式的新状态
 *    此参数可以是:启用或禁用
 * @retval 无
 */
void USART_LINBreakDetectLengthConfig(USART_TypeDef * USARTx, uint16_t USART_LINBreakDetectLength);
/**
 * @brief   设置 USART 的 LIN 断开线检测长度
 * @param   USARTx: 选择 USART 或 UART 外围设备
 *    此参数可以是以下值之一:
 *    USART1, USART2, USART3, UART4 or UART5
 * @param   USART_LINBreakDetectLength: 指定 LIN 断开线检测的长度
 *    此参数可以是以下值之一:
 *      @arg USART_LINBreakDetectLength_10b: 10 位中断检测
 *      @arg USART_LINBreakDetectLength_11b: 11 位中断检测
 * @retval 无
 */
void USART_LINCmd(USART_TypeDef * USARTx, FunctionalState NewState);
/**
 * @brief   启用或禁用 USART 的 LIN 模式
 * @param   USARTx: 选择 USART 或 UART 外围设备
 *    此参数可以是以下值之一:
 *    USART1, USART2, USART3, UART4 or UART5
 * @param   NewState: USART 的 LIN 模式的新状态
 *    此参数可以是:启用或禁用
 * @retval 无
 */
void USART_SendData(USART_TypeDef * USARTx, uint16_t Data);
/**
 * @brief   通过 USARTx 外围设备传输单个数据
```

```
 *  @param   USARTx: 选择 USART 或 UART 外围设备
 *     此参数可以是以下值之一:
 *     USART1, USART2, USART3, UART4 or UART5
 *  @param   Data: 要传输的数据
 *  @retval 无
 */
uint16_t USART_ReceiveData(USART_TypeDef * USARTx);
/**
 *  @brief   返回 USARTx 外围设备接收到的最新数据
 *  @param   USARTx: 选择 USART 或 UART 外围设备
 *     此参数可以是以下值之一:
 *     USART1, USART2, USART3, UART4 or UART5
 *  @retval 已接收到的数据
 */
void USART_SendBreak(USART_TypeDef * USARTx);
/**
 *  @brief   传输断开符字符
 *  @param   USARTx: 选择 USART 或 UART 外围设备
 *     此参数可以是以下值之一:
 *     USART1, USART2, USART3, UART4 or UART5
 *  @retval 无
 */
void USART_SetGuardTime(USART_TypeDef * USARTx, uint8_t USART_GuardTime);
/**
 *  @brief   设置指定的 USART 防护时间
 *  @param   USARTx: 用于选择 USARTx 外围设备.其中,x 可以是 1、2 或 3
 *  @param   USART_GuardTime: 指定防护时间
 *  @note UART4 和 UART5 没有保护时间位
 *  @retval 无
 */
void USART_SetPrescaler(USART_TypeDef * USARTx, uint8_t USART_Prescaler);
/**
 *  @brief   设置系统时钟的预分频器
 *  @param   USARTx: 选择 USART 或 UART 外围设备
 *     此参数可以是以下值之一:
 *     USART1, USART2, USART3, UART4 or UART5
 *  @param   USART_Prescaler: 指定预分频器的时钟
 *  @note    该功能用于具有 UART4 和 UART5 的 IrDA 模式
 *  @retval 无
 */
void USART_SmartCardCmd(USART_TypeDef * USARTx, FunctionalState NewState);
/**
 *  @brief   启用或禁用 USARTx 的智能卡模式
 *  @param   USARTx: 用于选择 USARTx 外围设备,其中,x 可以是 1、2 或 3
 *  @param   NewState: 智能卡模式的新状态
 *     此参数可以是:启用或禁用
 *  @note UART4 和 UART5 不适用于智能卡模式
 *  @retval 无
```

```
    */
void USART_SmartCardNACKCmd(USART_TypeDef * USARTx, FunctionalState NewState);
/**
    * @brief 启用或禁用 NACK 传输
    * @param  USARTx: 用于选择 USARTx 外围设备,其中,x 可以是 1、2 或 3
    * @param  NewState: NACK 传输器的新状态
    *    此参数可以是:启用或禁用
    * @note UART4 和 UART5 不适用于智能卡模式
    * @retval 无
    */
void USART_HalfDuplexCmd(USART_TypeDef * USARTx, FunctionalState NewState);
/**
    * @brief 启用或禁用 USARTx 的半双工路通信
    * @param  USARTx: 选择 USART 或 UART 外围设备
    *    此参数可以是以下值之一:
    *    USART1, USART2, USART3, UART4 or UART5
    * @param  NewState: USART 通信的新状态
    *    此参数可以是:启用或禁用
    * @retval 无
    */
void USART_OverSampling8Cmd(USART_TypeDef * USARTx, FunctionalState NewState);
/**
    * @brief  启用或禁用 USART 的 8 倍过采样模式
    * @param  USARTx: 选择 USART 或 UART 外围设备
    *    此参数可以是以下值之一:
    *    USART1, USART2, USART3, UART4 or UART5
    * @param  NewState: USART 一位采样方法的新状态
    *    此参数可以是:启用或禁用
    * @note
    *    在调用 USART_Init()之前,必须先调用此函数
    *    有正确的波特率分配值功能
    * @retval 无
    */
void USART_OneBitMethodCmd(USART_TypeDef * USARTx,FunctionalState NewState);
/**
    * @brief  启用或禁用 USART 的一位采样方法
    * @param  USARTx: 选择 USART 或 UART 外围设备
    *    此参数可以是以下值之一:
    *    USART1, USART2, USART3, UART4 or UART5
    * @param  NewState: USART 一位采样方法的新状态
    *    此参数可以是:启用或禁用
    * @retval 无
    */
void USART_IrDAConfig(USART_TypeDef * USARTx, uint16_t USART_IrDAMode);
/**
    * @brief  配置 USART 的 IrDA 接口
    * @param  USARTx: 选择 USART 或 UART 外围设备
    *    此参数可以是以下值之一:
```

```
 *     USART1, USART2, USART3, UART4 or UART5
 * @param   USART_IrDAMode: 指定 IrDA 模式
 *     此参数可以是以下值之一:
 *        @arg USART_IrDAMode_LowPower
 *        @arg USART_IrDAMode_Normal
 * @retval 无
 */
void USART_IrDACmd(USART_TypeDef * USARTx, FunctionalState NewState);
/**
 * @brief   启用或禁用 USART 的 IrDA 接口
 * @param   USARTx: 选择 USART 或 UART 外围设备
 *     此参数可以是以下值之一:
 *     USART1, USART2, USART3, UART4 or UART5
 * @param   NewState: IrDA 模式的新状态
 *     此参数可以是:启用或禁用
 * @retval 无
 */
FlagStatus USART_GetFlagStatus(USART_TypeDef * USARTx,uint16_t USART_FLAG);
/**
 * @brief   检查是否设置了指定的 USART 标志位
 * @param   USARTx: 选择 USART 或 UART 外围设备
 *     此参数可以是以下值之一:
 *     USART1, USART2, USART3, UART4 or UART5
 * @param   USART_FLAG: 指定要检查的标志位
 *     此参数可以是以下值之一:
 *        @arg USART_FLAG_CTS:   CTS 变更标志位(不适用于 UART4 和 UART5)
 *        @arg USART_FLAG_LBD:   LIN 断路检测标志位
 *        @arg USART_FLAG_TXE:   传输数据寄存器为空标志位
 *        @arg USART_FLAG_TC:    传输完成的标志位
 *        @arg USART_FLAG_RXNE:  接收数据寄存器不是空标志位
 *        @arg USART_FLAG_IDLE:  空闲线检测标志位
 *        @arg USART_FLAG_ORE:   覆盖错误标志位
 *        @arg USART_FLAG_NE:    噪声错误标志位
 *        @arg USART_FLAG_FE:    帧设置错误标志位
 *        @arg USART_FLAG_PE:    奇偶校验错误标志位
 * @retval USART_FLAG 的新状态(设置或重置)
 */
void USART_ClearFlag(USART_TypeDef * USARTx, uint16_t USART_FLAG);
/**
 * @brief   清除 USARTx 的挂起标志位
 * @param   USARTx: 选择 USART 或 UART 外围设备
 *     此参数可以是以下值之一:
 *     USART1, USART2, USART3, UART4 or UART5
 * @param   USART_FLAG: 指定要清除的标志
 *     此参数可以是以下值的任意组合:
 *        @arg USART_FLAG_CTS: CTS 变更标志位(不适用于 UART4 和 UART5)
 *        @arg USART_FLAG_LBD: LIN 断开检测标志位
 *        @arg USART_FLAG_TC: 传输完成的标志位
```

```
*          @arg USART_FLAG_RXNE:接收数据寄存器不是空标志位
*
* @note
```
* - PE(奇偶校验错误)、FE(帧错误)、NE(噪声错误)、ORE(溢出错误)和 IDLE(检测到空闲行)挂起位通过软件序列清除:对 USART_SR 寄存器执行读取操作 USART_GetITStatus(),然后对 USART_DR 寄存器执行读取操作 USART_ReceiveData()
* - RXNE 挂起位也可以通过读取 USART_DR 寄存器 USART_ReceiveData()来清除
* - TC 挂起位也可以通过软件序列清除:向 USART_SR 寄存器进行读取操作 USART_GetITStatus(),然后向 USART_DR 寄存器进行写入操作 USART_SendData()
* - TXE 挂起位只通过写入 USART_DR 寄存器 USART_SendData()来清除
* @retval 无
* /

```
ITStatus USART_GetITStatus(USART_TypeDef * USARTx, uint16_t USART_IT);
/**
```
* @brief　指定要检查的 USART 中断源
* @param　USARTx:选择 USART 或 UART 外围设备
*　此参数可以是以下值之一:
*　USART1, USART2, USART3, UART4 or UART5
* @param　USART_IT:指定要检查 USART 的中断源
*　此参数可以是以下值之一:
*　　@arg USART_IT_CTS:　CTS 变更中断(UART4 和 UART5 不可用)
*　　@arg USART_IT_LBD:　LIN 断开检测中断
*　　@arg USART_IT_TXE:　传输数据寄存器为空中断
*　　@arg USART_IT_TC:　 传输完成中断
*　　@arg USART_IT_RXNE:接收数据寄存器非空的中断
*　　@arg USART_IT_IDLE:空闲线检测中断
*　　@arg USART_IT_ORE:溢出错误中断
*　　@arg USART_IT_NE:　噪声错误中断
*　　@arg USART_IT_FE:　帧错误中断
*　　@arg USART_IT_PE:　奇偶校验错误中断
* @retval USART_IT 的新状态(设置或重置)
* /

```
void USART_ClearITPendingBit(USART_TypeDef * USARTx, uint16_t USART_IT);
/**
```
* @brief　清除 USARTx 的中断等待位
* @param　USARTx:选择 USART 或 UART 外围设备
*　此参数可以是以下值之一:
*　USART1, USART2, USART3, UART4 or UART5
* @param　USART_IT:指定要清除的中断等待位
*　此参数可以是以下值之一:
*　　@arg USART_IT_CTS:CTS 变更中断(UART4 和 UART5 不可用)
*　　@arg USART_IT_LBD:LIN 断开检测中断
*　　@arg USART_IT_TC:传输完成中断
*　　@arg USART_IT_RXNE:接收数据寄存器非空的中断
* @note
* - PE(奇偶校验错误)、FE(帧错误)、NE(噪声错误)、ORE(溢出错误)和 IDLE(检测到空闲行)挂起位通过软件序列清除:对 USART_SR 寄存器执行读取操作(USART_GetITStatus()),然后对 USART_DR 寄存器执行读取操作 USART_ReceiveData()

```
*   – RXNE 挂起位也可以通过读取 USART_DR 寄存器 USART_ReceiveData()来清除
*   – TC 挂起位也可以通过软件序列清除:向 USART_SR 寄存器进行读取操作(USART_GetITStatus()),
然后向 USART_DR 寄存器进行写入操作 USART_SendData()
*   – TXE 挂起位只通过写入 USART_DR 寄存器 USART_SendData()来清除
* @retval 无
*/
```

5.3.2　STM32 串口通信配置步骤

STM32 串口通信过程配置步骤如图 5-17 所示。

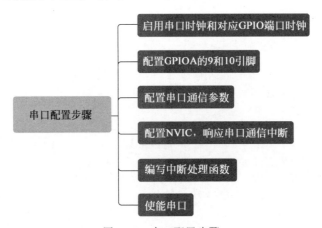

图 5-17　串口配置步骤

STM32 串口通信的具体步骤如下:

(1) 串口时钟和 GPIO 时钟使能;

(2) 串口复位(不必须);

(3) GPIO 设置;注意 RxD 和 TxD 在设置过程中设置输入/输出方法的不同(AF_PP|IN_FLOATING);

(4) 串口参数初始化(这里要初始化很多参数,要记住每个参数的设定值,通信双方要约定参数保持一致);

(5) 开启中断,使能 NVIC;

(6) 实现串口的使能;

(7) 编写中断处理函数;

(8) 实现串口数据的收发;

(9) 实现串口传输状态获取。

一个 STM32 的串口初始化程序的整体结构,如以下代码所示:

```
# include < stm32f10x. h >
# include < stm32f10x_rcc. h >
# include < stm32f10x_gpio. h >
# include < misc. h >
# include"stm32f10x. h"

int main(void)
```

```
{
    /* 初始化 GPIO */
    GPIO_Config();
    AFIO_Config();
    /* 串口配置 */
    USART_Config();
    while(1);
}
```

5.4 STM32 串口通信实例

5.4.1 STM32 串口通信实例的标准库函数开发

本节将学习 STM32F103 的片内外设 USART1 的数据通信。本实例通过使用 STM32F103 的 PA9 和 PA10 实现串口的发送和接收数据。最后利用 Proteus 进行仿真,依据仿真结果说明串口中断实验的通信过程。图 5-18 是 STM32 串口通信的应用实例原理图。

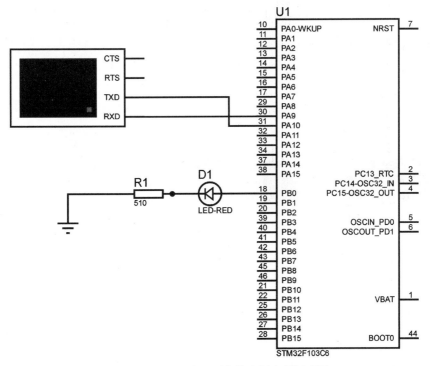

图 5-18　STM32 串口通信的应用实例原理图

图 5-19 为 STM32 串口通信的应用实例程序的流程图。

本节是通过重写 printf() 函数重新定向输出到串口。由于 C 标准库函数 printf() 实质是 fputc() 函数的宏定义,所以需要对 fputc() 函数进行重写。当运行环境检查到用户编写了与 C 库函数同名的函数时优先调用用户重写的同名函数,从而实现了对 printf() 函数的

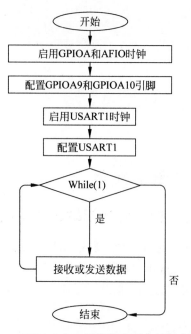

图 5-19　STM32 串口通信的应用实例程序流程

重定向输出到串口。具体代码如下：

```
# include "stm32f10x.h"
# include < stdio.h >

int fputc(int ch, FILE * f)
{
    USART_SendData(USART1, (unsigned char) ch);
    //USART1 可以换成 USART2 等
    while (!(USART1 - > SR & USART_FLAG_TXE));
    return (ch);
}
void delay(u16 num)
{
  u16 i,j;
  for(i = 0;i < num;i++)
    for(j = 0;j < 0x800;j++);
}

int main(void)
{
  /* USART1 Init with 9600bps */
  GPIO_InitTypeDef GPIO_InitStructure;
  USART_InitTypeDef USART_InitStructure;

  /* Enable GPIO Alternate Function clock */
  RCC_APB2PeriphClockCmd(RCC_APB2Periph_GPIOA | RCC_APB2Periph_AFIO, ENABLE);
```

```
/* Configure USART1 Tx(PA.9) as Alternate Function Push-Pull */
GPIO_InitStructure.GPIO_Pin = GPIO_Pin_9;
GPIO_InitStructure.GPIO_Mode = GPIO_Mode_AF_PP;
GPIO_InitStructure.GPIO_Speed = GPIO_Speed_50MHz;
GPIO_Init(GPIOA, &GPIO_InitStructure);

/* Configure USART1 Rx(PA.10) as In-Floating */
GPIO_InitStructure.GPIO_Pin = GPIO_Pin_10;
GPIO_InitStructure.GPIO_Mode = GPIO_Mode_IN_FLOATING;
GPIO_InitStructure.GPIO_Speed = GPIO_Speed_50MHz;
GPIO_Init(GPIOA, &GPIO_InitStructure);

/* Enable USART1 clock */
RCC_APB2PeriphClockCmd(RCC_APB2Periph_USART1, ENABLE);

/* USARTx configured as follow */
USART_InitStructure.USART_BaudRate = 9600;
USART_InitStructure.USART_WordLength = USART_WordLength_8b;
USART_InitStructure.USART_StopBits = USART_StopBits_1;
USART_InitStructure.USART_Parity = USART_Parity_No;
USART_InitStructure.USART_HardwareFlowControl = USART_HardwareFlowControl;
USART_InitStructure.USART_Mode = USART_Mode_Rx | USART_Mode_Tx;
USART_Init(USART1, &USART_InitStructure);

/* Clear USART1 Transmission complete flag */
USART_ClearFlag(USART1, USART_FLAG_TC);

/* Enable USART1 */
USART_Cmd(USART1, ENABLE);

/* Infinite loop */
while (1)
{
    printf("STM32 串口 1 测试!!!\n");
    delay(1000);
}
}
```

运用 Keil 软件对上述代码进行编译,编译成功后开启 Debug 模式,如图 5-20 所示。观察串口 1 的配置参数和串口 1 的显示窗口。在串口 1 的显示窗口中每隔 1s 打印"STM32串口 1 测试!!!"。

5.4.2 STM32CubeMX 基础配置

1. STM32CubeMX 工程配置

前面已经介绍了如何利用 STM32CubeMX 新建工程,本节在此基础上对串口 1 进行配置。首先要使能 GPIO 时钟,然后使能复用功能时钟,同时要把 GPIO 模式设置为复用功能

图 5-20　仿真结果

对应的模式,配置 PA9 和 PA10 引脚,如图 5-21 所示。

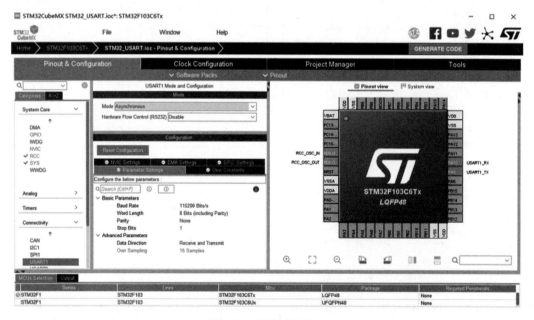

图 5-21　设置通信串口

选择 USART1 选项,然后设置串口参数,包括波特率、字长、停止位等。串口的波特率设置为默认值 115200。注意串口通信前需要将波特率设置一致,此处波特率较低是为了方便 Proteus 仿真。

设置完成后,接下来就是使能串口。这里需要用到串口中断,先要设置 NVIC 中断优先级别,再进行使能中断,由于此时只用到了串口中断,中断任务之间不存在影响,故优先级直接采取默认设置,如图 5-22 所示。

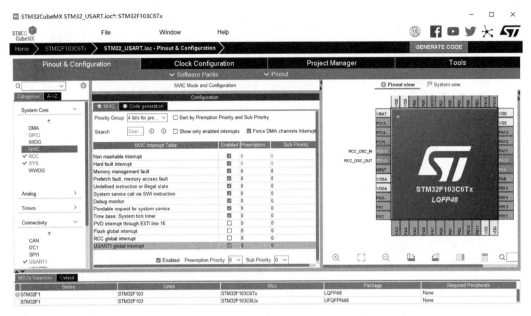

图 5-22　设置串口中断

配置完成的时钟树如图 5-23 所示。

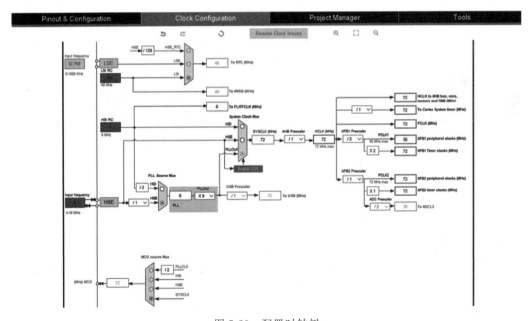

图 5-23　配置时钟树

2. Keil 软件

本节将利用串口 1 每隔 1s 发送 0xFF、0x00、0x12、0x34 和 0xDD 共 5 个数据。首先用 Keil 软件打开由 STM32CubeMX 生成的工程;然后从 Keil 左侧工程目录树的 Application/User/Core 文件夹下找到 main.c 源文件;最后打开 main.c 源文件并编写串口发送数据代码。

在 main.c 文件中定义发送数据 pData 数组,代码如下:

```
/* USER CODE BEGIN 1 */
    uint8_t pData[7] = {0xFF,0x00, 0x12, 0x34, 0xDD,'\r','\n'};
/* USER CODE END 1 */
```

其中,\r 表示回车,英文是 linefeed,ASCII 码是 0xD。\n 表示换行,英文是 carriage return,ASCII 码是 0xA。

找到主函数,加入发送 pData 数据的代码,代码如下:

```
/* Infinite loop */
/* USER CODE BEGIN WHILE */
while (1)
{
  /* USER CODE END WHILE */
  /* USER CODE BEGIN 3 */
  HAL_UART_Transmit(&huart1, pData, 7100);
  HAL_Delay(1000);

}
/* USER CODE END 3 */
```

编译上面的代码,成功编译后开启 Debug 模式,如图 5-24 所示。

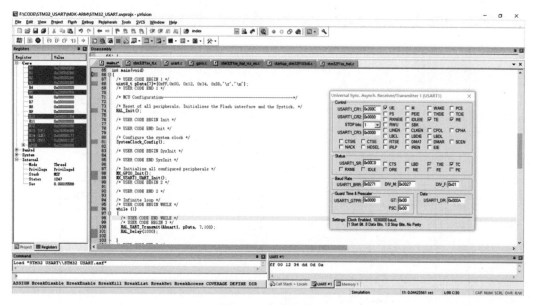

图 5-24　仿真结果

观察图中的仿真结果,可以看到串口 1 已经实现了打印 0xFF、0x00、0x12、0x34 和 0xDD 的实验结果。

3. Proteus 仿真实验

如果将编译好的程序直接烧录到芯片中,则一定要确保程序中的 GPIO 口要与实际

STM32 板的原理图相匹配。本次实验为每隔 1s 打印 0xFF、0x00、0x12、0x34 和 0xDD 数据信息。为了进一步验证上述实验的准确性,使用 Proteus 工具构建基于 STM32F103C6Tx 的串口通信仿真环境,并通过该软件模拟 STM32F103C6Tx 在物理环境的运行结果。

接下来在 Proteus 中配置 STM32F103C6,如图 5-25 所示。双击原理图上的 STM32F103C6,将上面用 Keil 编译好的串口发送程序加载到 STM32F103C6 芯片中,设置 STM32F103C6 芯片的晶振频率,其余保持默认即可,最后单击"OK"按钮,如图 5-25 所示。

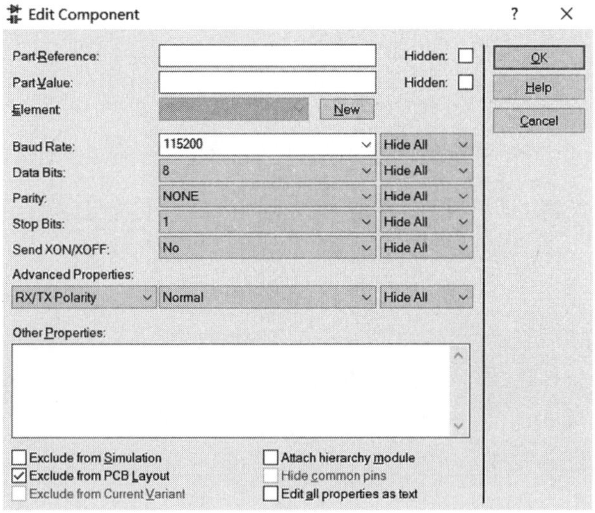

图 5-25 STM32F103C6 芯片配置

基于串口发送程序实验的原理图搭建仿真电路,并在 PA9 和 PA10 引脚上连接虚拟终端 (Virtual Terminal),单击"运行仿真"或者快捷键 F12。运行仿真后能够观察到 STM32F103C6 引脚 PA9 和 PA10 的变化,仿真结果如图 5-26 所示。

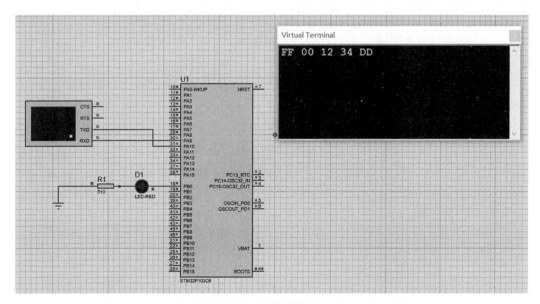

图 5-26 仿真结果

本章小结

本章主要介绍了串口的概念、通信方式、STM32 的串行接口内部结构以及如何配置 STM32 串口。通过本章的学习,要求学生掌握同步和异步串行通信,了解串行通信的数据通路形式有单工、半双工、全双工三种方式,掌握 STM32 串口的配置步骤,熟练使用 STM32CubeMX 创建串口工程,并能使用 Keil 和 Proteus 完成串口仿真调试。

习题 5

1. 填空题

(1) _____是指将一个数据块各位的数据同一时刻传送出去。

(2) _____是一个数据块的各位数据一位接一位地传送。

(3) 按照数据通信方向,可将发送数据过程分为_____、_____和_____三种方式。

(4) _____是一种连续串行传送数据的通信方式,一次通信只传送一帧信息。

(5) STM32 的串口通信接口有_____和_____两种。

(6) 一个字符帧发送需要_____、_____和_____三部分。

2. 选择题

(1) ( )是一种常用的对异步比特流进行编码和解码的设备。

    A. 中断   B. GPIO   C. DMA   D. UART

(2) USART1 的时钟来源于( )总线时钟。

    A. APB1   B. APB2   C. SYSCLK   D. HCLK

(3) 下列关于波特率说法不正确的是( )。

    A. 波特率是指在串行通信中每秒传输数据的速度

    B. 波特率是指数据信号对载波的调制速率

    C. 波特率指单位时间内传输的比特数

    D. 异步通信中有时钟信号,所以两个通信设备之间不需要约定好波特率

(4) 下列关于同步通信描述不正确的是( )。

    A. 同步通信需要带时钟信号传输

    B. 同步通信的信息帧与异步通信中的字符帧相同

    C. 采用同步通信时,将许多字符组成一个信息组

    D. 每个信息帧用同步字符作为开始

(5) 下列关于 RS-232 描述不正确的是( )。

    A. 微控制器芯片与 PC 机(或上位机)相连,除了共地之外不能直接交叉连接

    B. 芯片的电平标准是+5V 表示 1,0V 表示 0

    C. RS-232 的电平标准是+15/+13V 表示 0,−15/−13 表示 1

    D. 微控制器芯片的串口和 RS-232 的电平标准是不一样的

（6）串行通信传送速率的单位是波特，而波特的单位是（　　）。

  A. 字节/秒   B. 位/秒   C. 帧/秒   D. 字符/秒

（7）在串行通信中，每分钟发送 60byte，其波特率为（　　）。

  A. 120bps   B. 960bps   C. 2bps   D. 1bps

3. 简答题

（1）简述什么是并行通信和串行通信，及它们的优缺点。

（2）简述什么是单工方式。

（3）简述什么是半双工方式。

（4）简述什么是全双工方式。

（5）简述什么是同步通信和异步通信，及二者之间的异同点。

（6）简述 STM32 的 UART 特点。

（7）简述 STM32 串口通信的具体步骤。

4. 编程题

（1）设计一个单片机的双机通信系统。工作方式1，波特率为1200bps，以中断方式发送和接收数据。

（2）利用串口控制发光二极管工作，使得发光二极管每隔 0.5s 交替亮、灭，画出硬件电路图并编写程序。

## 第 6 章

定 时 器

STM32 利用微控制器的硬件定时器生成各种频率的信号、Pulse-Width-Modulated (PWM)输出、测量输入脉冲和精确延时触发事件等。STM32 微控制器有几种不同类型的定时器外围设备,它们的可配置性各不相同。简单的定时器主要限于产生已知频率的信号或固定宽度的脉冲,而更复杂的定时器独立地产生特定脉冲宽度的信号或测量这种信号。本章内容是 STM32 微控制器中非常重要的片内外围设备,是实现精准延时、输入捕获、PWM 输出等内容的关键。本章首先介绍定时器的基本概念及其工作原理,然后以 STM32F103 为例讲述定时器的编程开发,最后通过一个开发案例说明如何使用 STM32F103 的定时器。

学习目标

➢ 掌握定时器的概念及功能;

➢ 掌握 STM32 的基本定时器;

➢ 掌握 STM32 的通用定时器;

➢ 掌握 STM32 的高级定时器;

➢ 了解看门狗和系统滴答定时器;

➢ 掌握 PWM;

➢ 熟练使用 STM32CubeMX 创建定时器工程;

➢ 熟练使用 Keil 和 Proteus 对定时器进行调试的仿真过程。

6.1 定时器的定义

定时/计数器是一种能够对时钟信号或外部输入信号进行计数的片内外围设备,当计数值达到设定要求时便向 CPU 提出处理请求,从而实现定时或计数功能。定时器的执行过程如图 6-1 所示。

在单片机中,一般使用 Timer 表示定时计数器。定时器是单片机重要的片内外设资源,其核心是 16 位加法计数器。它可以工作于定时方式,也可以工作于计数方式,两种工作方式的实质都是对脉冲计数。当它对内部固定频率的机器周期进行计数时,称为定时器;当它对外部事件计数时,由于频率不固定,称为计数器。定时器具有不同的工作方式,用户可通过对特殊功能寄存器编程,选择适当的工作方式,设定定时器的工作模式。

单片机中的定时/计数器一般具有以下功能,如图 6-2 所示。

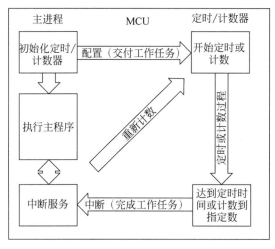

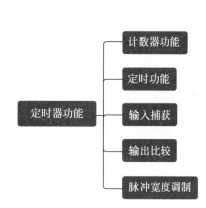

图 6-1 定时器执行过程   图 6-2 定时器功能

计数器功能:使用微控制器内部的外部时钟(PCLK)计数脉冲,是对固定周期的脉冲信号计数。

定时功能:时间控制,通过对微控制器内部的时钟脉冲进行计数实现定时功能。

输入捕获:对输入信号进行捕获,实现对脉冲的频率测量,可用于对外部输入信号脉冲宽度的测量,比如测量电机转速。

输出比较:将计数器计数值和设定值进行比较,根据比较结果输出不同电平,用于控制输出波形,比如直流电机的调速。

脉冲宽度调制(Pulse Width Modulation,PWM):是一种对模拟信号电平进行数字编码的方法。通过对一系列脉冲的宽度进行调制,来等效地获得所需要的波形。

定时器可以实现非常丰富的功能,最基本的功能就是定时处理事件,比如定时发送 USART 数据、定时采集 A/D 数据、定时检测 GPIO 口电平信号状态、还可以通过 GPIO 口输出 PWM 等。

6.2　STM32 定时器

STM32 的定时器是个强大的模块,使用频率很高,不仅完成一些基本的定时,还可以完成 PWM 输出或者输入捕获功能。STM32F103 的定时器分为基本定时器、通用定时器、高级控制定时器、看门狗和系统滴答定时器,如表 6-1 所示。

基本定时器是只能向上计数的 16 位定时器,基本定时器只能有定时的功能,没有外部 GPIO 口,所以没有捕获和比较通道。通用定时器是既能向上计数,又能向下计数的 16 位定时器。通用定时器包括定时、输出比较、输入捕捉等功能,每个通用定时器具有 4 个外部 GPIO 口。与通用定时器一样,高级定时器也有着既能向上计数也能向下计数的 16 位定时器的功能,包括定时、输出比较、输入捕捉、输出三相电机互补信号等功能,每个高级定时器有 8 个外部 GPIO 口。高级定时器包括基本定时器和通用定时器的全部功能。所以先掌握基本定时器能更好理解后面功能繁多的定时器。通常,STM32F103 系列共有 11 个定时器,分别是 2 个基本定时器 TIM6 和 TIM7、2 个高级定时器 TIM1 和 TIM8、4 个通用定时器 TIM2、TIM3、TIM4 和 TIM5、2 个看门狗定时器和 1 个系统滴答定时器。

表 6-1　STM32 定时器描述

定时器	计数器分辨率	计数器类型	DMA请求	捕获/比较通道	互补输出	特殊应用场景
基本定时器	16 位	向上	可以	0	没有	主要应用于驱动数/模转换器
通用定时器	16 位	向上,向下,向上/向下	可以	4	没有	定时计数,PWM 输出,输入捕获,输出比较
高级定时器	16 位	向上,向下,向上/向下	可以	4	有	带死区控制盒紧急刹车,可应用于 PWM 电机控制
独立看门狗	12 位	向下	不可以	0	没有	防止程序死循环,或者说程序"跑飞"
窗口看门狗	7 位	向下	不可以	0	没有	防止由外部干扰或不可预见的逻辑条件造成的应用程序背离
系统滴答定时器	24 位	向下	不可以	0	没有	精确的延迟,硬件上的中断

下面分别介绍向上计数模式、向下计数模式和中央对齐模式的定义。

向上计数模式是指计数器从起始值 0 开始向上递加,直到计数器的计数值达到上限,即设定的 TIMx_ARR 值,这时会产生一个计数器向上溢出事件且计数器清零,接下来进入下一个计数周期。

向下计数模式与向上计数模式相反,计数器需要从 TIMx_ARR 的值开始向下递减,直到计算器的计数值到 0 为止,则产生一个计数器向下溢出事件且从 TIMx_ARR 的值重新开始,接着进入下一个计数周期。

中央对齐模式(向上/向下计数)是向上计数模式和向下计数模式的综合,需要计数器先从起始值 0 开始向上递加计数,直到计数器的计数到 TIMx_ARR-1,则产生一个计数器溢出事件,这时计数器开始向下递减计数,直到计数器的计数到 1 为止,则产生一个计数器溢出事件且计数器开始重新向上计数。

通过下面的三种图形简单地理解上述计数模式,如图 6-3 所示。

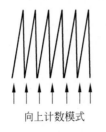
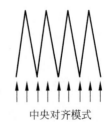

向上计数模式　　　　　　向下计数模式　　　　　　中央对齐模式

图 6-3　计数模式

6.2.1　基本定时器

TIM6 和 TIM7 是基本定时器。基本定时器相较于其他定时器只有基本的定时功能和驱动数/模转换器(Digital to Analog Converter,DAC)的功能,不具备外部通道。简单来说,就是实现一些简单的定时任务时使用的基本定时器。基本定时器 TIM6 和 TIM7 各包含一个 16 位自动装载计数器,由各自的可编程预分频器驱动。它们作为通用定时器提供时间基准,特别地为 DAC 提供时钟。实际上,它们在芯片内部直接连接到 DAC 并通过触发输出直接驱动 DAC。这 2 个定时器是互相独立的,不共享任何资源。

1. 基本定时器原理

图 6-4 给出了基本定时器的功能结构。从图中可知基本定时器没有外部 GPIO 口,所以它只有定时的功能。图中的 PSC 预分频器是指需要把来自总线内部的时钟经过预分频器进行分频,分频后的时钟是用于基本定时器的计数器进行计数。在 STM32 中,基本定时器的预分频器是由一个 16 位的寄存器组成,那么很容易得到分频系数是 $1 \sim 2^{16}$ 的任何一个数,即 $1 \sim 65\ 536$。

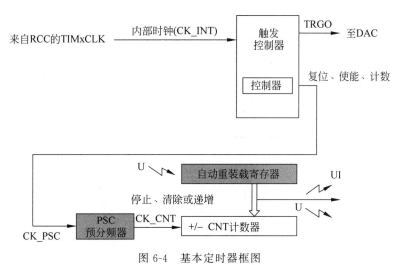

图 6-4　基本定时器框图

基本定时器的时钟 TIMxCLK 来自内部时钟,该内部时钟为经过 APB1 预分频器分频后提供的。比如 APB1 总线经过 2 分频后的时钟为 36MHz,那么基本定时器的时钟就是72MHz(36 * 2)。基本定时器的时钟与 APB1 预分频系数有关,当 APB1 预分频系数为 1 时,基本定时器的时钟与 APB1 总线的时钟相同;当 APB1 预分频系数不为 1 时,这时定时器的工作时钟与 APB1 总线的时钟的关系计算方式如下:

$$定时器工作时钟＝APB1 的时钟/(预分频系数＋1)$$

图 6-4 中 CNT 计数器是一个 16 位的且仅能向上计数的计数器,最大计数值为 65 535。基本定时器的计数器从 0 开始向上计数,当计数器的值与自动重装载寄存器相等时产生更新事件,并清零从头开始计数。图中的自动重装载寄存器是一个 16 位的且装着计数器能计数的最大数值。当基本定时器的计数器计数达到这个值时,如果系统使能中断,则定时器就会产生溢出中断,调用中断处理函数响应事件。

2. 基本定时器的主要特性

TIM6 和 TIM7 定时器的主要功能包括：

- 16 位自动重装载累加计数器。
- 16 位可编程(可实时修改)预分频器,用于对输入的时钟按系数为 1~65 536 的任意数值分频。
- 触发 DAC 的同步电路。
- 在更新事件(计数器溢出)时产生中断/DMA 请求。
- 基本定时器仅是向上计数。

3. 定时器的时间计算

在 STM32 系统中,基本定时器每计数一次所经过的时间计算过程如下:

$$Time = (PSC+1)/TIMxCLK$$

其中,Time 表示计数一次所需时间;PSC 是定时器的预分频系数;TIMxCLK 是内部时钟。基本定时器的计数次数由自动重装载寄存器(ARR)决定。假定基本定时器的计数器是从 0 开始向上计数,那么当计数器的值与自动重装载寄存器相等时便会更改定时器溢出标志位,从而产生定时器溢出中断。所以基本定时器的溢出时间计算公式如下:

$$Time = (PSC+1) * (ARR+1)/TIMxCLK$$

例:基本定时器 TIMxCLK = 72MHz, PSC = 7199, ARR = 9999,则定时器的溢出时间为

$$Time = (7199+1) * (9999+1)/72\,000\,000 = 1s$$

基本定时器通过上述过程完成精准延时,即设定定时器的分频系数和自动重装载寄存器的值。

4. 基本定时器的配置流程

基本定时器的配置流程如图 6-5 所示。

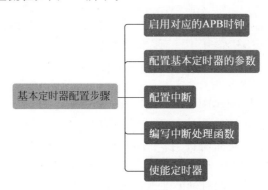

图 6-5 基本定时器配置步骤

基本定时器的配置步骤如下:

(1) 使能基本定时的时钟,否则无法使用基本定时器。

(2) 设置基本定时器的预分频系数和自动重装载寄存器值,通用定时器和高级定时器还要设置计数方向,因为基本定时器只能向上计数,所以不用设置。

(3) 开启基本定时器。

(4) 通过 NVIC 配置基本定时器的中断。

（5）编写基本定时器的中断服务函数,在中断服务函数中,通过基本定时器的状态寄存器的值来判断此次产生的中断属于什么类型。

6.2.2　通用定时器

通用定时器由通过可编程预分频器驱动的 16 位自动装载计数器构成,具有定时、测量输入信号的脉冲长度(输入捕获)、输出所需波形(输出比较、产生 PWM、单脉冲输出等)等功能。它适用于多种场合,包括测量输入信号的脉冲长度(输入捕获)或者产生输出波形(输出比较和 PWM)。运用定时器的预分频器和 RCC 时钟控制器预分频器,能做到脉冲长度和波形周期可以在几微秒到几毫秒间调整,每个定时器都是完全独立的,没有互相共享任何资源。

1. 通用定时器原理

STM32F103 系列微控制器的定时器功能十分强大,内部结构也比较复杂,STM32 通用定时器 TIMx(x=2,3,4,5)主要由时钟源、时钟单元、捕获和比较通道等构成,核心是可编程预分频驱动的 16 位自动装载计数器,如图 6-6 所示。

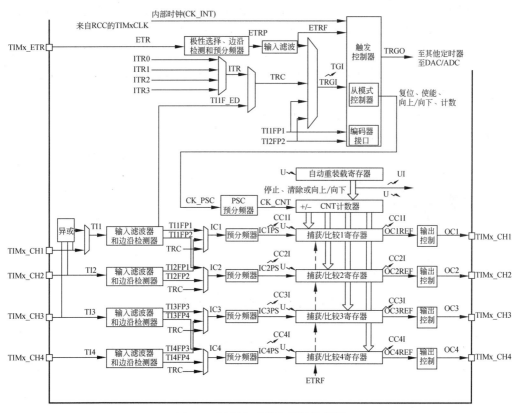

图 6-6　通用定时器内部结构框图

观察图 6-6 可知,通用定时器的框图包括计数时钟(图顶部分)、时基单元(图中间部分)、输入捕获(左下部分)、PWM 输出(右下部分)。其中,计数器时钟可由内部时钟(TIMx_CLK)、外部捕捉比较引脚(TIx)、外部引脚输入(TIMx_ETR)和内部触发输入(ITRx)组成。定时器的时钟不是直接来自 APB1 或 APB2,而是来自输入为 APB1 或 APB2 的一个倍频器。

当 APB1 的预分频系数为 1 时,这个倍频器不起作用,定时器的时钟频率等于 APB1 的频率;当 APB1 的预分频系数为其他数值(即预分频系数为 2、4、8 或 16)时,这个倍频器才工作,定时器的时钟频率等于 APB1 频率的两倍。例如,假定 AHB=36MHz,因为 APB1 允许的最大频率为 36MHz,所以 APB1 的预分频系数可以取任意数值;当预分频系数=1 时,APB1=36MHz,TIM2~TIM5 的时钟频率=36MHz(倍频器不起作用);当预分频系数=2 时,APB1=18MHz,在倍频器的作用下,TIM2~TIM5 的时钟频率=36MHz。需要说明的是,由于 APB1 不但要为定时器提供时钟,还要为其他外设提供时钟,因此,设置这个倍频器可以在保证其他外设使用较低时钟频率时,定时器仍能得到较高的时钟频率。

例如,当 AHB=72MHz 时,APB1 的预分频系数必须大于 2,因为 APB1 的最大频率只能为 36MHz。如果 APB1 的预分频系数=2,则因为这个倍频器,TIM2~TIM5 仍然能够得到 72MHz 的时钟频率。能够使用更高的时钟频率,无疑提高了定时器的分辨率,这也正是设计这个倍频器的初衷。

AHB 时钟经过 APB1 预分频系数转至 APB1 时钟,再通过某个规定转至 TIMxCLK 时钟(即内部时钟 CK_INT、CK_PSC),最终经过 PSC 预分频系数转至 CK_CNT。下面讨论 APB1 时钟如何转至 TIMxCLK 时钟,这需要 APB1 的分频系数是 1,否则通用定时器的时钟等于 APB1 时钟的 2 倍。例如,默认调用 SystemInit 函数情况下,SYSCLK=72M、AHB 时钟=72M、APB1 时钟=36M,所以 APB1 的分频系数=AHB/APB1 时钟=2,通用定时器时钟 CK_INT=2 * 36M=72M,最终经过 PSC 预分频系数转至 CK_CNT。

2. 通用定时器的主要特性

通用 TIMx(TIM2、TIM3、TIM4 和 TIM5)定时器功能包括:

- 16 位向上、向下、向上/向下自动装载计数器。
- 16 位可编程(可以实时修改)预分频器,计数器时钟频率的分频系数为 1~65 536 的任意数值。
- 4 个独立通道:
  —输入捕获;
  —输出比较;
  —PWM 生成(边缘或中间对齐模式);
  —单脉冲模式输出。
- 使用外部信号控制定时器和定时器互连的同步电路。
- 如下事件发生时产生中断/DMA:
  —更新:计数器向上溢出/向下溢出,计数器初始化(通过软件或者内部/外部触发);
  —触发事件(计数器启动、停止、初始化或者由内部/外部触发计数);
  —输入捕获;
  —输出比较。
- 支持针对定位的增量(正交)编码器和霍尔传感器电路。
- 触发输入作为外部时钟或者按周期的电流管理。

3. 通用定时器超时时间

通用定时器超出(溢出)时间计算如下:

$$Tout=(ARR+1)(PSC+1)/TIMxCLK$$

其中,Tout 的单位为 us,TIMxCLK 的单位为 MHz。这里需要注意的是,PSC 预分频系数需要加 1,同时自动重加载值也需要加 1。为什么自动重加载值需要加 1,因为从 ARR 到 0 之间的数字是 ARR+1 个;为什么预分频系数需要加 1,因为为了避免预分频系数不设置的时候取 0 的情况,使其从 1 开始。

这里需要和之前的预分频进行区分:由于通用定时器的预分频系数为 1~65 535 之间的任意数值,为了从 1 开始,所以当预分频系数寄存器为 0 时,代表的预分频系数为 1。而之前的那些预分频系数都是固定的几个值,比如 1、4、8、16、32、64 等,而且可能 0x000 代表 1,0x001 代表 4,0x010 代表 8 等。也就是说,一个是随意的定义(要从 1 开始),另一个是宏定义了某些值(只有特定的一些值)。

例如,想要让通用定时器设置超出时间为 500ms 后产生一个中断,其中 TIMxCLK 按照系统默认初始化(即 72MHz),PSC 取 7199。由此可以计算出 ARR 为 4999。也就是说,在内部时钟 TIMxCLK 为 72MHz,预分频系数为 7199 时,从 4999 递减至 0 的时间是 500ms。

4. 通用定时器的配置流程

与前面基本定时器的配置相同,通用定时器的配置流程如图 6-7 所示。

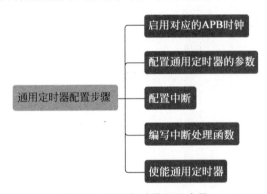

图 6-7 通用定时器配置步骤

6.2.3 高级定时器

高级控制定时器(TIM1 和 TIM8)由一个 16 位的自动装载计数器组成,它由一个可编程的预分频器驱动,和通用定时器一样都是在基本定时器的基础上引入了外部引脚,有输入捕获和输出比较功能。高级控制定时器比通用定时器增加了可编程死区互补输出、重复计数器、带刹车(断路)功能,这些功能都是针对工业电机控制方面而设计的。高级控制定时器时基单元包含一个 16 位自动重载计数器 ARR,一个 16 位的计数器 CNT,可向上/下计数,一个 16 位可编程预分频器 PSC,预分频器时钟源有多种可选,有内部时钟、外部时钟,还有一个 8 位的重复计数器 RCR,这样最高可实现 40 位的可编程定时。它适合多种用途,包含测量输入信号的脉冲宽度(输入捕获),或者产生输出波形(输出比较、PWM、嵌入死区时间的互补 PWM 等)。使用定时器预分频器和 RCC 时钟控制预分频器,可以实现脉冲宽度和波形周期从几微秒到几毫秒的调节。高级控制定时器(TIM1 和 TIM8)和通用定时器(TIMx)是完全独立的,它们不共享任何资源。

1. TIM1 和 TIM8 主要特性

TIM1 和 TIM8 定时器的功能包括:

- 16 位向上、向下、向上/下自动装载计数器。
- 16 位可编程(可以实时修改)预分频器,计数器时钟频率的分频系数为 1～65 535 的任意数值。
- 多达 4 个独立通道:
  - —输入捕获;
  - —输出比较;
  - —PWM 生成(边缘或中间对齐模式);
  - —单脉冲模式输出。
- 死区时间可编程的互补输出。
- 使用外部信号控制定时器和定时器互联的同步电路。
- 允许在指定数目的计数器周期之后更新定时器寄存器的重复计数器。
- 刹车输入信号可以将定时器输出信号置于复位状态或者一个已知状态。
- 如下事件发生时产生中断/DMA:
  - —更新:计数器向上溢出/向下溢出,计数器初始化(通过软件或者内部/外部触发);
  - —触发事件(计数器启动、停止、初始化或者由内部/外部触发计数);
  - —输入捕获;
  - —输出比较;
  - —刹车信号输入。
- 支持针对定位的增量(正交)编码器和霍尔传感器电路。
- 触发输入作为外部时钟或者按周期的电流管理。

2. 定时器的超时间计算

与基本定时器和通用定时器类似。

3. 配置步骤

与基本定时器和通用定时器类似。

6.2.4　实时时钟

实时时钟(Real Time Clock,RTC)是一个独立的定时器。RTC 模块拥有一组连续计数的计数器,在相应软件配置下,可提供时钟日历的功能。修改计数器的值可以重新设置系统当前的时间和日期。RTC 模块和时钟配置系统(RCC_BDCR 寄存器)处于后备区域,即在系统复位或从待机模式唤醒后,RTC 的设置和时间维持不变。系统复位后,对后备寄存器和 RTC 的访问被禁止,这是为了防止对后备区域(BKP)的意外写操作。执行以下操作将使能对后备寄存器和 RTC 的访问:

- 设置寄存器 RCC_APB1ENR 的 PWREN 和 BKPEN 位,使能电源和后备接口时钟。
- 设置寄存器 PWR_CR 的 DBP 位,使能对后备寄存器和 RTC 的访问。

RTC 的主要特性:

- 可编程的预分频系数:分频系数最高为 220。
- 32 位的可编程计数器,可用于较长时间段的测量。
- 2 个分离的时钟:用于 APB1 接口的 PCLK1 和 RTC 时钟(RTC 时钟的频率必须小

于 PCLK1 时钟频率的 1/4 以上)。

- 可以选择以下三种 RTC 的时钟源:

　　—HSE 时钟除以 128;

　　—LSE 振荡器时钟;

　　—LSI 振荡器时钟。

- 2 个独立的复位类型:

　　—APB1 接口由系统复位;

　　—RTC 核心(预分频器、闹钟、计数器和分频器)只能由后备域复位。

- 3 个专门的可屏蔽中断:

　　—闹钟中断,用来产生一个软件可编程的闹钟中断;

　　—秒中断,用来产生一个可编程的周期性中断信号(最长可达 1s);

　　—溢出中断,指示内部可编程计数器溢出并回转为 0 的状态。

6.2.5　看门狗

STM32F103 内置两个看门狗(Watch Dog,WDG),提供了更高的安全性、时间的精确性和使用的灵活性。两个看门狗设备(独立看门狗和窗口看门狗)可用来检测和解决由软件错误引起的故障;当计数器达到给定的超时值时,触发一个中断(仅适用于窗口型看门狗)或产生系统复位。

1. 独立看门狗功能描述

独立看门狗(Independent Watch Dog,IWDG)的驱动由专用的低速时钟(LSI)完成,如果主时钟发生故障看门狗也仍然有效。窗口看门狗由从 APB1 时钟分频后得到的时钟驱动,通过可配置的时间窗口检测应用程序非正常的过迟或过早的操作。独立看门狗是基于一个 12 位的下行计数器和 8 位的预分频器。它是一个独立的 40kHz 内部 RC 时钟,因为它独立于主时钟运行,因此可以在停止和待机模式下运行。它既可以作为看门狗,在出现问题时重置设备,也可以作为应用程序超时管理的自由运行计时器。它可以通过选项字节进行硬件或软件配置。计数器可以在调试模式下冻结。IWDG 的功能如下:

(1) 自由运行的递减计数器。

(2) 时钟由独立的 RC 振荡器提供(可在停止和待机模式下工作)。

(3) 看门狗被激活后,则在计数器计数至 0x000 时产生复位。

2. 窗口看门狗功能描述

窗口看门狗(Window Watch Dog,WWDG)通常用来监测由外部干扰或不可预见的逻辑条件造成的应用程序背离正常的运行序列而产生的软件故障。除非递减计数器的值在 T6 位变成 0 前被刷新,看门狗电路在达到预置的时间周期时会产生一个 MCU 复位。在递减计数器达到窗口寄存器数值之前,如果 7 位的递减计数器数值(在控制寄存器中)被刷新,那么也将产生一个 MCU 复位。这表明递减计数器需要在一个有限的时间窗口中被刷新。WWDG 主要功能如下:

(1) 可编程的自由运行递减计数器。

(2) 条件复位:当递减计数器的值小于 0x40,若看门狗被启动,则产生复位;当递减计数器在窗口外被重新装载,若看门狗被启动,则产生复位。

（3）如果启动了看门狗并且允许中断，当递减计数器等于 0x40 时产生早期唤醒中断（EWI），它可用于重装载计数器以避免 WWDG 复位。

3. IWDG 和 WWDG 特点对比

IWDG 最适合应用于那些需要看门狗作为一个在主程序之外，能够完全独立工作，一旦系统出现故障，通过复位能使系统正常运行，并且对时间精度要求较低的场合，例如，死循环、程序"跑飞"、休眠不合理、外部主晶振故障等。WWDG 最适合那些要求看门狗在精确计时窗口起作用的应用程序。WWDG 是基于一个可设置为自由运行的 7 位下行计数器。当出现喂狗过快、过慢或延迟等问题时，它可以来复位设备。它具有早期预警中断能力，计数器可以在调试模式下被冻结，例如，软件逻辑错误、死机、数据恢复等。表 6-2 给出了 IWDG 和 WWDG 的不同点。

表 6-2　IWDG 和 WWDG 的比较

特　　点	IWDG	WWDG
时钟源	独立的内部低速时钟	需要 PCLK1 时钟
中断	无	有
计数方式	16 位寄存器，12 位下行计数器	8 位寄存器，6 位下行计数器
应用场合	死循环或者程序"跑飞"等	未按预定设置执行等
复位	计算器值＜重装载值	0x40＜计算器值＜重装载值

6.2.6　系统滴答定时器

系统滴答定时器（Sys Tick）是一个非常基本的倒计时定时器，用于在每隔一定的时间产生一个中断，即使是系统在睡眠模式下也能工作。系统定时器 SysTick 属于内核外设，内嵌在 NVIC 中。SysTick 是一个 24 位的向下递减的计数器，计数器根据 SysTick 的时钟源计数，当 SysTick 的计数器计数到 0 时，SysTick 就会产生一次中断，并且 SysTick 的重装载寄存器会给计数器重新赋值，以此循环往复。SysTick 一般用于带嵌入式操作系统的应用，并用来产生操作系统的时间基准来维持操作系统的心跳。SysTick 系统时钟位于 Cortex-M3 内核，主要用于嵌入式系统的精确延时，特别是在多任务操作系统中为系统提供时间基准、任务切换以及为每个任务分配时间片等。

系统滴答定时器使得嵌入式操作系统和其他系统软件在 Cortex-M3 内核的芯片之间移植中不必修改系统定时器的代码，因为所有的 Cortex-M3 芯片都带有这个定时器，其处理都是相同的，这使得软件在不同 Cortex-M3 芯片间的移植工作得以简化。SysTick 定时器也是作为 NVIC 的一部分实现的。SysTick 定时器能产生中断，Cortex-M3 内核为它专门开出一个异常类型，并且在向量表中有它的一席之地。SysTick 定时器被捆绑在 NVIC 中，用于产生 SYSTICK 异常（异常号：15）。以前，大多操作系统需要一个硬件定时器来产生操作系统需要的滴答中断，作为整个系统的时间基准。例如，为多个任务分配不同数目的时间片，确保没有一个任务能霸占系统；或者把每个定时器周期的某个时间范围赋予特定的任务等，还有操作系统提供的各种定时功能，都与这个滴答定时器有关。因此，需要一个定时器来产生周期性的中断，而且最好还让用户程序不能随意访问它的寄存器，以维持操作系统"心跳"的节律。Cortex-M3 内核的内部包含了一个简单的定时器，该定时器的时钟源可以是内部时钟或者是外部时钟。不过,时钟的具体来源则由芯片设计者决定,因此不同产品之间的时钟频率可能会大不相同,需要查看芯片的数据手册来决定选择什么作为时钟源。SysTick 定时器除了能服务于操作系统之外,还能用于其他目的,如作为一个闹铃,用于测量时间等。需要注意的是,当处理器在调试期间被喊停时,则 SysTick 定时器亦将暂停工作。

6.3　PWM

脉冲宽度调制(Pulse Width Modulation,PWM)是一种设定脉冲信号高低电平所占比例的调制技术。PWM 是一种对模拟信号电平进行数字编码的方法。它是通过高分辨率计数器调整方波的占空比,并用来对一个具体模拟信号电平进行编码。它等效的实现是基于采样定理中的一个重要结论:冲量相等而形状不同的窄脉冲加在具有惯性的环节上时,其效果基本相同。冲量即指窄脉冲的面积。这里所说的效果基本相同,是指该环节的输出响应波形基本相同。

6.3.1　概述

PWM 是定时器扩展出来的一个功能(本质上是与一个比较计数器的功能相同),配置过程一般为选定定时器、复用 GPIO 口、选择通道(传入比较值)、使能相应系统时钟、设定相应的预分频、计数周期、PWM 模式、电平极性等。通用定时器可以利用 GPIO 引脚进行脉冲输出,在配置为比较输出、PWM 输出功能时,捕获/比较寄存器 TIMx_CCR 被用作比较功能,下面把它简称为比较寄存器。PWM 信号是数字的,在给定的任何时刻,满幅值的直流供电要么完全通(ON),要么完全断(OFF)。电压或电流源是以一种通(ON)或断(OFF)的重复脉冲序列被加到模拟负载上面的(简单地说就是用数字形式的信号来控制负载达到模拟信号控制负载的效果)。改变脉冲的周期可以达到调频的效果,改变脉冲的宽度或占空比可以达到调压的效果。因此,采用适当控制方法就可使电压或电流与频率协调变化。

PWM 控制具有很多优点,例如,从处理器到被控系统信号都是数字形式的,无须进行数/模转换;让信号保持为数字形式可将噪声影响降到最小,噪声只有在强到足以将逻辑 1 改变为逻辑 0 或将逻辑 0 改变为逻辑 1 时,才能对数字信号产生影响。

6.3.2　PWM 工作过程

STM32 的每个定时器有四个通道,每一个通道都有一个捕获比较寄存器,将寄存器值和计数器值比较,通过比较结果输出高低电平,实现 PWM 信号输出。而从计数模式上看,PWM 和 TIMx 定时器一样,也有向上计数模式、向下计数模式和中心对齐模式。STM32 的定时器都可以用来产生 PWM 输出,其中高级定时器 TIM1 和 TIM8 可以同时产生 7 路的 PWM 输出,而通用定时器也能同时产生多达 4 路 PWM 输出,这样,STM32 最多可以同时产生 30 路 PWM 输出。而且 PWM 的输出管脚是事先定义好的,不同的 TIMx 分配不同的引脚,但是考虑到管脚复用功能,STM32 提出了一个重映像的概念,即通过设置某一些相关的寄存器,使在其他非原始指定的管脚上也能输出 PWM,这使得 PWM 有更多的 PWM 输出引脚。比如 TIM3 的第 2 个通道,在没有重映像时指定的管脚是 PA7。如果设置部分重映像之后,TIM3_CH2 的输出就被映射到 PB5 上;如果设置的是完全重映像,则 TIM3_CH2 的输出就被映像到 PC7 上。

要使用 STM32 的通用定时器 TIMx 产生 PWM 输出需要用到捕获/比较模式寄存器 (TIMx_CCMR1/2)、捕获/比较使能寄存器(TIMx_CCER)、捕获/比较寄存器(TIMx_CCR1~4)三个寄存器。注意,还有个 TIMx 的 ARR 寄存器是用来控制 PWM 输出频率的。图 6-8 以通道 1 为例说明了 PWM 工作过程。

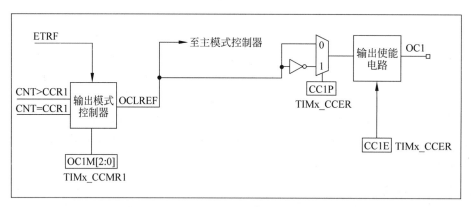

图 6-8　以通道 1 为例说明 PWM 工作过程

首先,TIMx_CNT 与 TIMx_CCRx 进行比较,且需要根据 TIMx_CCMR1 寄存器的 OC1M[2:0]位,判断是否产生输出。设置输出模式控制器,其中 110 表示 PWM 模式 1, 111 表示 PWM 模式 2。其次,计数器值 TIMx_CNT 与通道 1 捕获比较寄存器 CCR1 进行比较,通过比较结果输出有效电平和无效电平,如 OC1REF=0,则为无效电平;当 OC1REF=1, 则为有效电平。然后通过输出模式控制器产生的信号 TIMx_CCER 寄存器的 CC1P 位,设置输入/捕获通道 1 输出极性。其中,0 表示高电平有效,1 表示低电平有效。最后,TIMx_CCER 的 CC1E 位控制输出使能电路,信号由此输出到对应引脚。其中,0 表示关闭,1 表示开启。

STM32 的 PWM 输出包含两种模式,即模式 1 和模式 2,由 TIMx_CCMRx 寄存器的 OCxM 位确定("110"为模式 1,"111"为模式 2)。模式 1 和模式 2 的区别如下:

模式 1 是在计数器向上计数过程中,如果寄存器 TIMx_CNT 的值小于 TIMx_CCR1 的值,则通道 1 为有效电平,否则为无效电平;在计数器向下计数过程中,如果寄存器 TIMx_CNT 的值大于 TIMx_CCR1 的值,则通道 1 为无效电平,否则为有效电平。

模式 2 是在计数器向上计数过程中,如果寄存器 TIMx_CNT 的值小于 TIMx_CCR1 的值,则通道 1 为无效电平,否则为有效电平;在计数器向下计数过程中,如果寄存器 TIMx_CNT 的值大于 TIMx_CCR1 的值,则通道 1 为有效电平,否则为无效电平。

图 6-9 给出了定时器的 PWM 输出工作过程。若配置脉冲计数器 TIMx_CNT 为向上计数,而重载寄存器 TIMx_ARR 被配置为 N,即 TIMx_CNT 的当前计数值 X 在 TIMxCLK 时钟源的驱动下不断累加。在 t 时刻对计数器值 TIMx_CNT 和比较值 TIMx_ARR 进行比较,如果计数器值 TIMx_CNT 小于 CCRx 值,输出低电平 0,相反如果计数器值 TIMx_CNT 大于 CCRx 值,输出高电平 1。当 TIMx_CNT 的数值 X 大于 N 时,会重置 TIMx_CNT 数值为 0,并重新计数。

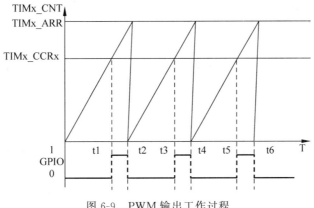

图 6-9　PWM 输出工作过程

更具体而言,在 PWM 的一个周期,定时器从 0 开始向上计数。当从初始值到 t1 时刻,定时器计数器 TIMx_CNT 值小于 TIMx_CCRx 值,则输出低电平 0。当从 t1 到 t2 时刻,定时器计数器 TIMx_CNT 值大于 TIMx_CCRx 值,输出高电平。一旦 TIMx_CNT 值达到 TIMx_ARR 寄存器上限时,此时的定时器将产生溢出,即重新向上计数。至此一个 PWM 周期完成。

PWM 输出的是一个方波信号,信号的频率是由 TIMx 的时钟频率、TIMx_ARR 预分频器和 TIMx_CCRx 共同决定的。TIMx_ARR 在时钟频率一定的情况下决定了 PWM 周期,而 TIMx_CCRx 决定了 PWM 占空比(高低电平所占整个周期比例)。计算公式如下:

$$占空比 = (TIMx\_CRRx / TIMx\_ARR) * 100\%$$

因此,可以通过向 TIMx_CCRx 中填入适当的值来输出自己需要的频率和占空比的方波信号。

6.3.3　PWM 配置的具体操作步骤

PWM 配置的具体操作步骤如下:

(1) 设置 RCC 时钟。

(2) 设置 GPIO 时钟;GPIO 模式设置为复用推挽输出 GPIO_Model_AF_PP,如果需要引脚重映像,则需要用 GPIO_PinRemapConfig()函数进行设置。

(3) 设置 TIMx 定时器的相关寄存器;与之前定时器寄存器设置一样。

(4) 设置 TIMx 定时器的 PWM 相关寄存器:①设置 PWM 模式(默认情况下 PWM 是冻结的);②设置占空比(公式计算);③设置输出比较极性(前面的介绍);④最重要的是使能 TIMx 的输出状态和使能 TIMx 的 PWM 输出功能。

(5) 相关设置完成之后,通过 TIMx_Cmd()打开 TIMx 定时器,从而得到 PWM 的输出。

6.4　实例

6.4.1　SysTick 延时程序

本实验采用基于标准固件库的设计方式,实现利用 SysTick 定时器功能产生 500ms 的精确延时,让 LED 每隔 500ms 闪烁一次。利用单个 GPIO 引脚输出高低电平控制发光二极管点亮或熄灭。图 6-10 是 STM32 滴答定时器点亮 LED 应用实例原理图,图中发光二极管 D1 与 STM32F103C6 的 PB0 的引脚相连。

图 6-11 为发光二极管闪烁程序流程图。

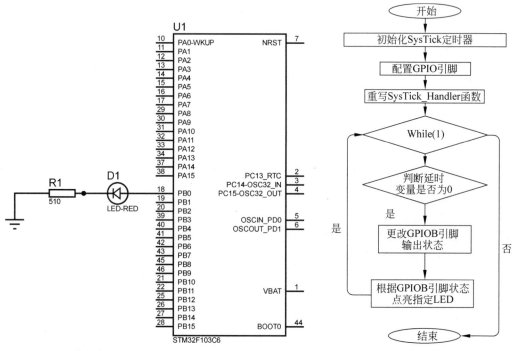

图 6-10　发光二极管闪烁原理图　　　图 6-11　发光二极管闪烁程序流程

下方的发光二极管闪烁程序主流程和之前章节的构成一样,具体代码如下:

```
# include "stm32f10x.h"
volatile unsigned int TimingDelay = 0;
void Delay_Init(void)
{
    if (SysTick_Config(SystemCoreClock / 1000))
```
/ * SysTick_Config 函数会将 SysTick 的时钟源配置成 AHB,并且使能滴答定时器中断,SysTick 的中断优先级在 SysTick_Config 函数中配置 * /
```
    {
        / * Capture error * /
        while (1);
    }
}


void Delay_ms(unsigned int time)
{
    TimingDelay = time;
    while(TimingDelay);
```

```
}

void GPIO_Configuration(void)
{
    GPIO_InitTypeDef GPIO_InitStructure;
    //设置 LED 引脚
    RCC_APB2PeriphClockCmd(RCC_APB2Periph_GPIOB , ENABLE);
    GPIO_InitStructure.GPIO_Pin = GPIO_Pin_0;
    GPIO_InitStructure.GPIO_Speed = GPIO_Speed_50MHz;
    GPIO_InitStructure.GPIO_Mode = GPIO_Mode_Out_PP;
    GPIO_Init(GPIOB, &GPIO_InitStructure);
    GPIO_ResetBits(GPIOB, GPIO_Pin_0);
}

int main(void)
{

    Delay_Init();                       //延时函数初始化,使用系统滴答定时器做延时
    GPIO_Configuration();               //配置 GPIO

    while(1)
    {
        GPIO_SetBits(GPIOB, GPIO_Pin_0);
        Delay_ms(500);

        GPIO_ResetBits(GPIOB, GPIO_Pin_0);
        Delay_ms(500);
    }
}
```

SysTick 的中断服务处理函数在 stm32f1xx_it.c 文件中,SysTick 的中断处理过程在 SysTick_Handler 函数实现,具体代码如下:

```
void SysTick_Handler(void)
{
    if (TimingDelay != 0x00)
    {
        TimingDelay -- ;
    }
}
```

6.4.2　基于 STM32CubeMX 的定时器 3 延时程序

1. STM32CubeMX 配置

本节将运用 STM32CubeMX 使用定时器驱动一个流水灯定时亮灭。本次实验中,对基本定时器 3 进行了初始化配置,周期为 500ms。也就是每 500ms 发生溢出并产生一个上溢事件,并在回调函数中对 LED 灯进行电平翻转操作,即每 500ms 使连接 LED 灯的 GPIO

引脚翻转一次。本小节与之前不同的是使用定时器 3 产生精准延时来实现 LED 灯闪烁。

当完成工程创建并且配置完 STM32F103C6Tx 的系统时钟后，就能够对 GPIO 口功能进行配置。转切回 Pinout&Configuration 选项卡，如图 6-12 所示。

图 6-12　GPIO 功能配置

定时器 3 的配置如图 6-13 所示。

图 6-13　定时器参数

此步骤需要配置分频系数(Prescaler)和定时器周期(Counter Period)。由于配置的时钟频率是72MHz,此时分频系数配置为7199(STM32的寄存器是从0开始计数的,即0～7199正好是7200个),分频后定时器3的时钟频率为72 000 000/7200＝10 000Hz,即它每1/10 000s会来一个脉冲。然后将定时器周期设置为9999(STM32的寄存器是从0开始计数的,即0～9999正好是10 000个),定时器3就会检测到每产生10 000个脉冲就会触发定时器中断。结合上面定时器每1/10 000s会产生一个脉冲,即10 000 * (1/10 000)＝1s就会触发一次定时器中断。定时器延时的时间公式如下：

$$t＝(Prescaler＋1)/freq * (Counter\_Period＋1)$$

其中,t表示产生中断时间；freq表示时钟频率。以1s为例,1s＝(7199＋1)/72 000 000 * (9999＋1)。注意分频系数、时钟频率、定时器周期可以根据实际情况设置,不一定仅局限于某个数。

设置TIM3定时器中断,抢占优先级设置为0,响应优先级设置为0。在STM32中,优先级号越小,优先级越高。当抢占优先级相同时,判断响应优先级,如图6-14所示。

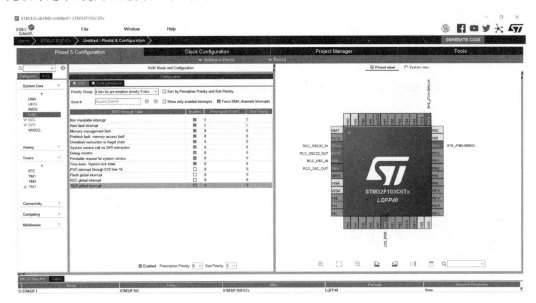

图6-14 定时器中断

上面的选项信息设置完成后,就可以单击Generate Code按钮,生成可以用Keil软件打开的系统源代码,如图6-15所示。

代码生成后弹出"是否打开工程"对话框,如图6-16所示。

单击"Open Project"可以打开已经创建的工程,进入图6-17所示界面。

2. Keil软件

Keil软件启动后,进入图6-18所示的页面。页面的最左侧工程目录树显示的源程序均是基于STM32CubeMX生成的。单击最左侧工程目录树中Application/User/Core文件下的main.c文件,然后在Keil软件的右侧显示窗打开源代码,具体代码如图6-18所示。

根据生成的源文件可以发现,本项目工程所需要的所有源代码大部分都已经生成,已生成的源代码包括启用相应外围设备的时钟、配置外设功能参数、调用初始化函数、初始化外

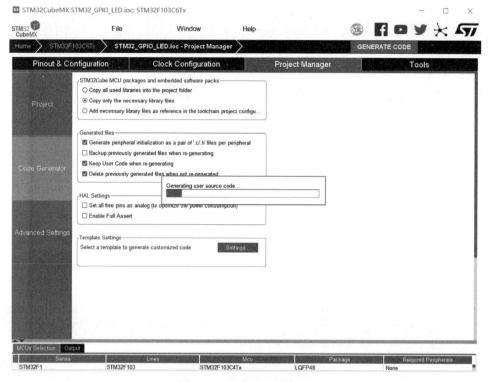

图 6-15　生成用户源代码

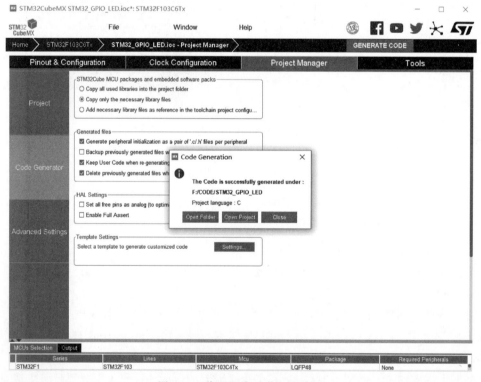

图 6-16　代码生成后弹出对话框

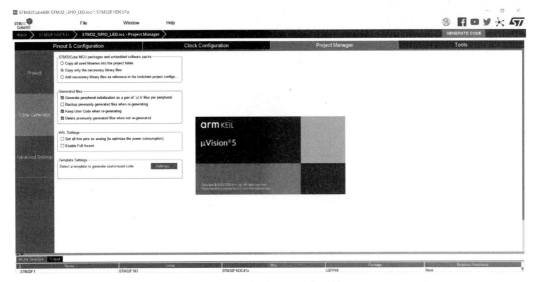

图 6-17　启动 Keil 开发环境

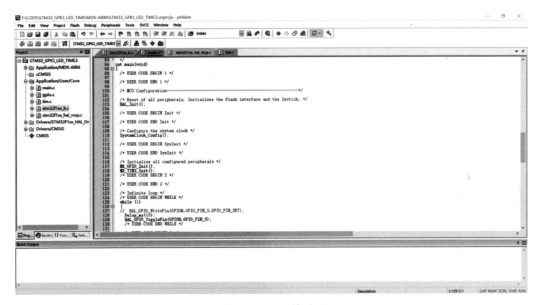

图 6-18　Keil 首页面

设相关的参数以及使能相应的外设等。

在 main.c 文件中加入如下代码：

```
void Delay_us(uint32_t us){

    uint16_t counter = 0xffff - us - 5;

    HAL_TIM_Base_Start(&htim3);
    __HAL_TIM_SetCounter(&htim3,counter);

    while(counter < 0xffff - 5)
    {
```

```
        counter = __HAL_TIM_GetCounter(&htim3);
    }

    HAL_TIM_Base_Stop(&htim3);
}
```

在 main 函数的 while(1)循环中加入如下代码：

```
Delay_us(100);
HAL_GPIO_TogglePin(GPIOB,GPIO_PIN_0);
```

当定时器 3 计数达到计数的上限时，将触发外部中断，并由片内系统调用定时器 3 的中断处理函数 TIM3_IRQHandler(void)进行处理。该中断处理函数的代码如下：

```
/**
  * @brief This function handles TIM3 global interrupt
  */
void TIM3_IRQHandler(void)
{
  /* USER CODE BEGIN TIM3_IRQn 0 */

  /* USER CODE END TIM3_IRQn 0 */
  HAL_TIM_IRQHandler(&htim3);
  /* USER CODE BEGIN TIM3_IRQn 1 */

  /* USER CODE END TIM3_IRQn 1 */
}
```

对 led_number 变量运用中断回调函数进行修改并通过其具体的变量值控制 LED 的开启和关闭。然后编写 void HAL_GPIO_EXTI_Callback(uint16_t GPIO_Pin)中断回调函数，注意该函数的编写位置不能出现在 main 函数内部，但是可以写在 main.c 文件的任意一个区域。另外，该函数位置应在 BEGIN 和 END 之间，这样符合 STM32CubeMX 书写代码的要求，否则如果配置错误重新生成时，代码会被删除，具体代码如下：

```
/* USER CODE BEGIN 4 */
void HAL_GPIO_EXTI_Callback(uint16_t GPIO_Pin)
{
  led_number++;
}
/* USER CODE END 4 */
```

定时器 3 的代码如下：

```
# include "tim.h"

TIM_HandleTypeDef htim3;

/* TIM3 init function */
void MX_TIM3_Init(void)
{
  TIM_ClockConfigTypeDef sClockSourceConfig = {0};
  TIM_MasterConfigTypeDef sMasterConfig = {0};
```

```
    htim3.Instance = TIM3;
    htim3.Init.Prescaler = 7199;
    htim3.Init.CounterMode = TIM_COUNTERMODE_UP;
    htim3.Init.Period = 9999;
    htim3.Init.ClockDivision = TIM_CLOCKDIVISION_DIV1;
    htim3.Init.AutoReloadPreload = TIM_AUTORELOAD_PRELOAD_DISABLE;
    if (HAL_TIM_Base_Init(&htim3) != HAL_OK)
    {
      Error_Handler();
    }
    sClockSourceConfig.ClockSource = TIM_CLOCKSOURCE_INTERNAL;
    if (HAL_TIM_ConfigClockSource(&htim3, &sClockSourceConfig) != HAL_OK)
    {
      Error_Handler();
    }
    sMasterConfig.MasterOutputTrigger = TIM_TRGO_RESET;
    sMasterConfig.MasterSlaveMode = TIM_MASTERSLAVEMODE_DISABLE;
    if (HAL_TIMEx_MasterConfigSynchronization(&htim3, &sMasterConfig) != HAL_OK)
    {
      Error_Handler();
    }

}

void HAL_TIM_Base_MspInit(TIM_HandleTypeDef * tim_baseHandle)
{

    if(tim_baseHandle -> Instance == TIM3)
    {
    /* USER CODE BEGIN TIM3_MspInit 0 */

    /* USER CODE END TIM3_MspInit 0 */
      /* TIM3 clock enable */
      __HAL_RCC_TIM3_CLK_ENABLE();

      /* TIM3 interrupt Init */
      HAL_NVIC_SetPriority(TIM3_IRQn, 0, 0);
      HAL_NVIC_EnableIRQ(TIM3_IRQn);
    /* USER CODE BEGIN TIM3_MspInit 1 */

    /* USER CODE END TIM3_MspInit 1 */
    }
}

void HAL_TIM_Base_MspDeInit(TIM_HandleTypeDef * tim_baseHandle)
{

    if(tim_baseHandle -> Instance == TIM3)
    {
    /* USER CODE BEGIN TIM3_MspDeInit 0 */

    /* USER CODE END TIM3_MspDeInit 0 */
      /* Peripheral clock disable */
      __HAL_RCC_TIM3_CLK_DISABLE();
```

```
    /* TIM3 interrupt Deinit */
    HAL_NVIC_DisableIRQ(TIM3_IRQn);
  /* USER CODE BEGIN TIM3_MspDeInit 1 */

  /* USER CODE END TIM3_MspDeInit 1 */
  }
}
```

最后,在 Keil 软件中对该项目工程进行编译,转换成 hex 文件,如图 6-19 所示。

图 6-19　Keil 编译界面

启用 Debug 进行调试。定时器中断前 GPIOB 口的变化如图 6-20 所示。

图 6-20　定时器 3 中断前的 GPIOB 口

定时器 3 产生中断后的 GPIOB 口的变化如图 6-21 所示。

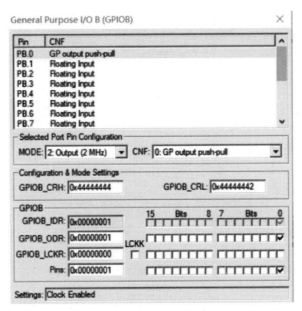

图 6-21　定时器中断后的 GPIOB 口

定时器 3 的各个寄存器参数变化如图 6-22 所示和图 6-23 所示。

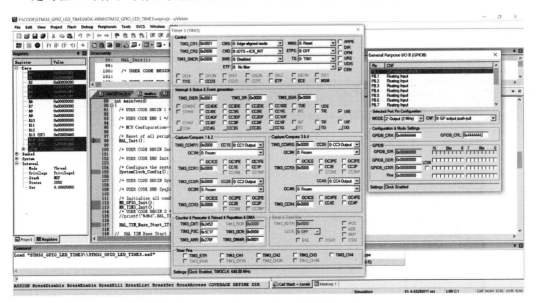

图 6-22　定时器 3 产生中断前的参数

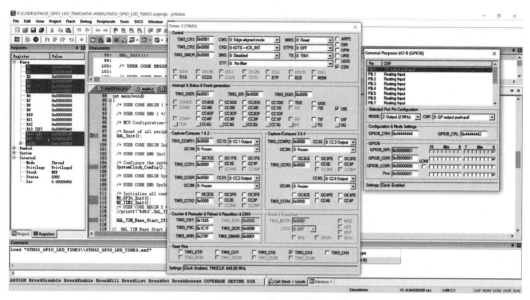

图 6-23　定时器 3 产生中断后的参数

6.4.3　基于 STM32CubeMX 的定时器 1 的 PWM 输出程序

1. STM32CubeMX 配置

本节将利用定时器 TIM1 的 channel2 输出一个频率为 1Hz、占空比为 10％ 的 PWM 波。TIM1 的 channel2 对应 GPIOA9 的引脚，通过观察 GPIOA9 引脚的波形变化学习 PWM 知识点。定时器 1 的配置如图 6-24 所示。

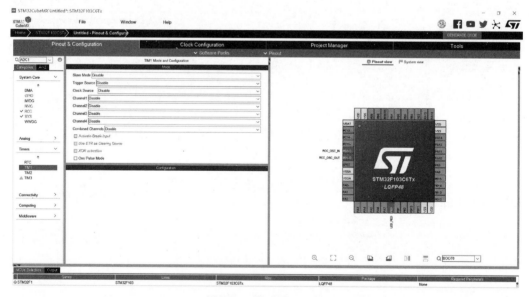

图 6-24　定时器 1 配置

对于 PWM 而言，最关键的就是定时器输出的占空比和输出频率。影响 PWM 占空比跟输出频率的参数主要有 Pulse、Prescaler、Period，其中频率 f = 72M/Prescaler/Period。

由于频率跟占空比都与 Period（计数周期）有关，因此设定了计数周期，通过修改 Prescaler 和 Pulse 这两个值，就可以直接修改 PWM 的频率和占空比。具体要多少的占空比和输出频率，需要根据实际应用计算得到。打开 Parameter Settings 选项卡，如图 6-25 所示。

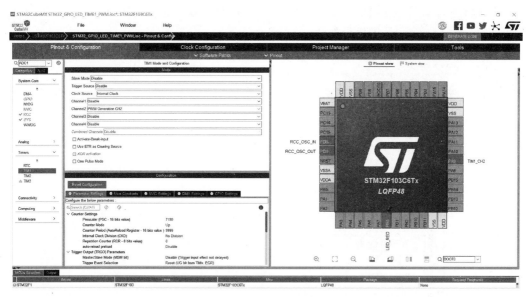

图 6-25　PWM 参数设置

本节将 Period 设为 9999，如果要得到一个频率为 1Hz、占空比为 10% 的 PWM 波，只需要设定参数 Pulse=1000 和 Prescaler=7199 即可。另外，需要在 Parameter Settings 中设置这三个参数，如图 6-26 所示。

图 6-26　定时器 1 参数设置

至此,在 STM32CubeMX 下对 TIM1 的 PWM 输出的配置就已经完成了。利用STM32CubeMX 的代码生成功能即可生成 Keil 源代码。

2. Keil 软件

Keil 软件启动后,进入图 6-27 所示的页面。打开工程目录 Application/User/Core 文件夹下的 main.c 文件,具体代码如图 6-27 所示。

图 6-27　Keil 首页

在 Keil 软件中,打开由 STM32CubeMX 生成的源文件,由于在 STM32CubeMX 下已经配置了外围设备的时钟、设定外设参数以及初始化外设等功能,所以这部分代码已经生成。STM32CubeMX 在生成代码时,有很多外设初始化完后默认是关闭的,需要手动开启。因此,在 main 函数中加入如下代码:

```
/* USER CODE BEGIN 2 */
HAL_TIM_PWM_Start(&htim1,TIM_CHANNEL_2);
/* USER CODE END 2 */
```

用库函数开启定时器 1 通道 2 的 PWM 输出,只有调用该函数 PA9 引脚才能输出PWM 波形。至此,PWM 输出的配置就已经完成了。用 Keil 软件编译发光二极管闪烁程序,生成 .hex 文件。启用 Keil 软件调试模式,打开调式窗口并开启逻辑分析仪,如图 6-28 所示。

单击逻辑分析仪左上角的 Setup 按钮,设定逻辑分析仪检测 GPIO 输出引脚。本例中需要观察 PA9 引脚的 PWM 波形,因此在当前逻辑分析仪信号量中输入"GPIOA_IDR.9",并将显示类型设置为 Bit,具体如图 6-29 所示。

逻辑分析仪采集结果如图 6-30 所示。观察图中的结果可知,一格表示 1s,一个周期有10 格,共 10s。其中低电平占 9 格,高电平占 1 格,故 PWM 的占空比为 10%。

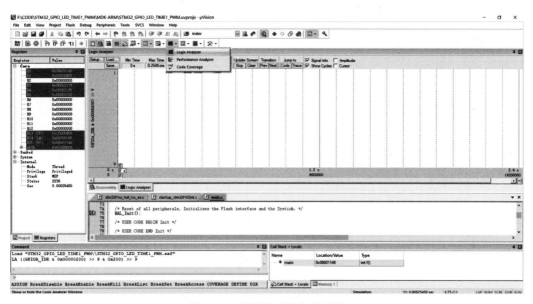

图 6-28 逻辑分析仪仿真结果

图 6-29 输出引脚设置

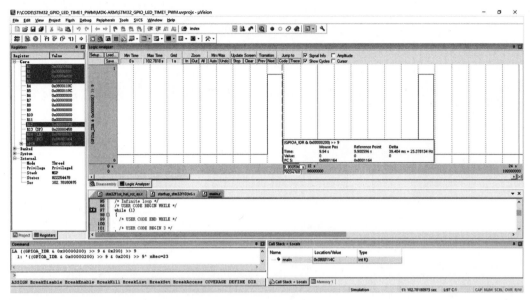

图 6-30   逻辑分析仪仿真结果

本章小结

本章主要介绍了定时器的相关概念,重点讲解了 STM32 中的基本定时器、通用定时器、高级定时器、看门狗和系统滴答定时器等内容,要掌握各种定时器的基本含义、其主要特性以及应用场合,掌握 PWM 的相关概念以及如何设置 PWM 的频率和占空比。最后通过仿真实验说明了如何使用定时器产生精准延时和 PWM 输出。

习题 6

1. 填空题

(1) STM32F103 内置_____和_____两个看门狗。

(2) STM32 下的通用定时器 TIMx 产生 PWM 输出需要 _____、_____ 和_____三个寄存器。

2. 选择题

(1)（   ）是一种能够对时钟信号或外部输入信号进行计数功能的外设。

    A. 中断　　　　　　　　B. 定时器　　　　　　　C. DMA　　　　　　　D. UART

(2)（   ）是只能向上计数的 16 位定时器。

    A. 基本定时器　　　　　　　　　　　　B. 通用定时器

    C. 高级定时器　　　　　　　　　　　　D. 系统滴答定时器

(3) 基本定时器 TIMxCLK $=$ 72MHz,PSC $=$ 719,ARR $=$ 999,那么定时器的溢出时间为（   ）。

    A. 0.1s　　　　　　　B. 0.01s　　　　　　　C. 0.2s　　　　　　　D. 0.001s

（4）下列关于 PWM 描述不正确的是（　　　）。

    A. PWM 是通过对一系列脉冲的宽度进行调制,来等效地获得所需要波形

    B. PWM 是一种对模拟信号电平进行数字编码的方法

    C. PWM 是定时器扩展出来的一个功能

    D. PWM 可以实现精准延时

（5）下列关于系统滴答定时器描述不正确的是（　　　）。

    A. 系统滴答定时器是一个非常基本的倒计时定时器

    B. 系统滴答定时器在睡眠模式下不能工作

    C. 系统滴答定时器是一个 24 位的向下递减的计数器

    D. 系统滴答定时器的计数器计数到 0 的时候就会产生一次中断

（6）在 STM32 中,TIM1 属于（　　　）定时器。

    A. 基本   B. 通用   C. 高级   D. 系统滴答

（7）（　　　）由专用的低速时钟驱动,即使主时钟发生故障它也仍然有效。

    A. 窗口看门狗   B. 独立看门狗   C. 基本定时器   D. 实时时钟

3. 简答题

（1）简述定时器的定义及其主要功能。

（2）简述什么是向上计数模式、向下计数模式和中央对齐模式。

（3）简述基本定时器的主要特性。

（4）简述基本定时器的配置流程。

（5）简述通用定时器的主要特性。

（6）简述实时时钟定时器的主要特性。

（7）简述什么是独立看门狗。

（8）简述什么是窗口看门狗。

（9）试比较独立看门狗和窗口看门狗的特点。

（10）简述 STM32 的 PWM 输出的两种模式及其区别。

（11）简述 PWM 的配置具体步骤。

## 第 7 章

DMA

直接内存存取是不需要 CPU 的参与,直接从内存到外设、外设到内存以及内存到内存的数据传输。用直接内存存取对嵌入式系统进行综合与设计,不仅可以提升数据传输速度,而且可以提高嵌入式系统的执行效率,因此使用直接存储器存取可以减轻处理器在存储器和外设之间传输数据块的压力。本章主要讨论什么是直接存储器、直接存储器的工作原理、STM32 中的直接存储器等,最后通过仿真实验说明直接存储器的使用过程。

学习目标

➢ 掌握 DMA 的有关概念和工作原理;

➢ 掌握 STM32 的 DMA 概念;

➢ 了解 STM32 的 DMA 的相关特性;

➢ 了解 STM32 的 DMA 的库函数;

➢ 熟练使用 STM32CubeMX 创建 DMA 工程;

➢ 熟练使用 Keil 和 Proteus 对 DMA 进行调试。

7.1 DMA 概念

直接内存存取(Direct Memory Access,DMA)是所有计算机的重要特色,它允许不同速度的硬件装置来沟通,而不需要依赖于 CPU 的大量中断负载。否则,CPU 需要从来源把每一片段的数据复制到内存,然后把它们再次写回到新的地方。在这个过程中,CPU 只能处理当前数据的复制工作,而其他的请求操作不能被处理,这大大降低了 CPU 的效率。

7.1.1 定义

DMA 在外设寄存器与存储器之间或者存储器与存储器之间为实现数据高速传输提供了高效的方法,是一种减轻 CPU 工作量的数据传输方式。CPU 有转移数据、计算、控制等功能,但其实转移数据(尤其是转移大量数据)可以不需要 CPU 参与。比如希望外设 A 的数据复制到外设 B,只要给两种外设提供一条数据通路,再加上一些控制转移的部件就可以完成数据的复制。DMA 就是基于此原理被设计出来的,它拥有解决大量数据转移过度消耗 CPU 资源问题的作用。DMA 使 CPU 更专注于实用的操作、计算、控制等。

CPU 高效的原因是 DMA 在传输数据的工作过程中不需要 CPU 的参与。从图 7-1 可知，DMA 是一种接口技术，主要功能是在没有 CPU 干预的情况下实现存储器与外围设备、存储器与存储器之间的数据交换，从而可以使 CPU 从大量的数据交换、慢速的设备访问和分散数据收集中解放出来，最终加快了存储器之间的大量数据的交换，同时，大大提高了 CPU 的利用率。在 X86 架构系统中，当 DMA 运行时（假设从磁盘复制一个文件到 U 盘），DMA 实际上会占用系统总线周期中的一部分时间。也就是说，在 DMA 未开启前，系统总线可能完全被 CPU 使用；当 DMA 开启后，系统总线要为 DMA 分配一定的时间，以保证 DMA 和 CPU 同时运作。显然，在此期间 DMA 会降低 CPU 的运行速度。

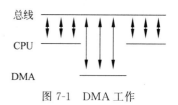

图 7-1　DMA 工作

7.1.2　DMA 的工作原理

DMA 的作用就是实现数据的直接传输，而去掉了传统数据传输需要 CPU 寄存器参与的环节，主要涉及四种情况的数据传输，但本质上是一样的，都是从内存的某一区域传输到内存的另一区域（外设的数据寄存器本质上就是内存的一个存储单元）。

外设到内存传输，指的是将外设数据寄存器里的数据内容传输到规定的内存空间中。比如进行 ADC 采集时利用 DMA 传输把 A/D 转换数据转移到我们定义的存储区中，这样对于多通道采集、采样频率高、连续输出数据的 A/D 采集是非常高效的处理方法。

内存到外设传输，指的是把特定存储区内容传输到外设的数据寄存器中，多用于外设的发送通信。

内存到内存传输，就是把一个指定的存储区内容复制到另一个存储区空间。功能类似于 C 语言内存复制函数 memcpy，利用 DMA 传输可以达到更高的传输效率，特别是 DMA 传输不占用 CPU，可以节省很多 CPU 资源。

外设到外设传输，是指当用户将源地址、目标地址、传输数据量这三个主要参数设置好，DMA 控制器就会启动数据传输，当剩余传输数据量为 0 时，DMA 传输结束。换句话说，只要剩余传输数据量不是 0，而且 DMA 是启动状态，那么就会发生数据传输。

7.2　STM32 的 DMA

在 STM32 控制器中，芯片采用 Cortex-M3 架构，总线结构有了很大的优化，DMA 占用独立的总线，并不会与 CPU 的系统总线发生冲突。也就是说，DMA 的使用不会影响 CPU 的运行速度。从硬件层次上来说，DMA 控制器是独立于 Cortex-M3 内核的，与 GPIO、USART 外设类似，这使 DMA 可以快速移动内存数据到指定的位置。STM32 系列的 DMA 功能齐全，工作模式众多，适合不同编程环境要求。基于 STM32 的 DMA 支持三种传输模式，分别是外设到存储器传输、存储器到外设传输和存储器到存储器传输。这里的外设一般指外设的数据寄存器，比如 ADC、SPI、I^2C、DCMI 等外设的数据寄存器。存储器一般是指片内 SRAM、外部存储器、片内 Flash 等。

7.2.1 STM32 的 DMA 的主要特性

STM32 的 DMA 的主要特性如下：

- 12 个独立的可配置的通道(请求)，其中 DMA1 有 7 个通道，DMA2 有 5 个通道。
- 每个通道都直接连接专用的硬件 DMA 请求，每个通道都同样支持软件触发。这些功能通过软件来配置。
- 7 个请求优先权可以通过软件编程设置(共有 4 级：很高、高、中等和低)，假如在相等优先权时由硬件决定(请求 0 优先于请求 1，依此类推)。
- 独立的源和目标数据区的传输宽度(字节、半字、全字)，模拟打包和拆包的过程。源和目标地址必须按数据传输宽度对齐。
- 支持循环的缓冲器管理。
- 每个通道都有 3 个事件标志(DMA 半传输，DMA 传输完成和 DMA 传输出错)，这 3 个事件标志逻辑或成为一个单独的中断请求。
- 存储器和存储器间的传输。
- 外设和存储器、存储器和外设之间的传输。
- 闪存、SRAM、外设的 SRAM、APB1、APB2 和 AHB 外设均可作为访问的源和目标。
- 可编程的数据传输数目，最大为 65 536。

7.2.2 STM32 的 DMA 框图

STM32 系列的 DMA 实现外设寄存器与存储器之间或者存储器与存储器之间传输的三种模式，这得益于 DMA 控制器是采用 AHB 主总线，可以控制 AHB 总线矩阵来启动 AHB 事务。

图 7-2 为 STM32 的 DMA 功能框图，图中包含 DMA1 和 DMA2 两个控制器结构。STM32F1xx 系列资源丰富，具有两个 DMA 控制器，同时外设繁多，为实现正常传输，DMA 需要通道选择控制。每个 DMA 控制器具有 8 个数据流，每个数据流对应 8 个外设请求。在实现 DMA 传输之前，DMA 控制器会通过 DMA 数据流 x 配置寄存器 DMA_SxCR(x 为 0～7，对应 8 个 DMA 数据流)的 CHSEL[2：0]位选择对应的通道作为该数据流的目标外设。外设通道选择要解决的主要问题是决定哪一个外设作为该数据流的源地址或者目标地址。

每个外设请求都占用一个数据流通道，相同外设请求可以占用不同数据流通道。比如 SPI3_RX 请求，即 SPI3 数据接收请求，占用 DMA1 的数据流 0 的通道 0，因此当使用该请求时，需要把 DMA_S0CR 寄存器的 CHSEL[2：0]设置为"000"，此时相同数据流的其他通道不被选择，处于不可用状态，比如此时不能使用数据流 0 的通道 1 又比如不能响应 I2C1_RX 请求等。

1. 仲裁器

仲裁器决定了 DMA 控制器(DMA1 或 DMA2)同时使用多个数据流进行传输的优先级。换言之，仲裁器用于解决需要同时使用一个 DMA 控制器与多个外设进行数据传输时，设定多个数据流传输优先级的机制。一个 DMA 控制器对应 8 个数据流，数据流包含要传输数据的源地址、目标地址、数据等信息。

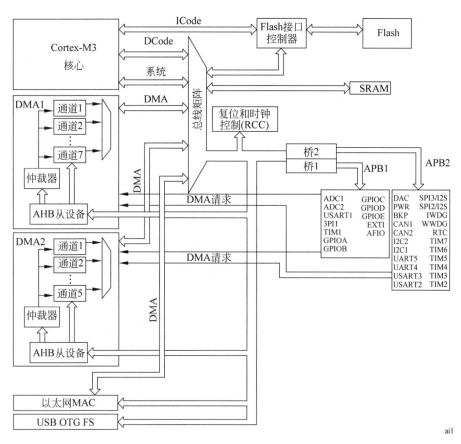

图 7-2　STM32 的 DMA 功能框图

仲裁器管理数据流方法分为两个阶段。第一阶段属于软件阶段,在配置数据流时可以通过寄存器设定它的优先级别,具体配置 DMA_SxCR 寄存器 PL[1∶0]位,可以设置为非常高、高、中和低 4 个级别。第二阶段属于硬件阶段,如果两个或以上数据流软件设置优先级一样,则它们的优先级取决于数据流编号,编号越低优先级越高,比如数据流 2 优先级高于数据流 3。

2. FIFO

DMA 传输具有先进先出(First Input First Output,FIFO)模式和直接模式。

FIFO 模式是指每个数据流都独立拥有 4 级 32 位的存储器缓冲区。

直接模式是每次外设请求时都会立即启动对存储器传输。在直接模式下,如果 DMA 配置为存储器到外设传输,DMA 会将一个数据存放在 FIFO 内,如果外设启动 DMA 传输请求就可以将数据传输过去。

FIFO 用于在源数据传输到目标地址之前临时存放这些数据。可以通过 DMA 数据流 xFIFO 控制寄存器 DMA_SxFCR 的 FTH[1∶0]位来控制 FIFO 的阈值,分别为 1/4、1/2、3/4 和 1。如果数据存储量达到阈值级别时,FIFO 内容将传输到目标地址中。

FIFO 对于要求源地址和目标地址数据宽度不同时非常有用,比如源数据是源源不断的字节数据,而目标地址要求输出字宽度的数据,即在实现数据传输时同时把原来 4 个 8 位字节的数据拼凑成一个 32 位字数据。此时使用 FIFO 功能先把数据缓存起来,分别根据需要输出数据。FIFO 的另外一个作用是用于突发(burst)传输。

3. 存储器端口、外设端口

DMA 控制器实现双 AHB 主接口,更好利用总线矩阵和并行传输。DMA 控制器通过存储器端口和外设端口与存储器和外设进行数据传输。DMA 控制器的功能是快速转移内存数据,需要一个连接至源数据地址的端口和一个连接至目标地址的端口。

DMA2(DMA 控制器 2)的存储器端口和外设端口都是连接到 AHB 总线矩阵,可以使用 AHB 总线矩阵功能。DMA2 存储器和外设端口可以访问相关的内存地址,包括内部 Flash、内部 SRAM、AHB1 外设、AHB2 外设、APB2 外设和外部存储器空间。

DMA1 的存储区端口相比 DMA2 要减少 AHB2 外设的访问权,同时 DMA1 外设端口是没有连接至总线矩阵的,只有连接到 APB1 外设,所以 DMA1 不能实现存储器到存储器的数据传输。

4. 编程端口

AHB 的器件编程端口是连接至 AHB2 外设的。AHB2 外设在使用 DMA 传输时需要相关控制信号。

7.2.3 STM32 的 DMA 控制器

1. DMA1 控制器

图 7-3 为 DMA1 控制器,包括 7 个通道,且可以由不同的片内外设发起 DMA 请求。

从图 7-3 可知,首先需要将来自不同外设的请求信号传送到 DMA1 控制器,然后控制器根据各个通道和优先级发起内部 DMA1 请求,从通道 1 到通道 7 的优先级逐渐递减。各个通道所对应的片内外设如下:

通道 1 的外设包括 ADC1、TIM2_CH3 和 TIM4_CH1。

通道 2 的外设包括 USART3_TX、TIM1_CH1、TIM2_UP、TIM3_CH3、SPI1_RX。

通道 3 的外设包括 USART3_RX、TIM1_CH2、TIM3_CH4、TIM3_UP、SPI1_TX。

通道 4 的外设包括 USART1_TX、TIM1_CH4、TIM1_TRIG、TIM1_COM、TIM4_CH2、SPI/I2S2_RX、I2C2_TX。

通道 5 的外设包括 USART1_RX、TIM1_UP、SPI/I2S2_TX、TIM2_CH1、TIM4_CH3、I2C2_RX。

通道 6 的外设包括 USART2_RX、TIM1_CH3、TIM3_CH1、TIM3_TRIG、I2C1_TX。

通道 7 的外设包括 USART2_TX、TIM2_CH2、TIM2_CH4、TIM4_UP、I2C1_RX。

2. DMA2 控制器

图 7-4 为 DMA2 控制器。从图 7-4 可知,来自不同外设的请求信号传送到 DMA2 控制器,控制器按不同的通道和优先级发起内部的 DMA2 请求。通道 1 的外设包括 TIM5_CH4、TIM5_TRIG、TIM8_CH3、TIM8_UP 和 SPI/I2S3_RX;通道 2 的外设包括 TIM8_CH4、TIM8_TRIG、TIM8_COM、TIM5_CH3、TIM5_UP 和 SPI/I2S3_TX;通道 3 的外设包括 TIM8_CH1、USART4_RX、TIM6_UP/DAC_Channel1;通道 4 的外设包括 TIM5_CH2、SDIO、TIM7_UP/DAC_Channel2;通道 5 的外设包括 ADC3、TIM8_CH2、TIM5_CH1、USART4_TX。

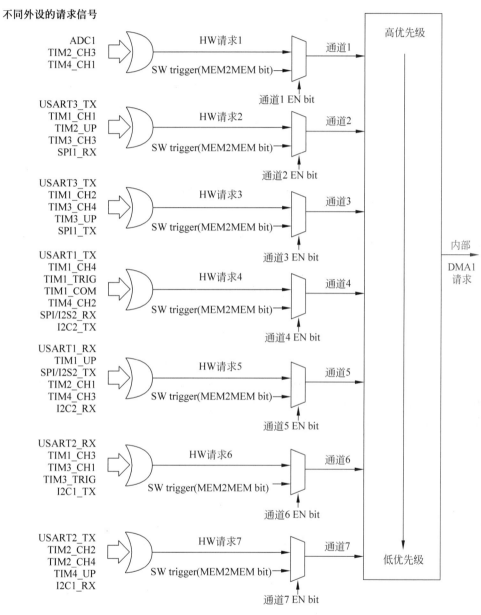

图 7-3　DMA1 控制器

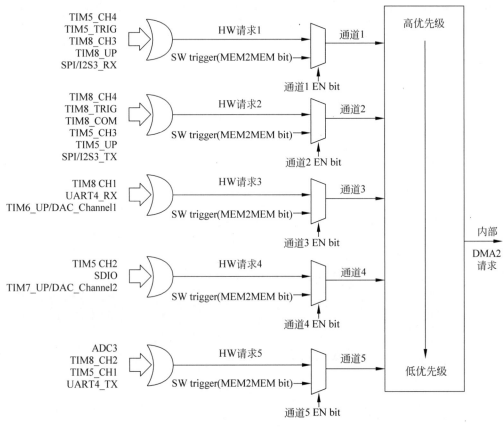

图 7-4　DMA2 控制器

7.2.4　STM32 的 DMA 工作特点

STM32 的 DMA 进行数据传输的必要条件包括：剩余传输数据量大于 0；DMA 通道传输使能；通道上 DMA 数据传输有事件请求。每次传输的事件置位一次，完成一次传输。如果是由外设引发的 DMA 传输，则传输完成后，相应传输事件会置为无效，而存储器对存储器的传输，则一次传输完成后，相应事件一直有效，直至完成设定的传输量。存储器对存储器的置位，就相当于相应通道的事件有效。对应通道的事件有效和存储器对存储器的置位，就是传输的触发位。

外设到存储器传输就是把外设数据寄存器内容转移到指定的内存空间，如图 7-5 所示。假设外设 ADC 是到目标存储器传输，ADC 的 DMA 通道传输的源地址是 ADC 的数据寄存器。并不是说只要 DMA 通道传输使能后，就立即进行数据传输。只有当一次 ADC 转化完成，ADC 的 DMA 通道的传输事件有效，DMA 才会从 ADC 的数据寄存器读出数据，写入目的地址。当 DMA 在读取 ADC 的数据寄存器时，同时使 ADC 的 DMA 通道传输事件无效。显然，要等到下一次 ADC 转换完成后，才能启动再一次的数据传输。

存储区到外设传输就是把特定存储区内容转移至外设的数据寄存器中，多用于外设的发送通信，如图 7-6 所示。因为数据是准备好的，不像 ADC 还需要等待数据采集到位。所以,不需要对应通道的事件。只要使能 DMA 数据传输就一直传输,直到达到设定的传输量。

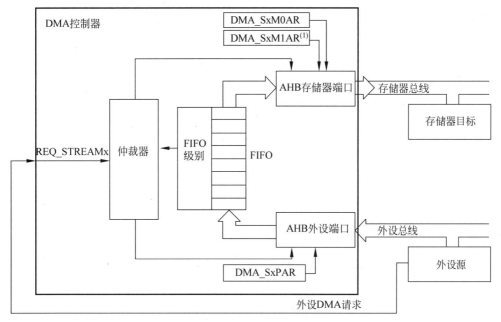

图 7-5 外设到存储器模式

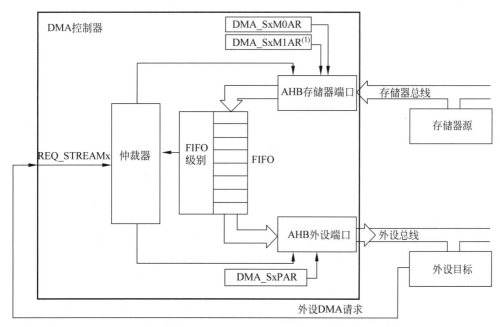

图 7-6 存储器到外设模式

存储器到存储器传输就是把一个指定的存储区内容复制到另一个存储区空间,如图 7-7 所示。当外设以 DMA 方式正在数据传输时,不可能再响应 CPU 的软件控制命令。但是,倘若外设仅仅配置成 DMA 工作方式,但是 DMA 请求并未产生,数据传输并没有进行,此时,CPU 的软件控制命令仍然能够对外设进行控制。

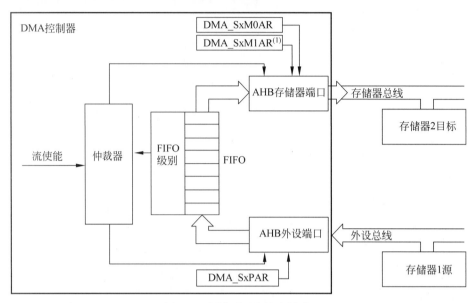

图 7-7　存储器到存储器模式

7.2.5　STM32 的 DMA 数据配置

STM32 的 DMA 工作模式多样,具有多种可能工作模式,如表 7-1 所示。

表 7-1　DMA 工作模式

传输模式	源	目标	流控制	循环模式	传输类型	直接模式	双缓冲区
外设到存储器	AHB 外设端口	AHB 存储器端口	DMA	允许	单独	允许	允许
					突发	禁止	
			外设	禁止	单独	允许	禁止
					突发	禁止	
存储器到外设	AHB 存储器端口	AHB 外设端口	DMA	允许	单独	允许	允许
					突发	禁止	
			外设	禁止	单独	允许	禁止
					突发	禁止	
存储器到存储器	AHB 外设端口	AHB 存储器端口	仅 DMA	禁止	单独	禁止	禁止
					突发		

1. DMA 传输模式

DMA2 可以实现前面所述的三种传输模式,但 DMA1 只能实现两种模式,即外设到存储器和存储器到外设。模式选择可以通过 DMA_SxCR 寄存器的 DIR[1：0]位控制,进而将 DMA_SxCR 寄存器的 EN 位置 1 就可以使能 DMA 传输。

在 DMA_SxCR 寄存器的 PSIZE[1：0]和 MSIZE[1：0]位分别指定外设和存储器数据宽度大小,可以指定为字节(8 位)、半字(16 位)和字(32 位),也可以根据实际情况设置。直接模式要求外设和存储器数据宽度大小一样,实际上在这种模式下 DMA 数据流直接使用

PSIZE,而 MSIZE 不被使用。

2. 源地址和目标地址

DMA 数据流 x 的 DMA_SxPAR(x 为 0~7)寄存器用来指定外设地址,它是一个 32 位数据有效寄存器。DMA 数据流 x 存储器 0 的 DMA_SxM0AR(x 为 0~7)寄存器和 DMA 数据流 x 存储器 1 的 DMA_SxM1AR(x 为 0~7)寄存器用来存放存储器地址,其中 DMA_SxM1AR 只用于双缓冲模式,DMA_SxM0AR 和 DMA_SxM1AR 都是 32 位数据有效的。

当选择外设到存储器模式时,即设置 DMA_SxCR 寄存器的 DIR[1：0]位为"00",DMA_SxPAR 寄存器为外设地址,也是传输的源地址,DMA_SxM0AR 寄存器为存储器地址,也是传输的目标地址。对于存储器到存储器传输模式,即设置 DIR[1：0]位为"10"时,采用与外设到存储器模式相同配置。而对于存储器到外设,即设置 DIR[1：0]位为"01"时,DMA_SxM0AR 寄存器作为源地址,MA_SxPAR 寄存器作为目标地址。

3. 流控制器

流控制器主要涉及一个控制 DMA 传输停止问题。DMA 传输在 DMA_SxCR 寄存器的 EN 位被置 1 后就进入准备传输状态,如果有外设请求 DMA 传输就可以进行数据传输。很多情况下,明确知道传输数据的数目,比如要传输 1000 个或者 2000 个数据,这样就可以在传输之前设置 DMA_SxNDTR 寄存器为要传输数目值,DMA 控制器在传输完这么多数目数据后就可以控制 DMA 停止传输。

DMA 数据流 x 数据项数 DMA_SxNDTR(x 为 0~7)寄存器用来记录当前仍需要传输的数据,它是一个 16 位数据有效寄存器,即最大值为 65 535,这个值在程序设计里非常有用也是需要注意的地方。在编程时一般都会明确指定一个传输数量,在完成一次数据传输后 DMA_SxNDTR 计数值就会自减,当达到 0 时就说明传输完成。如果某些情况下在传输之前无法确定数据的数目,那么 DMA 就无法自动控制传输停止了,此时需要外设通过硬件通信向 DMA 控制器发送停止传输信号。这里有一个前提就是外设必须是可以发出这个停止传输信号,只有 SDIO 才有这个功能,其他外设不具备此功能。

4. 循环模式

循环模式相对应于一次模式。一次模式就是传输一次就停止传输,下一次传输需要手动控制,而循环模式在传输一次后会自动按照相同配置重新传输,周而复始直至被控制停止或传输发生错误。通过 DMA_SxCR 寄存器的 CIRC 位可以使能循环模式。

5. 传输类型

DMA 传输类型有单次(Single)传输和突发(Burst)传输。突发传输就是用非常短时间结合非常高数据信号率传输数据,相对正常传输速度,突发传输就是在传输阶段把速度瞬间提高,实现高速传输,在数据传输完成后恢复正常速度,有些类似于达到数据块"秒传"效果。为达到这个效果突发传输过程要占用 AHB 总线,保证每个数据项在传输过程中不被分割,这样一次性把数据全部传输完才释放 AHB 总线;而单次传输时必须通过 AHB 的总线仲裁多次控制才传输完成。

单次和突发传输数据使用具体情况参考表 7-2。其中 PBURST[1：0]和 MBURST[1：0]是位于 DMA_SxCR 寄存器中的,用于分别设置外设和存储器不同节拍数的突发传输,对应为单次传输、4 个节拍增量传输、8 个节拍增量传输和 16 个节拍增量传输。PINC 位和 MINC 位是 DMA_SxCR 寄存器的第 9 和第 10 位,如果该位被置 1,则在每次数据传输后数据地址指针自动递增,其增量由 PSIZE 和 MSIZE 值决定,比如设置 PSIZE 为半字大小,那么下一次传输地址将是前一次地址递增 2。

表 7-2　DMA 传输类型

AHB 主端口	功能	单 次 传 输	突 发 传 输
外设	寄存器	PBURST[1：0]=00,PINC 无要求	PBURST[1：0]不为 0,PINC 必须为 1
	描述	每次 DMA 请求传输按 PSIZE 大小进行传输数据,可以是字节、半字或字	每次 DMA 请求传输 4、8 或 16 个(取决于 PBURST[1：0])字节、半字或字大小的数据(取决于 PSIZE)
存储器	寄存器	MBURST[1：0]=00,MINC 无要求	MBURST[1：0]不为 0,MINC 必须为 1
	描述	每次 DMA 请求传输一次字节、半字或字大小的数据(取决于 MSIZE)	每次 DMA 按 MBURST[1：0]的大小请求传输,而 MSIZE 决定了数据是按字节、半字或字进行传输

突发传输与 FIFO 密切相关,突发传输需要结合 FIFO 使用,具体要求 FIFO 阈值是内存突发传输数据量的整数倍。FIFO 阈值选择和存储器突发大小必须配合使用,具体参考表 7-3。

表 7-3　FIFO 阈值配置

MSIZE	FIFO 级别	MBURST=INCR4	MBURST=INCR8	MBURST=INCR16
字节	1/4	4 个节拍 1 次突发	禁止	禁止
	1/2	4 个节拍 2 次突发	8 个节拍 1 次突发	
	3/4	4 个节拍 3 次突发	禁止	
	1	4 个节拍 4 次突发	8 个节拍 2 次突发	16 个节拍 1 次突发
半字	1/4	禁止	禁止	禁止
	1/2	4 个节拍 1 次突发		
	3/4	禁止		
	1	4 个节拍 2 次突发	8 个节拍 1 次突发	
字	1/4	禁止	禁止	
	1/2			
	3/4			
	1	4 个节拍 1 次突发		

6. 直接模式

默认情况下,DMA 工作在直接模式,不使能 FIFO 阈值级别。直接模式在每个外设请求都立即启动对存储器传输的单次传输。直接模式要求源地址和目标地址的数据宽度必须一致,所以只有 PSIZE 控制,而 MSIZE 值被忽略。突发传输是基于 FIFO 的,所以直接模式不被支持。另外,直接模式不能用于存储器到存储器的数据传输。在直接模式下,如果 DMA 配置为存储器到外设传输,那么 DMA 会将一个数据存放在 FIFO 内;如果外设启动 DMA 传输请求,则可以马上将数据传输过去。

7. 双缓冲模式

设置 DMA_SxCR 寄存器的 DBM 位为 1 可启动双缓冲传输模式,并自动激活循环模式。双缓冲不应用于存储器到存储器的传输。双缓冲模式下,两个存储器地址指针都有效,即 DMA_SxM1AR 寄存器将被激活使用。开始传输使用 DMA_SxM0AR 寄存器的地址指针所对应的存储区,当这个存储区数据传输完,DMA 控制器会自动切换至 DMA_SxM1AR 寄存器的地址指针所对应的另一块存储区,如果这一块也传输完成就再切换至 DMA_SxM0AR 寄存器的地址指针所对应的存储区,这样循环调用直到传输结束。

当其中一个存储区传输完成时都会把传输完成中断标志 TCIF 位置 1,如果使能 DMA_SxCR 寄存器的传输完成中断,则可以产生中断信号。另外一个非常有用的信息是 DMA_SxCR 寄存器的 CT 位,当 DMA 控制器是在访问使用 DMA_SxM0AR 时 CT=0,此时 MCU 不能访问 DMA_SxM0AR,但可以向 DMA_SxM1AR 填充或者读取数据;当 DMA 控制器是在访问使用 DMA_SxM1AR 时 CT=1,此时 MCU 不能访问 DMA_SxM1AR,但可以向 DMA_SxM0AR 填充或者读取数据。另外,在未使能 DMA 数据流传输时,可以直接写 CT 位,改变开始传输的目标存储区。

如果使用双缓冲模式应用在解码程序上,那么该模式就显得非常有效了。比如 MP3 格式音频解码播放,MP3 是被压缩的文件格式,需要特定的解码库程序来解码文件才能得到可以播放的 PCM 信号,解码按照常规方法是读取一段原始数据到缓冲区,然后对缓冲区内容进行解码,解码后才输出到音频播放电路,这种流程对 MCU 运算速度要求高,很容易出现播放不流畅现象。如果使用 DMA 双缓冲模式传输数据就可以非常好地解决这个问题,达到解码和输出音频数据到音频电路同步进行的效果。

8. DMA 中断

DMA 的每个通道都可以在 DMA 传输过程中触发中断,可通过设置相应寄存器的不同位来打开这些中断。每个中断标志都有允许控制位,分别对应中断标志位为 HTIF、TCIF、FEIE、TEIF 和 DMEIF。每个 DMA 数据流可以在发送以下事件时产生中断。

半传输(Half Transfer,HT):DMA 数据传输达到一半时 HTIF 标志位被置 1,如果使能 HTIE 中断控制位,则将产生达到半字传输中断;

传输完成(Transfer Complete,TC):DMA 数据传输完成时 TCIF 标志位被置 1,如果使能 TCIE 中断控制位,则将产生传输完成中断;

传输错误(Transfer Error,TE):DMA 访问总线发生错误或者在双缓冲模式下试图访问"受限"存储器地址寄存器时 TEIF 标志位被置 1,如果使能 TEIE 中断控制位将产生传输错误中断;

FIFO 错误:发生 FIFO 下溢或者上溢时 FEIF 标志位被置 1,如果使能 FEIE 中断控制位将产生 FIFO 错误中断;

直接模式错误:在外设到存储器的直接模式下,因为存储器总线没得到授权,使得先前数据没有完成被传输到存储器空间上,此时 DMEIF 标志位被置 1,如果使能 DMEIE 中断控制位,则将产生直接模式错误中断。

7.3　STM32 的 DMA 库函数

7.3.1　标准库函数解析

DMA_ InitTypeDef 初始化结构体
typedef struct {

```
        uint32_t DMA_Channel;                  //通道选择
        uint32_t DMA_PeripheralBaseAddr;       //外设地址
        uint32_t DMA_Memory0BaseAddr;          //存储器 0 地址
        uint32_t DMA_DIR;                      //传输方向
        uint32_t DMA_BufferSize;               //数据数目
        uint32_t DMA_PeripheralInc;            //外设递增
        uint32_t DMA_MemoryInc;                //存储器递增
        uint32_t DMA_PeripheralDataSize;       //外设数据宽度
        uint32_t DMA_MemoryDataSize;           //存储器数据宽度
        uint32_t DMA_Mode;                     //模式选择
        uint32_t DMA_Priority;                 //优先级
        uint32_t DMA_FIFOMode;                 //FIFO 模式
        uint32_t DMA_FIFOThreshold;            //FIFO 阈值
        uint32_t DMA_MemoryBurst;              //存储器突发传输
        uint32_t DMA_PeripheralBurst;          //外设突发传输
    } DMA_InitTypeDef;
```

DMA_Channel：DMA 请求通道选择，可选通道 0 至通道 7，每个外设对应固定的通道，具体设置值需要查《芯片数据手册》；它设定 DMA_SxCR 寄存器的 CHSEL[2：0]位的值。例如，使用模/数转换器 ADC3 规则采集 4 个输入通道的电压数据，查《芯片数据手册》可知使用通道 5。

DMA_PeripheralBaseAddr：外设地址，设定 DMA_SxPAR 寄存器的值；一般设置为外设的数据寄存器地址，如果是存储器到存储器模式则设置为其中一个存储区地址。ADC3 的数据寄存器 ADC_DR 地址为((uint32_t)ADC3+0x4C)。

DMA_Memory0BaseAddr：存储器 0 地址，设定 DMA_SxM0AR 寄存器值；一般设置为自定义存储区的首地址。程序先自定义一个 16 位无符号整形数组 ADC_ConvertedValue[4]用来存放每个通道的 ADC 值，所以把数组首地址(直接使用数组名即可)赋值给 DMA_Memory0BaseAddr。

DMA_DIR：传输方向选择，有三种选择，即可选存储器到外设、外设到存储器以及存储器到存储器。它设定 DMA_SxCR 寄存器的 DIR[1：0]位的值。显然，ADC 采集使用外设到存储器模式。

DMA_BufferSize：设定待传输数据数目，初始化设定 DMA_SxNDTR 寄存器的值。这里 ADC 是采集 4 个通道数据，所以待传输数目也就是 4。

DMA_PeripheralInc：如果配置为 DMA_PeripheralInc_Enable，使能外设地址自动递增功能，它设定 DMA_SxCR 寄存器的 PINC 位的值；一般外设都是只有一个数据寄存器，所以一般不会使能该位。ADC3 的数据寄存器地址是固定的并且只有一个，所以不使能外设地址递增。

DMA_MemoryInc：如果配置为 DMA_MemoryInc_Enable，使能存储器地址自动递增功能，它设定 DMA_SxCR 寄存器的 MINC 位的值；用户自定义的存储区一般都是存放多个数据的，所以使能存储器地址自动递增功能。之前已经定义了一个包含 4 个元素的数字用来存放数据，使能存储区地址递增功能，自动把每个通道数据存放到对应数组元素内。

DMA_PeripheralDataSize：外部设备的数据宽度，长度分别为字节(8 位)、半字(16 位)和字(32 位)，通过设定 DMA_SxCR 寄存器的 PSIZE[1：0]位的值来定义。ADC 数据寄存器只有低 16 位数据有效,使用半字数据宽度。

DMA_MemoryDataSize:存储器数据宽度,可选字节、半字和字,它设定 DMA_SxCR 寄存器的 MSIZE[1:0]位的值。保存 ADC 转换数据也要使用半字数据宽度,这跟之前定义的数组是相对应的。

DMA_Mode:DMA 传输模式选择,可选一次传输或者循环传输,它设定 DMA_SxCR 寄存器的 CIRC 位的值。ADC 采集是持续循环进行的,所以使用循环传输模式。

DMA_Priority:软件设置数据流的优先级,有 4 个可选优先级,分别为非常高、高、中和低,它设定 DMA_SxCR 寄存器的 PL[1:0]位的值。DMA 优先级只有在多个 DMA 数据流同时使用时才有意义,这里设置为非常高优先级就可以了。

DMA_FIFOMode:FIFO 模式使能,如果设置为 DMA_FIFOMode_Enable 表示使能 FIFO 模式功能;它设定 DMA_SxFCR 寄存器的 DMDIS 位。ADC 采集传输使用直接传输模式即可,不需要使用 FIFO 模式。

DMA_FIFOThreshold:FIFO 阈值选择,可选 4 种状态,分别为 FIFO 容量的 1/4、1/2、3/4 和满;它设定 DMA_SxFCR 寄存器的 FTH[1:0]位;DMA_FIFOMode 设置为 DMA_FIFOMode_Disable,那么 DMA_FIFOThreshold 值无效。ADC 采集传输不使用 FIFO 模式,设置该值无效。

DMA_MemoryBurst:存储器突发模式选择,可选单次模式、4 节拍的增量突发模式、8 节拍的增量突发模式或 16 节拍的增量突发模式,它设定 DMA_SxCR 寄存器的 MBURST[1:0]位的值。ADC 采集传输是直接模式,要求使用单次模式。

DMA_PeripheralBurst:外设突发模式选择,可选单次模式、4 节拍的增量突发模式、8 节拍的增量突发模式或 16 节拍的增量突发模式,设定 DMA_SxCR 寄存器的 PBURST[1:0]位的值。ADC 采集传输是直接模式,要求使用单次模式。

下面列出 DMA 中常用的库函数:

```
void DMA_DeInit(DMA_Channel_TypeDef * DMAy_Channelx);
/**
  * @brief   将 DMAy 通道寄存器取消初始化为其默认重置值
  * @param   DMAy_Channelx:其中 x 可以是 1 或 2 来选择 DMA,DMA1 可以是 1~7,DMA2 来选择 DMA
      通道可以是 1~5
  *
  * @retval 无
  */


void DMA_Init(DMA_Channel_TypeDef * DMAy_Channelx, DMA_InitTypeDef * DMA_InitStruct);
/**
  * @brief   根据 DMA_InitStruct 结构体中所指定的参数,初始化 DMAy 通道
  * @param   DMAy_Channelx:其中 x 可以是 1 或 2 来选择 DMA,DMA1 可以是 1~7,DMA2 来选择 DMA
      通道可以是 1~5
  * @param   DMA_InitStruct:指向包含指定 DMA 通道的配置信息的 DMA_InitTypeDef 结构体的
      指针
  * @retval 无
  */


void DMA_StructInit(DMA_InitTypeDef * DMA_InitStruct);
```

```
/**
  * @brief  向每个 DMA_InitStruct 结构体成员填充其默认值
  * @param  DMA_InitStruct : 指向将被初始化 DMA_InitTypeDef 结构体的指针
  *
  * @retval 无
  */
```

```
void DMA_Cmd(DMA_Channel_TypeDef * DMAy_Channelx, FunctionalState NewState);
/**
  * @brief  启用或禁用指定的 DMAy 通道 x
  * @param  DMAy_Channelx: 其中 x 可以是 1 或 2 来选择 DMA,DMA1 可以是 1～7,DMA2 来选择 DMA
  * 通道,可以是 1～5
  *
  * @param  NewState: DMAy 通道 x 的新状态
  *    此参数可以是:启用或禁用
  * @retval 无
  */
```

```
void DMA_ITConfig(DMA_Channel_TypeDef * DMAy_Channelx, uint32_t DMA_IT, FunctionalState
NewState);
/**
  * @brief  启用或禁用指定的 DMAY 通道 x 中断
  * @param  DMAy_Channelx: 其中 x 可以是 1 或 2 来选择 DMA,DMA1 可以是 1～7,DMA2 来选择 DMA
  * 通道,可以是 1～5
  * @param  DMA_IT: 指定要启用或禁用的 DMA 中断源
  *
  * 此参数可以是以下值的任意组合:
  *     @arg DMA_IT_TC:  传输结束的中断屏蔽
  *     @arg DMA_IT_HT:  半字传输中断屏蔽
  *     @arg DMA_IT_TE:  传输错误中断屏蔽
  * @param  NewState: 指定 DMA 中断的新状态
  *    此参数可以是:启用或禁用
  * @retval 无
  */
```

```
void DMA_SetCurrDataCounter(DMA_Channel_TypeDef * DMAy_Channelx, uint16_t DataNumber);
/**
  * @brief  设置当前 DMAy 通道传输中的数据单元数
  * @param  DMAy_Channelx: 其中 x 可以是 1 或 2 来选择 DMA,DMA1 可以是 1～7,DMA2 来选择 DMA
  * 通道,可以是 1～5
  *
  * @param  DataNumber: 当前 DMAy 通道传输中的数据单元数量
  * @note   只有在禁用 DMAy_Channelx 时才能使用此功能
  * @retval 无
  */
```

```
uint16_t DMA_GetCurrDataCounter(DMA_Channel_TypeDef * DMAy_Channelx);
/**
  * @brief  返回当前 DMAy 通道 x 传输的剩余数据单元的数量
  * @param  DMAy_Channelx: 其中 x 可以是 1 或 2 来选择 DMA,DMA1 可以是 1～7,DMA2 来选择 DMA
  * 通道,可以是 1～5
```

```
 *
 *  @retval  当前 DMAy 通道 x 传输的剩余数据单元的数量
 */

FlagStatus DMA_GetFlagStatus(uint32_t DMAy_FLAG);
/**
 *  @brief  检查是否设置了指定的"DMAy 通道"标志位
 *  @param  DMAy_FLAG: 指定要检查的标志位
 *   此参数可以是以下值之一:
 *     @arg DMA1_FLAG_GL1: DMA1 通道 1 全局标志位
 *     @arg DMA1_FLAG_TC1: DMA1 通道 1 传输完成的标志位
 *     @arg DMA1_FLAG_HT1: DMA1 通道 1 半字转移标志位
 *     @arg DMA1_FLAG_TE1: DMA1 通道 1 传输错误标志位
 *     @arg DMA1_FLAG_GL2: DMA1 通道 2 全局标志位
 *     @arg DMA1_FLAG_TC2: DMA1 通道 2 传输完成的标志位
 *     @arg DMA1_FLAG_HT2: DMA1 通道 2 半字转移标志位
 *     @arg DMA1_FLAG_TE2: DMA1 通道 2 传输错误标志位
 *     @arg DMA1_FLAG_GL3: DMA1 通道 3 全局标志位
 *     @arg DMA1_FLAG_TC3: DMA1 通道 3 传输完成的标志位
 *     @arg DMA1_FLAG_HT3: DMA1 通道 3 半字转移标志位
 *     @arg DMA1_FLAG_TE3: DMA1 通道 3 传输错误标志位
 *     @arg DMA1_FLAG_GL4: DMA1 通道 4 全局标志位
 *     @arg DMA1_FLAG_TC4: DMA1 通道 4 传输完成的标志位
 *     @arg DMA1_FLAG_HT4: DMA1 通道 4 半字转移标志位
 *     @arg DMA1_FLAG_TE4: DMA1 通道 4 传输错误标志位
 *     @arg DMA1_FLAG_GL5: DMA1 通道 5 全局标志位
 *     @arg DMA1_FLAG_TC5: DMA1 通道 5 传输完成的标志位
 *     @arg DMA1_FLAG_HT5: DMA1 通道 5 半字转移标志位
 *     @arg DMA1_FLAG_TE5: DMA1 通道 5 传输错误标志位
 *     @arg DMA1_FLAG_GL6: DMA1 通道 6 全局标志位
 *     @arg DMA1_FLAG_TC6: DMA1 通道 6 传输完成的标志位
 *     @arg DMA1_FLAG_HT6: DMA1 通道 6 半字转移标志位
 *     @arg DMA1_FLAG_TE6: DMA1 通道 6 传输错误标志位
 *     @arg DMA1_FLAG_GL7: DMA1 通道 7 全局标志位
 *     @arg DMA1_FLAG_TC7: DMA1 通道 7 传输完成的标志位
 *     @arg DMA1_FLAG_HT7: DMA1 通道 7 半字转移标志位
 *     @arg DMA1_FLAG_TE7: DMA1 通道 7 传输错误标志位
 *     @arg DMA2_FLAG_GL1: DMA2 通道 1 全局标志位
 *     @arg DMA2_FLAG_TC1: DMA2 通道 1 传输完成的标志位
 *     @arg DMA2_FLAG_HT1: DMA2 通道 1 半字转移标志位
 *     @arg DMA2_FLAG_TE1: DMA2 通道 1 传输错误标志位
 *     @arg DMA2_FLAG_GL2: DMA2 通道 2 全局标志位
 *     @arg DMA2_FLAG_TC2: DMA2 通道 2 传输完成的标志位
 *     @arg DMA2_FLAG_HT2: DMA2 通道 2 半字转移标志位
 *     @arg DMA2_FLAG_TE2: DMA2 通道 2 传输错误标志位
 *     @arg DMA2_FLAG_GL3: DMA2 通道 3 全局标志位
 *     @arg DMA2_FLAG_TC3: DMA2 通道 3 传输完成的标志位
 *     @arg DMA2_FLAG_HT3: DMA2 通道 3 半字转移标志位
 *     @arg DMA2_FLAG_TE3: DMA2 通道 3 传输错误标志位
 *     @arg DMA2_FLAG_GL4: DMA2 通道 4 全局标志位
```

```
 *          @arg DMA2_FLAG_TC4：DMA2 通道 4 传输完成的标志位
 *          @arg DMA2_FLAG_HT4：DMA2 通道 4 半字转移标志位
 *          @arg DMA2_FLAG_TE4：DMA2 通道 4 传输错误标志位
 *          @arg DMA2_FLAG_GL5：DMA2 通道 5 全局标志位
 *          @arg DMA2_FLAG_TC5：DMA2 通道 5 传输完成的标志位
 *          @arg DMA2_FLAG_HT5：DMA2 通道 5 半字转移标志位
 *          @arg DMA2_FLAG_TE5：DMA2 通道 5 传输错误标志位
 * @retval DMAy_FLAG 的新状态(设置或重置)
 * /

void DMA_ClearFlag(uint32_t DMAy_FLAG);

/**
 * @brief   清除 DMAy 通道的挂起标志位
 * @param   DMAy_FLAG：指定要清除的标志位
 *      此参数可以是以下值的任意组合(针对相同的 DMA)：
 *          @arg DMA1_FLAG_GL1：DMA1 通道 1 全局标志位
 *          @arg DMA1_FLAG_TC1：DMA1 通道 1 传输完成的标志位
 *          @arg DMA1_FLAG_HT1：DMA1 通道 1 半字转移标志位
 *          @arg DMA1_FLAG_TE1：DMA1 通道 1 传输错误标志位
 *          @arg DMA1_FLAG_GL2：DMA1 通道 2 全局标志位
 *          @arg DMA1_FLAG_TC2：DMA1 通道 2 传输完成的标志位
 *          @arg DMA1_FLAG_HT2：DMA1 通道 2 半字转移标志位
 *          @arg DMA1_FLAG_TE2：DMA1 通道 2 传输错误标志位
 *          @arg DMA1_FLAG_GL3：DMA1 通道 3 全局标志位
 *          @arg DMA1_FLAG_TC3：DMA1 通道 3 传输完成的标志位
 *          @arg DMA1_FLAG_HT3：DMA1 通道 3 半字转移标志位
 *          @arg DMA1_FLAG_TE3：DMA1 通道 3 传输错误标志位
 *          @arg DMA1_FLAG_GL4：DMA1 通道 4 全局标志位
 *          @arg DMA1_FLAG_TC4：DMA1 通道 4 传输完成的标志位
 *          @arg DMA1_FLAG_HT4：DMA1 通道 4 半字转移标志位
 *          @arg DMA1_FLAG_TE4：DMA1 通道 4 传输错误标志位
 *          @arg DMA1_FLAG_GL5：DMA1 通道 5 全局标志位
 *          @arg DMA1_FLAG_TC5：DMA1 通道 5 传输完成的标志位
 *          @arg DMA1_FLAG_HT5：DMA1 通道 5 半字转移标志位
 *          @arg DMA1_FLAG_TE5：DMA1 通道 5 传输错误标志位
 *          @arg DMA1_FLAG_GL6：DMA1 通道 6 全局标志位
 *          @arg DMA1_FLAG_TC6：DMA1 通道 6 传输完成的标志位
 *          @arg DMA1_FLAG_HT6：DMA1 通道 6 半字转移标志位
 *          @arg DMA1_FLAG_TE6：DMA1 通道 6 传输错误标志位
 *          @arg DMA1_FLAG_GL7：DMA1 通道 7 全局标志位
 *          @arg DMA1_FLAG_TC7：DMA1 通道 7 传输完成的标志位
 *          @arg DMA1_FLAG_HT7：DMA1 通道 7 半字转移标志位
 *          @arg DMA1_FLAG_TE7：DMA1 通道 7 传输错误标志位
 *          @arg DMA2_FLAG_GL1：DMA2 通道 1 全局标志位
 *          @arg DMA2_FLAG_TC1：DMA2 通道 1 传输完成的标志位
 *          @arg DMA2_FLAG_HT1：DMA2 通道 1 半字转移标志位
 *          @arg DMA2_FLAG_TE1：DMA2 通道 1 传输错误标志位
 *          @arg DMA2_FLAG_GL2：DMA2 通道 2 全局标志位
 *          @arg DMA2_FLAG_TC2：DMA2 通道 2 传输完成的标志位
 *          @arg DMA2_FLAG_HT2：DMA2 通道 2 半字转移标志位
```

```
 *      @arg DMA2_FLAG_TE2: DMA2 通道 2 传输错误标志位
 *      @arg DMA2_FLAG_GL3: DMA2 通道 3 全局标志位
 *      @arg DMA2_FLAG_TC3: DMA2 通道 3 传输完成的标志位
 *      @arg DMA2_FLAG_HT3: DMA2 通道 3 半字转移标志位
 *      @arg DMA2_FLAG_TE3: DMA2 通道 3 传输错误标志位
 *      @arg DMA2_FLAG_GL4: DMA2 通道 4 全局标志位
 *      @arg DMA2_FLAG_TC4: DMA2 通道 4 传输完成的标志位
 *      @arg DMA2_FLAG_HT4: DMA2 通道 4 半字转移标志位
 *      @arg DMA2_FLAG_TE4: DMA2 通道 4 传输错误标志位
 *      @arg DMA2_FLAG_GL5: DMA2 通道 5 全局标志位
 *      @arg DMA2_FLAG_TC5: DMA2 通道 5 传输完成的标志位
 *      @arg DMA2_FLAG_HT5: DMA2 通道 5 半字转移标志位
 *      @arg DMA2_FLAG_TE5: DMA2 通道 5 传输错误标志位
 *  @retval 无
 */


ITStatus DMA_GetITStatus(uint32_t DMAy_IT);
/**
 *  @brief   检查是否发生了指定的 DMAy 通道中断
 *  @param   DMAy_IT:
 *    此参数可以是以下值之一:
 *      @arg DMA1_IT_GL1: DMA1 通道 1 全局中断
 *      @arg DMA1_IT_TC1: DMA1 通道 1 传输完全中断
 *      @arg DMA1_IT_HT1: DMA1 通道 1 半字传输中断
 *      @arg DMA1_IT_TE1: DMA1 通道 1 传输错误中断
 *      @arg DMA1_IT_GL2: DMA1 通道 2 全局中断
 *      @arg DMA1_IT_TC2: DMA1 通道 2 传输完全中断
 *      @arg DMA1_IT_HT2: DMA1 通道 2 半字传输中断
 *      @arg DMA1_IT_TE2: DMA1 通道 2 传输错误中断
 *      @arg DMA1_IT_GL3: DMA1 通道 3 全局中断
 *      @arg DMA1_IT_TC3: DMA1 通道 3 传输完全中断
 *      @arg DMA1_IT_HT3: DMA1 通道 3 半字传输中断
 *      @arg DMA1_IT_TE3: DMA1 通道 3 传输错误中断
 *      @arg DMA1_IT_GL4: DMA1 通道 4 全局中断
 *      @arg DMA1_IT_TC4: DMA1 通道 4 传输完全中断
 *      @arg DMA1_IT_HT4: DMA1 通道 4 半字传输中断
 *      @arg DMA1_IT_TE4: DMA1 通道 4 传输错误中断
 *      @arg DMA1_IT_GL5: DMA1 通道 5 全局中断
 *      @arg DMA1_IT_TC5: DMA1 通道 5 传输完全中断
 *      @arg DMA1_IT_HT5: DMA1 通道 5 半字传输中断
 *      @arg DMA1_IT_TE5: DMA1 通道 5 传输错误中断
 *      @arg DMA1_IT_GL6: DMA1 通道 6 全局中断
 *      @arg DMA1_IT_TC6: DMA1 通道 6 传输完全中断
 *      @arg DMA1_IT_HT6: DMA1 通道 6 半字传输中断
 *      @arg DMA1_IT_TE6: DMA1 通道 6 传输错误中断
 *      @arg DMA1_IT_GL7: DMA1 通道 7 全局中断
 *      @arg DMA1_IT_TC7: DMA1 通道 7 传输完全中断
 *      @arg DMA1_IT_HT7: DMA1 通道 7 半字传输中断
 *      @arg DMA1_IT_TE7: DMA1 通道 7 传输错误中断
 *      @arg DMA2_IT_GL1: DMA2 通道 1 全局中断
 *      @arg DMA2_IT_TC1: DMA2 通道 1 传输完全中断
```

```
  *       @arg DMA2_IT_HT1: DMA2 通道 1 半字传输中断
  *       @arg DMA2_IT_TE1: DMA2 通道 1 传输错误中断
  *       @arg DMA2_IT_GL2: DMA2 通道 2 全局中断
  *       @arg DMA2_IT_TC2: DMA2 通道 2 传输完全中断
  *       @arg DMA2_IT_HT2: DMA2 通道 2 半字传输中断
  *       @arg DMA2_IT_TE2: DMA2 通道 2 传输错误中断
  *       @arg DMA2_IT_GL3: DMA2 通道 3 全局中断
  *       @arg DMA2_IT_TC3: DMA2 通道 3 传输完全中断
  *       @arg DMA2_IT_HT3: DMA2 通道 3 半字传输中断
  *       @arg DMA2_IT_TE3: DMA2 通道 3 传输错误中断
  *       @arg DMA2_IT_GL4: DMA2 通道 4 全局中断
  *       @arg DMA2_IT_TC4: DMA2 通道 4 传输完全中断
  *       @arg DMA2_IT_HT4: DMA2 通道 4 半字传输中断
  *       @arg DMA2_IT_TE4: DMA2 通道 4 传输错误中断
  *       @arg DMA2_IT_GL5: DMA2 通道 5 全局中断
  *       @arg DMA2_IT_TC5: DMA2 通道 5 传输完全中断
  *       @arg DMA2_IT_HT5: DMA2 通道 5 半字传输中断
  *       @arg DMA2_IT_TE5: DMA2 通道 5 传输错误中断
  * @retval DMAy_IT 的新状态(设置或重置)
  * /


void DMA_ClearITPendingBit(uint32_t DMAy_IT);
/ **
  * @brief   清除 DMAy 通道的中断
  * @param   DMAy_IT: 指定要清除的 DMAy 中断等待位
  *     此参数可以是以下值的任意组合(针对相同的 DMA):
  *       @arg DMA1_IT_GL1: DMA1 通道 1 全局中断
  *       @arg DMA1_IT_TC1: DMA1 通道 1 传输完全中断
  *       @arg DMA1_IT_HT1: DMA1 通道 1 半字传输中断
  *       @arg DMA1_IT_TE1: DMA1 通道 1 传输错误中断
  *       @arg DMA1_IT_GL2: DMA1 通道 2 全局中断
  *       @arg DMA1_IT_TC2: DMA1 通道 2 传输完全中断
  *       @arg DMA1_IT_HT2: DMA1 通道 2 半字传输中断
  *       @arg DMA1_IT_TE2: DMA1 通道 2 传输错误中断
  *       @arg DMA1_IT_GL3: DMA1 通道 3 全局中断
  *       @arg DMA1_IT_TC3: DMA1 通道 3 传输完全中断
  *       @arg DMA1_IT_HT3: DMA1 通道 3 半字传输中断
  *       @arg DMA1_IT_TE3: DMA1 通道 3 传输错误中断
  *       @arg DMA1_IT_GL4: DMA1 通道 4 全局中断
  *       @arg DMA1_IT_TC4: DMA1 通道 4 传输完全中断
  *       @arg DMA1_IT_HT4: DMA1 通道 4 半字传输中断
  *       @arg DMA1_IT_TE4: DMA1 通道 4 传输错误中断
  *       @arg DMA1_IT_GL5: DMA1 通道 5 全局中断
  *       @arg DMA1_IT_TC5: DMA1 通道 5 传输完全中断
  *       @arg DMA1_IT_HT5: DMA1 通道 5 半字传输中断
  *       @arg DMA1_IT_TE5: DMA1 通道 5 传输错误中断
  *       @arg DMA1_IT_GL6: DMA1 通道 6 全局中断
  *       @arg DMA1_IT_TC6: DMA1 通道 6 传输完全中断
  *       @arg DMA1_IT_HT6: DMA1 通道 6 半字传输中断
  *       @arg DMA1_IT_TE6: DMA1 通道 6 传输错误中断
  *       @arg DMA1_IT_GL7: DMA1 通道 7 全局中断
```

```
*       @arg DMA1_IT_TC7: DMA1 通道 7 传输完全中断
*       @arg DMA1_IT_HT7: DMA1 通道 7 半字传输中断
*       @arg DMA1_IT_TE7: DMA1 通道 7 传输错误中断
*       @arg DMA2_IT_GL1: DMA2 通道 1 全局中断
*       @arg DMA2_IT_TC1: DMA2 通道 1 传输完全中断
*       @arg DMA2_IT_HT1: DMA2 通道 1 半字传输中断
*       @arg DMA2_IT_TE1: DMA2 通道 1 传输错误中断
*       @arg DMA2_IT_GL2: DMA2 通道 2 全局中断
*       @arg DMA2_IT_TC2: DMA2 通道 2 传输完全中断
*       @arg DMA2_IT_HT2: DMA2 通道 2 半字传输中断
*       @arg DMA2_IT_TE2: DMA2 通道 2 传输错误中断
*       @arg DMA2_IT_GL3: DMA2 通道 3 全局中断
*       @arg DMA2_IT_TC3: DMA2 通道 3 传输完全中断
*       @arg DMA2_IT_HT3: DMA2 通道 3 半字传输中断
*       @arg DMA2_IT_TE3: DMA2 通道 3 传输错误中断
*       @arg DMA2_IT_GL4: DMA2 通道 4 全局中断
*       @arg DMA2_IT_TC4: DMA2 通道 4 传输完全中断
*       @arg DMA2_IT_HT4: DMA2 通道 4 半字传输中断
*       @arg DMA2_IT_TE4: DMA2 通道 4 传输错误中断
*       @arg DMA2_IT_GL5: DMA2 通道 5 全局中断
*       @arg DMA2_IT_TC5: DMA2 通道 5 传输完全中断
*       @arg DMA2_IT_HT5: DMA2 通道 5 半字传输中断
*       @arg DMA2_IT_TE5: DMA2 通道 5 传输错误中断
* @retval 无
* /
```

7.3.2　DMA 库函数配置过程

DMA 库函数配置过程的具体步骤如下：

（1）使能 DMA 时钟：RCC_AHBPeriphClockCmd()。

（2）初始化 DMA 通道：DMA_Init()。具体包括：设置通道、传输地址、传输方向、传输数据的数目、传输数据宽度、传输模式、优先级、是否开启存储器到存储器。

（3）使能外设 DMA。

（4）使能 DMA 通道传输。

（5）查询 DMA 传输状态。

7.4　DMA 存储器到存储器模式实例

存储器到存储器模式可以实现数据在两个内存的快速复制。本节先定义一个静态的源数据，然后使用 DMA 传输把源数据复制到目标地址上，最后对比源数据和目标地址的数据，检查是否传输准确。首先使用 DMA 控制串口发送数据，然后实现终端每收到一串数据后，LED 灯就翻转一次，Proteus 的仿真原理图如图 7-8 所示。

1. 基于 STM32CubeMX 工程的 DMA 工程创建

在基于之前 STM32CubeMX 创建工程的基础上，本节将创建 DMA 工程。基于 STM32F103C6Tx 芯片，并配置引脚参数。由于要借助 DMA 来实现串口通信，因此需要配置串口，本节选用串口 1，且波特率设定为 115 200，具体配置如图 7-9 所示。

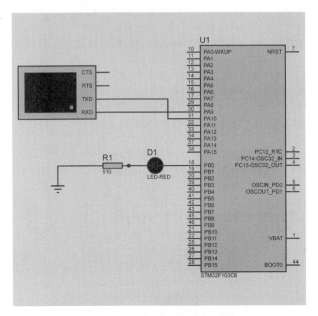

图 7-8　Proteus 的仿真原理图

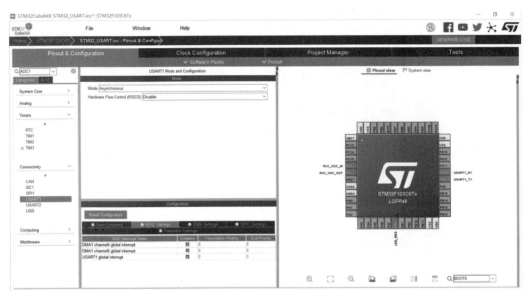

图 7-9　配置串口 1

配置好串口 1 后,需要设置 DMA 的参数。选择"System Core"选项卡,并选择"DMA"选项,如图 7-10 所示。

单击 DMA1 选项卡下的 Add 按钮添加 DMA 的配置信息。首先,将 USART1_RX 接收数据引脚关联到 DMA1 的通道 5,方向选择片内到内存;然后,将 USART1_TX 发送数据引脚关联到 DMA1 的通道 4;最后,配置一个内存到内存的方式。这里优先级保留默认值即可。具体如图 7-11 所示。

上述的选项信息设置完成后,单击"Generate Code"按钮生成 Keil 源代码。

图 7-10 DMA 选项卡

图 7-11 DMA 参数设置

2. Keil 软件

Keil 软件启动后,在 Keil 软件的左侧工程目录中打开 main.c 源代码,Keil 软件的右侧显示窗中包含的代码如下:

```
/* Private user code ---------------------------------------- */
/* USER CODE BEGIN 0 */
    uint8_t Senbuff[] = "\r\n**** Usart1 Output Data by DMA *** \r\n  DMA Test with Usart1
\r\n";   //定义数据发送数组
/* USER CODE END 0 */
```

```
/*该程序实现的功能是让串口每发送10个数据,LED灯的状态进行一次翻转. */
/* USER CODE BEGIN 1 */
    uint8_t num = 0;
  /* USER CODE END 1 */
  /* Infinite loop */
  /* USER CODE BEGIN WHILE */
  while (1)
  {
    /* USER CODE END WHILE */

    /* USER CODE BEGIN 3 */

        HAL_UART_Transmit_DMA(&huart1, (uint8_t * )Senbuff, sizeof(Senbuff));
        if(num++> = 2){
            HAL_GPIO_TogglePin(GPIOB, LED_RED_Pin);
            num = 0;
        }
        HAL_Delay(1000);
  }
  /* USER CODE END 3 */
```

DMA 的函数配置代码如下:

```
/* Includes ------------------------------------------------------ */
#include "dma.h"

/* USER CODE BEGIN 0 */

/* USER CODE END 0 */

/* ---------------------------------------------------------------- */
/* Configure DMA                                                    */
/* ---------------------------------------------------------------- */

/* USER CODE BEGIN 1 */

/* USER CODE END 1 */

/**
  * Enable DMA controller clock
  */
void MX_DMA_Init(void)
{

  /* DMA controller clock enable */
  __HAL_RCC_DMA1_CLK_ENABLE();

  /* DMA interrupt init */
  /* DMA1_Channel4_IRQn interrupt configuration */
  HAL_NVIC_SetPriority(DMA1_Channel4_IRQn, 0, 0);
  HAL_NVIC_EnableIRQ(DMA1_Channel4_IRQn);
  /* DMA1_Channel5_IRQn interrupt configuration */
```

```
    HAL_NVIC_SetPriority(DMA1_Channel5_IRQn, 0, 0);
    HAL_NVIC_EnableIRQ(DMA1_Channel5_IRQn);

}

/* USER CODE BEGIN 2 */

/* USER CODE END 2 */

/ ********************** (C) COPYRIGHT STMicroelectronics ***** END OF FILE **** /
```

串口的配置代码如下：

```
#include "usart.h"

/* USER CODE BEGIN 0 */

/* USER CODE END 0 */

UART_HandleTypeDef huart1;
DMA_HandleTypeDef hdma_usart1_rx;
DMA_HandleTypeDef hdma_usart1_tx;

/* USART1 init function */

void MX_USART1_UART_Init(void)
{

    huart1.Instance = USART1;
    huart1.Init.BaudRate = 115200;
    huart1.Init.WordLength = UART_WORDLENGTH_8B;
    huart1.Init.StopBits = UART_STOPBITS_1;
    huart1.Init.Parity = UART_PARITY_NONE;
    huart1.Init.Mode = UART_MODE_TX_RX;
    huart1.Init.HwFlowCtl = UART_HWCONTROL_NONE;
    huart1.Init.OverSampling = UART_OVERSAMPLING_16;
    if (HAL_UART_Init(&huart1) != HAL_OK)
    {
        Error_Handler();
    }

}

void HAL_UART_MspInit(UART_HandleTypeDef * uartHandle)
{

    GPIO_InitTypeDef GPIO_InitStruct = {0};
    if(uartHandle -> Instance == USART1)
    {
    /* USER CODE BEGIN USART1_MspInit 0 */
```

```c
/* USER CODE END USART1_MspInit 0 */
  /* USART1 clock enable */
  __HAL_RCC_USART1_CLK_ENABLE();

  __HAL_RCC_GPIOA_CLK_ENABLE();
  /** USART1 GPIO Configuration
  PA9      ------> USART1_TX
  PA10     ------> USART1_RX
  */
  GPIO_InitStruct.Pin = GPIO_PIN_9;
  GPIO_InitStruct.Mode = GPIO_MODE_AF_PP;
  GPIO_InitStruct.Speed = GPIO_SPEED_FREQ_HIGH;
  HAL_GPIO_Init(GPIOA, &GPIO_InitStruct);

  GPIO_InitStruct.Pin = GPIO_PIN_10;
  GPIO_InitStruct.Mode = GPIO_MODE_INPUT;
  GPIO_InitStruct.Pull = GPIO_NOPULL;
  HAL_GPIO_Init(GPIOA, &GPIO_InitStruct);

  /* USART1 DMA Init */
  /* USART1_RX Init */
  hdma_usart1_rx.Instance = DMA1_Channel5;
  hdma_usart1_rx.Init.Direction = DMA_PERIPH_TO_MEMORY;
  hdma_usart1_rx.Init.PeriphInc = DMA_PINC_DISABLE;
  hdma_usart1_rx.Init.MemInc = DMA_MINC_ENABLE;
  hdma_usart1_rx.Init.PeriphDataAlignment = DMA_PDATAALIGN_BYTE;
  hdma_usart1_rx.Init.MemDataAlignment = DMA_MDATAALIGN_BYTE;
  hdma_usart1_rx.Init.Mode = DMA_NORMAL;
  hdma_usart1_rx.Init.Priority = DMA_PRIORITY_LOW;
  if (HAL_DMA_Init(&hdma_usart1_rx) != HAL_OK)
  {
    Error_Handler();
  }

  __HAL_LINKDMA(uartHandle,hdmarx,hdma_usart1_rx);

  /* USART1_TX Init */
  hdma_usart1_tx.Instance = DMA1_Channel4;
  hdma_usart1_tx.Init.Direction = DMA_MEMORY_TO_PERIPH;
  hdma_usart1_tx.Init.PeriphInc = DMA_PINC_DISABLE;
  hdma_usart1_tx.Init.MemInc = DMA_MINC_ENABLE;
  hdma_usart1_tx.Init.PeriphDataAlignment = DMA_PDATAALIGN_BYTE;
  hdma_usart1_tx.Init.MemDataAlignment = DMA_MDATAALIGN_BYTE;
  hdma_usart1_tx.Init.Mode = DMA_NORMAL;
  hdma_usart1_tx.Init.Priority = DMA_PRIORITY_LOW;
  if (HAL_DMA_Init(&hdma_usart1_tx) != HAL_OK)
  {
    Error_Handler();
  }

  __HAL_LINKDMA(uartHandle,hdmatx,hdma_usart1_tx);

  /* USART1 interrupt Init */
```

```
    HAL_NVIC_SetPriority(USART1_IRQn, 0, 0);
    HAL_NVIC_EnableIRQ(USART1_IRQn);
/ * USER CODE BEGIN USART1_MspInit 1 * /

/ * USER CODE END USART1_MspInit 1 * /
  }
}

void HAL_UART_MspDeInit(UART_HandleTypeDef * uartHandle)
{

  if(uartHandle - > Instance == USART1)
  {
/ * USER CODE BEGIN USART1_MspDeInit 0 * /

/ * USER CODE END USART1_MspDeInit 0 * /
    / * Peripheral clock disable * /
    __HAL_RCC_USART1_CLK_DISABLE();

    / ** USART1 GPIO Configuration
    PA9        ------ > USART1_TX
    PA10         ------ > USART1_RX
     * /
    HAL_GPIO_DeInit(GPIOA, GPIO_PIN_9|GPIO_PIN_10);

    / * USART1 DMA DeInit * /
    HAL_DMA_DeInit(uartHandle - > hdmarx);
    HAL_DMA_DeInit(uartHandle - > hdmatx);

    / * USART1 interrupt Deinit * /
    HAL_NVIC_DisableIRQ(USART1_IRQn);
/ * USER CODE BEGIN USART1_MspDeInit 1 * /

/ * USER CODE END USART1_MspDeInit 1 * /
  }
}
```

系统的仿真运行结果,如图 7-12 所示。

观察图 7-13,当串口接收数据达到预定值时,GPIOB0 引脚的状态就切换一次。DMA 传输方式是利用 DMA 控制器直接控制总线,在外设与存储器之间建立一条直接通道,不需要 CPU 的中转。涉及总线控制权转移问题,即 DMA 传输前,CPU 需要把总线控制权交给 DMA 控制器,DMA 传输结束后,DMA 控制器再把总线控制权交还给 CPU。

3. Proteus 仿真结果分析

接下来,借助 Proteus 工具模拟 STM32F103C6Tx 进行 DMA 数据传输的仿真测试。本次实验的仿真环境如图 7-14 所示。本次实验中用到的芯片是 STM32F103C6,下面将 Keil 编译好的源程序烧写到 STM32F103C6 芯片中,并配置 STM32F103C6 芯片的参数。

基于发光二极管闪烁实验的原理图搭建的电路运行仿真。单击"运行仿真"或者快捷键 F12。在仿真运行后单击 BUTTON1 按钮,能够看到 STM32F103C6 引脚 PB0 和 D1 的变化,仿真结果如图 7-15 所示。

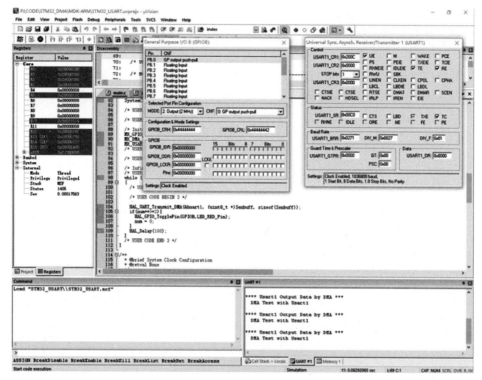

图 7-12　系统仿真结果 1

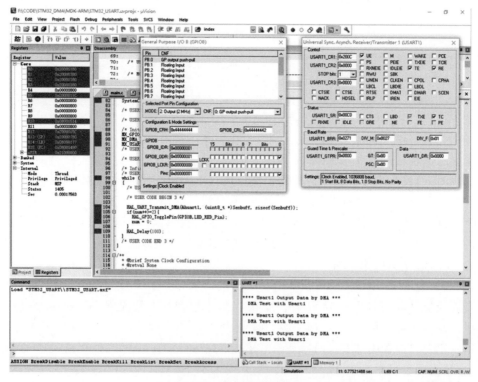

图 7-13　系统仿真结果 2

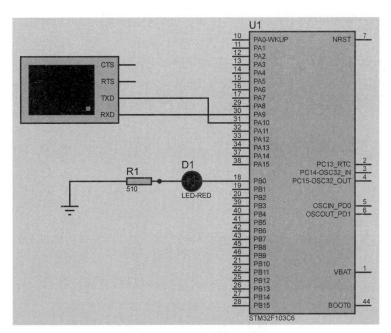

图 7-14　Proteus 仿真环境

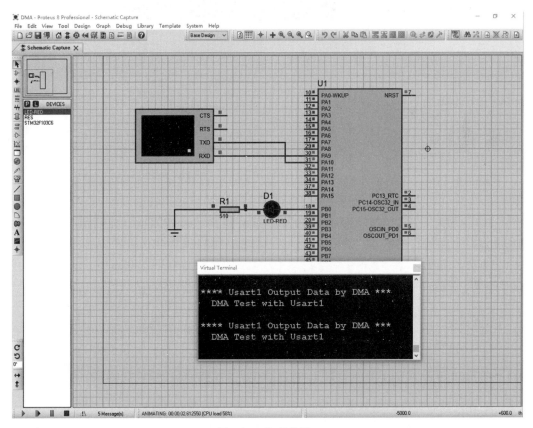

图 7-15　仿真结果 1

观察图 7-16,当串口 1 接收的数据大于设定值时,LED-RED 切换状态。

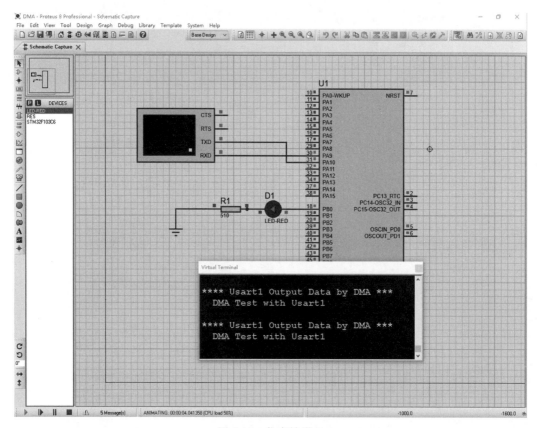

图 7-16　仿真结果 2

本章小结

本章主要介绍了 DMA 的概念、工作原理。重点掌握 STM32 的 DMA 概念,需要了解 STM32 的 DMA 的相关特性和基于 STM32 的 DMA 的标准库函数。要求学生熟练使用 STM32CubeMX 创建 DMA 工程,并熟练使用 Keil 和 Proteus 对 DMA 进行仿真调试,为后面的学习打下基础。

习题 7

1. 填空题

(1) STM32 的 DMA1 有_____个通道,而 DMA2 有_____个通道。

(2) STM32 的 DMA 每个通道都有_____、_____和_____ 3 个事件标志。

(3) 一个 DMA 控制器对应_____个数据流。

(4) 仲裁器管理数据流方法分为_____和_____两个阶段。

(5) DMA 传输具有_____和_____两个模式。

(6)_____只有外设到存储器和存储器到外设两种模式。

（7）DMA 传输类型有_____和_____传输。

2. 选择题

（1）（　　）是一种减轻 CPU 工作量的数据转移方式。

  A. 中断   B. 定时器   C. DMA   D. UART

（2）下列关于 DMA 描述不正确的是（　　）。

  A. DMA 传输实现高速数据移动过程无须任何 CPU 操作控制

  B. DMA 是一种接口技术

  C. 在 CPU 干预的情况下实现存储器与外围设备、存储器与存储器之间的数据交换

  D. DMA 的作用就是解决大量数据转移过度消耗 CPU 资源的问题

（3）下列关于 STM32 的 DMA 进行数据传输的必要条件不包括（　　）。

  A. 剩余传输数据量大于 0

  B. DMA 通道传输使能

  C. 通道上 DMA 数据传输有事件请求

  D. 通道上 DMA 数据传输没有优先级

3. 简答题

（1）简述什么是 DMA 及其作用。

（2）简述 DMA 的工作原理。

（3）简述 STM32 的 DMA 的主要特性。

（4）简述 STM32 的 DMA 配置步骤。

## 第 8 章

ADC

随着信息技术的迅猛发展和互联网＋产业升级理念的落地,越来越多数字化应用孕育而生。然而,很多领域的传感器设备产生的是模拟量,例如工业自动化、生产过程控制、智能化仪表等。在嵌入式系统应用中不能将这些模拟量信号交由微控制器直接处理,这是因为微控制器仅能处理数字信号,因此,需要将模拟信号转换为数字信号才能由微控制器进行处理。本章主要介绍模/数转换器的工作原理、STM32 中的模/数转换器、模/数转换器的配置步骤等,最后通过一个实例说明模/数转换器的工作原理。

学习目标

➤ 掌握模/数转换器(Analog-to-Digital Converter,ADC)的有关概念和特点;
➤ 掌握 STM32 的 ADC 概念和功能;
➤ 了解 STM32 的 ADC 的库函数;
➤ 熟练使用 STM32CubeMX 创建 ADC 工程;
➤ 熟练使用 Keil 和 Proteus 对 ADC 进行调试。

8.1 ADC 简介

ADC 是指将连续变化的模拟信号转换为离散的数字信号的器件。模拟量可以是电压、电流等电信号,也可以是压力、温度、湿度、位移、声音等非电信号。但在 ADC 转换前,输入到 ADC 的输入信号必须经各种传感器把各种物理量转换成电压信号。ADC 通常需要经过以下步骤,具体如图 8-1 所示。

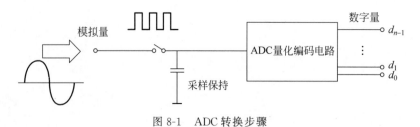

图 8-1　ADC 转换步骤

8.1.1 采样

采样指的是将一个随着时间变化的连续模拟信号转变为有离散变化性质的模拟信号，如图 8-2 所示。

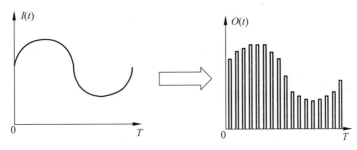

图 8-2　ADC 采样过程连续信号转换离散信号

在 ADC 转换期间，为了使输入信号不变，保持在开始转换时的值，通常要采用一个采样电路。启动转换实际上是把采样开关接通进行采样。在固定间隔为 t 的时刻抽取被测信号幅值。采样定律：采样频率应大于或等于被测信号频率的 2 倍以上才能复原信号，对模拟信号周期性地抽取样值，要求满足抽样定理，即 $f_s \geqslant 2f_{Imax}$。其中，f_s 为采样频率，f_{max} 为模拟信号的最大频率。

8.1.2 保持

采样保持是指在新的采样周期到来之前将采样得到的离散信号保存下来。在 ADC 转换期间，采样电路采样后，过一段时间，采样开关断开，采样电路进入保持模式，ADC 真正开始转换，转换过程中抽样信号保持不变。采样保持电路是指由采样电路和保持电路组成的电路。

8.1.3 量化

量化是在采样的基础上将采集到的模拟信号转换为与之对应的数字信号，如 0 或 1。量化阶梯是指由 0 到最大值的模拟输入范围被划分为 n 个值。采样所得幅值必须转化为某个规定的最小单位（量化单位 Δ，变化 1 个 LSB）的整数倍。模/数转化是为了把数字系统不能识别的采集信息转化为能识别的结果。在数字系统中只有"0"和"1"两个状态，而模拟量的状态很多。ADC 的作用就是把这个模拟量分为很多小份的量来组成数字量以便数字系统识别，所以量化的作用就是为了用数字量更精确表示模拟量，用有限个电平来表示样值脉冲的过程。

8.1.4 编码

编码是将离散幅值经过量化以后变为二进制数字的过程。首先，将量化后的信号转换成二进制代码，然后用 n 个比特的二进制码表示已量化的采样值，最后此二进制码即是 ADC 的输出结果。量化和编码构成了 ADC。

8.2 STM32 的 ADC

8.2.1 ADC 功能介绍

STM32 的 ADC 是指将采集到的连续模拟信号经过处理后转换为芯片可处理的数字信号的片内外设。STM32F103 系列有 3 个精度为 12 位的 ADC。每个 ADC 最多有 16 个外部通道和 2 个内部信号源。其中,ADC1 和 ADC2 都有 16 个外部通道;ADC3 一般有 8 个外部通道。各通道的 A/D 转换可以单次、连续、扫描或间断执行规则,有规则通道组和注入通道组。通道转换期间每次转换结束才可产生中断。ADC 的输入时钟不得超过 14MHz,其时钟频率由 PCLK2 分频产生。STM32 的 ADC 转换结果可以左对齐或右对齐方式存储在 16 位数据寄存器中。STM32 上集成的 ADC 功能十分强大,有如下的技术指标与特性:

(1) 具有 12 位分辨率,属于逐次逼近型。ADC 转换数据的最大值如下:

$$2^{12} = 4096$$

(2) ADC 的采样电压是 $0 \sim 3.6 \mathrm{V}$ 的转换范围,那么模拟量计算公式如下:

$$y = \frac{x}{2^{12}} \times 3.6$$

其中,y 为转换后的采样值;x 为 ADC 采集的实际电压值。

8.2.2 ADC 功能框图

下面介绍 STM32 的外设 ADC 的功能框图,如图 8-3 所示。

图 8-3 的功能框图可以大体分为 7 部分,具体如下。

(1) 电压输入范围。

ADC 所能测量的电压范围就是 VREF−≤VIN≤VREF+。如果将 VSSA 和 VREF−接 GND,将 VREF+和 VDDA 接 3.3V,那么得到 ADC 的输入电压变化范围为 $0 \sim 3.3 \mathrm{V}$。

(2) 输入通道。

ADC 的信号输入就是通过通道来实现的,信号通过通道输入到 STM32 中,STM32 经过转换后,将模拟信号输出为数字信号。STM32 中的 ADC 有 18 个通道,其中 GPIO 外部的 16 个通道已经在框图中标出,如图 8-4 所示。

外部的 16 个通道对应着不同的 STM32 的 GPIO 口。此外,ADC1/2/3 还有内部通道:ADC1 的通道 16 连接到了芯片内部的温度传感器,Vrefint 连接到了通道 17。ADC2 的模拟通道 16 和 17 连接到了内部的 VSS。ADC 的全部通道如表 8-1 所示。

16 个外部通道在进行转换时可以被分为两种类型,分别是规则通道和注入通道,其中规则通道最多有 16 路,注入通道最多有 4 路(注入通道貌似使用不多)。规则通道顾名思义就是,最平常的通道、也是最常用的通道,平时的 ADC 转换都是用规则通道实现的。注入通道是相对于规则通道而言的,注入通道能够在规则通道转换时进行强行插入转换,可以看作是一个"中断通道"。当有注入通道需要转换时,规则通道的转换会停止,优先执行注入通道的转换,当注入通道的转换执行完毕后,再回到之前规则通道进行转换。

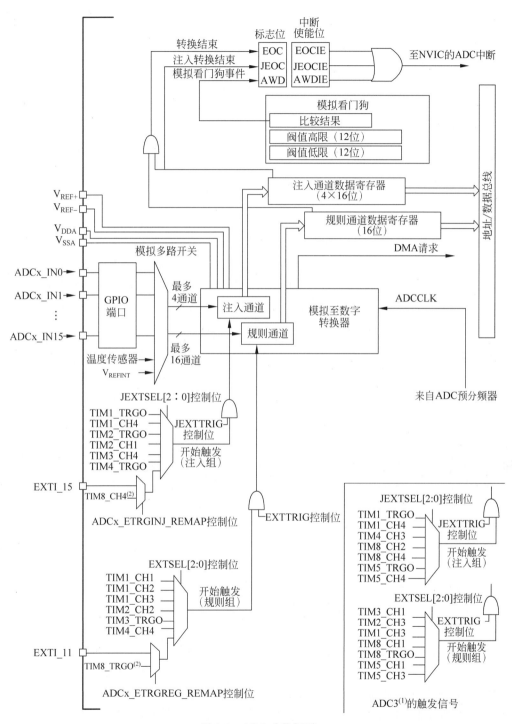

图 8-3　ADC 功能框图

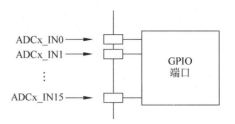

图 8-4　GPIO 的外部 16 个通道

表 8-1　ADC 全部通道

ADC1	GPIO 端口	ADC2	GPIO 端口	ADC3	GPIO 端口
通道 0	PA0	通道 0	PA0	通道 0	PA0
通道 1	PA1	通道 1	PA1	通道 1	PA1
通道 2	PA2	通道 2	PA2	通道 2	PA2
通道 3	PA3	通道 3	PA3	通道 3	PA3
通道 4	PA4	通道 4	PA4	通道 4	没有通道
通道 5	PA5	通道 5	PA5	通道 5	没有通道
通道 6	PA6	通道 6	PA6	通道 6	没有通道
通道 7	PA7	通道 7	PA7	通道 7	没有通道
通道 8	PB0	通道 8	PB0	通道 8	没有通道
通道 9	PB1	通道 9	PB1	通道 9	连接内部 VSS
通道 10	PC0	通道 10	PC0	通道 10	PC0
通道 11	PC1	通道 11	PC1	通道 11	PC1
通道 12	PC2	通道 12	PC2	通道 12	PC2
通道 13	PC3	通道 13	PC3	通道 13	PC3
通道 14	PC4	通道 14	PC4	通道 14	连接内部 VSS
通道 15	PC5	通道 15	PC5	通道 15	连接内部 VSS
通道 16	连接内部温度传感器	通道 16	连接内部 VSS	通道 16	连接内部 VSS
通道 17	连接内部 V_{REFINT}	通道 17	连接内部 VSS	通道 17	连接内部 VSS

（3）转换顺序。

了解了 ADC 的转换通道后，如果 ADC 只使用一个通道来转换，那就很简单，但如果是使用多个通道进行转换就涉及一个先后顺序了，毕竟规则转换通道只有一个数据寄存器。多个通道的使用顺序分为两种情况：规则通道的转换顺序和注入通道的转换顺序。具体如下：

规则通道中的转换顺序由三个寄存器控制：SQR1、SQR2、SQR3，它们都是 32 位寄存器。SQR 寄存器控制着转换通道的数目和转换顺序，只要在对应的寄存器位 SQx 中写入相应的通道，这个通道就是第 x 个转换的。

与规则通道转换顺序的控制一样，注入通道的转换也是通过注入寄存器来控制，只不过只有一个 JSQR 寄存器来控制。需要说明的是，当 JL＝4 时，注入通道的转换顺序按照 JSQ1、JSQ2、JSQ3、JSQ4 的顺序执行；否则，如果 JL＜4，那么注入通道的转换顺序为倒序，即 JSQ4、JSQ3、JSQ2、JSQ1。

（4）触发源。

触发源是在 ADC 转换的输入通道和转换顺序基础上用于说明 ADC 转换是如何被触发的来源。就像通信协议一样，都要规定一个起始信号才能传输信息，ADC 也需要一个触发信号来实现模/数转换。其一就是通过直接配置寄存器触发，通过配置控制寄存器 CR2 的 ADON 位，写 1 时开始转换，写 0 时停止转换。在程序运行过程中只要调用库函数，将 CR2 寄存器的 ADON 位置 1 就可以进行转换。其二，还可以通过内部定时器或者外部 GPIO 触发转换，也就是说可以利用内部时钟让 ADC 进行周期性的转换，也可以利用外部 GPIO 使 ADC 在需要时转换，具体的触发由控制寄存器 CR2 决定。

（5）转换时间。

转换时间是指 ADC 每一次信号转换所需的时间。转换时间由输入时钟和采样周期决定，即转换时间＝采样时间＋12.5 个周期。12.5 个周期是固定的，一般设置 PCLK2＝72MHz，经过 ADC 预分频器能分频到最大的时钟只能是 12MHz，采样周期设置为 1.5 个周期，算出最短的转换时间为 1.17μs。

输入时钟是由 PCLK2(72MHz)经过分频得到的，主要是因为 ADC 在 STM32 中是挂载在 APB2 总线上的，所以分频因子由 RCC 时钟配置寄存器 RCC_CFGR 位[15：14]和 ADCPRE[1：0]共同设置，可以为 2/4/6/8 分频，一般配置分频因子为 8，即 8 分频得到 ADC 的输入时钟频率为 9MHz。

采样周期是确立在输入时钟上的，配置采样周期可以确定使用多少个 ADC 时钟周期来对电压进行采样，采样的周期数可通过 ADC 采样时间寄存器 ADC_SMPR1 和 ADC_SMPR2 中的 SMP[2：0]位设置，ADC_SMPR2 控制的是通道 0～9，ADC_SMPR1 控制的是通道 10～17。每个通道可以配置不同的采样周期，但最小的采样周期是 1.5，也就是说如果想以最快时间采样，就要设置采样周期为 1.5。

（6）数据寄存器。

转换完成后的数据就存放在数据寄存器中，但转换完成后数据的存放也分为规则通道转换数据和注入通道转换数据。规则数据寄存器负责存放规则通道转换的数据，通过 32 位寄存器 ADC_DR 来存放。当使用 ADC 独立模式(也就是只使用一个 ADC，可以使用多个通道)时，数据存放在低 16 位中；当使用 ADC 多模式时高 16 位存放 ADC2 的数据。需要注意的是，ADC 转换的精度是 12 位，而寄存器中有 16 个位来存放数据，所以要规定数据存放是左对齐还是右对齐。当使用多个通道转换数据时，会产生多个转换数据，然而数据寄存器只有一个，多个数据存放在一个寄存器中会覆盖数据导致 ADC 转换错误，所以经常在一个通道转换完成之后就立刻将数据取出来，方便下一个数据存放。一般开启 DMA 模式将转换的数据传输在一个数组中，程序对数组读操作就可以得到转换的结果。注入通道转换的数据寄存器有 4 个，由于注入通道最多有 4 个，所以注入通道转换的数据都有固定的存放位置，不会像规则寄存器那样产生数据覆盖的问题。

ADC_JDRx 是 32 位的，低 16 位有效，高 16 位保留，数据同样分为左对齐和右对齐，具体是以哪一种方式存放，由 ADC_CR2 的 11 位 ALIGN 设置。

（7）中断。

中断的配置都由 ADC_SR 寄存器决定。当然，在转换完成之后也可以产生 DMA 请求，从而将转换好的数据从数据寄存器中读取到内存中。经过 ADC 数据转换完成之后可以产生中断,有三种情况:①规则通道数据转换完成之后,产生一个中断,这时在中断函数中读取规则数据寄存器的值,这也是单通道时读取数据的一种方法;②注入通道数据转换完成之后,产生一个中断,并且也可以在中断中读取注入数据寄存器的值,达到读取数据的目的;③当输入的模拟量(电压)不在阈值范围内就会产生看门狗事件,用来监视输入的模拟量是否正常。

电压转换经过上述操作后,ADC 转换后的数据是一个 12 位的二进制数。如果使用 ADC 转换的结果,那么就需要把这个二进制数代表的模拟量(电压)用数字表示出来。比如测量的电压范围是 0~3.6V,转换后的结果是 x,因为 12 位 ADC 在转换时将电压的范围大小(也就是 3.6V)分为 4096(2^{12})份,所以转换后的 x 代表的真实电压的计算方法就是 x * 3.3/4096,其中 3.3 为 ADC 的参考电压。

8.3 STM32 的 ADC 标准库函数

8.3.1 ADC 标准库函数的介绍

STM32 的每个外设的核心都有与其对应的初始化结构体,ADC 的初始化结构体如下:

```
typedef struct
 {
 uint32_t ADC_Mode;                        //ADC 工作模式选择,可以将 ADC 配置为在独立或双模
                                           //式下运行。此参数可以为@ref ADC_mode。
 FunctionalState ADC_ScanConvMode;         //ADC 扫描(多通道)或者单次(单通道)模式选择,指定
                                           //是在扫描(多通道)还是单通道(一通道)模式下执行
                                           //转换。此参数可以设置为启用或禁用。
 FunctionalState ADC_ContinuousConvMode;   //ADC 单次转换或者连续转换选择,指定是以连续模式
                                           //还是以单一模式执行转换。此参数可以设置为启用
                                           //或禁用。
 uint32_t ADC_ExternalTrigConv;            //ADC 转换触发信号选择,定义用于启动常规通道的模
                                           //拟到数字转换的外部触发器。此参数可以为@ref
                                           //ADC_external_trigger_sources_for_regular_channels_
                                           //conversion。
 uint32_t ADC_DataAlign;                   //ADC 数据寄存器对齐格式,指定 ADC 数据对齐方式是
                                           //左右的。此参数可以为@ref ADC_data_align。
 uint8_t ADC_NbrOfChannel;                 //ADC 采集通道数,指定将使用常规通道组的定序器进
                                           //行转换的 ADC 通道数。此参数的范围必须为 1~16。
 } ADC_InitTypeDef;
```

通过配置初始化结构体来设置 ADC 的相关信息,下面列出了 ADC 外设常用的库函数。

```
 void ADC_DeInit(ADC_TypeDef * ADCx)
 /**
    * @描述   将 ADCx 外围设备寄存器初始化为其默认值
    * @参数   ADCx:其中 x 可以为 1、2 或 3,以确定选择具体的 ADC 外设
    * @返回值  无
    */
 void ADC_Init(ADC_TypeDef * ADCx, ADC_InitTypeDef * ADC_InitStruct);
```

```
/**
 * @描述    根据 ADC_InitStruct 中指定参数初始化 ADCx 外围设备
 *
 * @参数    ADCx:其中 x 可以为 1、2 或 3,以确定选择具体的 ADC 外设
 * @参数    ADC_InitStruct: 指向包含指定 ADC 外围设备的配置信息的
 *          ADC_InitTypeDef 结构体的指针
 * @返回值   无
 */
void ADC_StructInit(ADC_InitTypeDef * ADC_InitStruct);
/**
 * @描述    向每个 ADC_InitStruct 成员填充其默认值
 * @参数    ADC_InitStruct :指向将被初始化的 ADC_InitTypeDef 结构体的指针
 * @返回值   无
 */
void ADC_Cmd(ADC_TypeDef * ADCx, FunctionalState NewState);
/**
 * @描述    启用或禁用指定的 ADC 外围设备
 * @参数    ADCx:其中 x 可以为 1、2 或 3,以确定选择具体的 ADC 外设
 * @参数    NewState: ADCx 外围设备的新状态。此参数可以是:启用或禁用
 *    NewState 包括 ENABLE 和 DISABLE 两个状态
 * @返回值   无
 */
void ADC_DMACmd(ADC_TypeDef * ADCx, FunctionalState NewState);
/**
 * @描述    启用或禁用指定 ADC 的 DMA 请求
 * @参数    ADCx:其中 x 可以为 1、2 或 3,以确定选择具体的 ADC 外设
 * 注: ADC2 没有 DMA 功能
 * @参数    NewState: 所选 ADC 的 DMA 传输的状态
 *          NewState 包括 ENABLE 和 DISABLE 两个状态
 * @返回值   无
 */
void ADC_ITConfig(ADC_TypeDef * ADCx, uint16_t ADC_IT, FunctionalState NewState);
/**
 * @描述    启用或禁用指定的 ADC 中断
 * @参数    ADCx:其中 x 可以为 1、2 或 3,以确定选择具体的 ADC 外设
 * @参数    ADC_IT: 指定要启用或禁用的 ADC 中断源
 *    此参数可以是以下值的任意组合:
 *      @arg ADC_IT_EOC: 转换中断屏蔽的结束
 *      @arg ADC_IT_AWD: 模拟看门狗中断屏蔽
 *      @arg ADC_IT_JEOC: 注入转换中断屏蔽结束
 *      @参数   NewState: 指定的 ADC 中断的新状态
 *              NewState 包括 ENABLE 和 DISABLE 两个状态
 * @返回值   无
 */
void ADC_ResetCalibration(ADC_TypeDef * ADCx);
/**
 * @描述    重置所选的 ADC 校准寄存器
 * @参数    ADCx:其中 x 可以为 1、2 或 3,以确定选择具体的 ADC 外设
 * @返回值   无
 */
FlagStatus ADC_GetResetCalibrationStatus(ADC_TypeDef * ADCx);
```

```
/**
  * @描述   获取选定的 ADC 复位校准寄存器状态
  * @参数   ADCx:其中 x 可以为 1、2 或 3,以确定选择具体的 ADC 外设
  * @返回值   ADC 重置校准寄存器的新状态(设置或重置)
  *          FlagStatus 包括 SET 和 RESET 两个状态值
  */
void ADC_StartCalibration(ADC_TypeDef * ADCx);
/**
  * @描述   启动选定的 ADC 校准程序
  * @参数   ADCx:其中 x 可以为 1、2 或 3,以确定选择具体的 ADC 外设
  * @返回值   无
  */
FlagStatus ADC_GetCalibrationStatus(ADC_TypeDef * ADCx);
/**
  * @描述   获取选定的 ADC 校准状态
  * @参数   ADCx:其中 x 可以为 1、2 或 3,以确定选择具体的 ADC 外设
  * @返回值   ADC 校准的新状态(设置或重置)
  *          FlagStatus 包括 SET 和 RESET 两个状态值
  */
void ADC_SoftwareStartConvCmd(ADC_TypeDef * ADCx, FunctionalState NewState);
/**
  * @描述   启用或禁用选定的 ADC 软件开始转换
  * @参数   ADCx:其中 x 可以为 1、2 或 3,以确定选择具体的 ADC 外设
  * @参数   NewState: 所选 ADC 软件开始转换的新状态
  *          NewState 包括 ENABLE 和 DISABLE 两个状态
  * @返回值   无
  */
FlagStatus ADC_GetSoftwareStartConvStatus(ADC_TypeDef * ADCx);
/**
  * @描述   获取选定的 ADC 软件开始转换状态
  * @参数   ADCx:其中 x 可以为 1、2 或 3,以确定选择具体的 ADC 外设
  * @返回值   ADC 软件启动转换的新状态(设置或重置)
  *          FlagStatus 包括 SET 和 RESET 两个状态值
  */
void ADC_DiscModeChannelCountConfig(ADC_TypeDef * ADCx, uint8_t Number);
/**
  * @描述   配置所选 ADC 常规组通道为不连续模式
  * @参数   ADCx:其中 x 可以为 1、2 或 3,以确定选择具体的 ADC 外设
  * @参数   Number: 指定不连续模式的常规信道计数值。此数字必须介于 1~8
  * @返回值   无
  */
void ADC_DiscModeCmd(ADC_TypeDef * ADCx, FunctionalState NewState);
/**
  * @描述   启用或禁用指定 ADC 的常规组通道上的不连续模式
  * @参数   ADCx:其中 x 可以为 1、2 或 3,以确定选择具体的 ADC 外设
  * @参数   NewState: 在常规组通道上,选定的 ADC 不连续模式的新状态
  *          NewState 包括 ENABLE 和 DISABLE 两个状态
  * @返回值   无
  */
void ADC_RegularChannelConfig(ADC_TypeDef * ADCx, uint8_t ADC_Channel, uint8_t Rank, uint8_t
ADC_SampleTime);
```

```
/**
  * @描述   为选定的 ADC 常规通道配置其在定序器中的相应等级及其采样时间
  * @参数   ADCx:其中 x 可以为 1、2 或 3,以确定选择具体的 ADC 外设
  * @参数   ADC_Channel:要配置的 ADC 通道
  *   此参数可以是以下值之一:
  *       @arg ADC_Channel_0: 选择的 ADC 通道 0
  *       @arg ADC_Channel_1: 选择的 ADC 通道 1
  *       @arg ADC_Channel_2: 选择的 ADC 通道 2
  *       @arg ADC_Channel_3: 选择的 ADC 通道 3
  *       @arg ADC_Channel_4: 选择的 ADC 通道 4
  *       @arg ADC_Channel_5: 选择的 ADC 通道 5
  *       @arg ADC_Channel_6: 选择的 ADC 通道 6
  *       @arg ADC_Channel_7: 选择的 ADC 通道 7
  *       @arg ADC_Channel_8: 选择的 ADC 通道 8
  *       @arg ADC_Channel_9: 选择的 ADC 通道 9
  *       @arg ADC_Channel_10: 选择的 ADC 通道 10
  *       @arg ADC_Channel_11: 选择的 ADC 通道 11
  *       @arg ADC_Channel_12: 选择的 ADC 通道 12
  *       @arg ADC_Channel_13: 选择的 ADC 通道 13
  *       @arg ADC_Channel_14: 选择的 ADC 通道 14
  *       @arg ADC_Channel_15: 选择的 ADC 通道 15
  *       @arg ADC_Channel_16: 选择的 ADC 通道 16
  *       @arg ADC_Channel_17: 选择的 ADC 通道 17
  * @参数   Rank:常规组定序器中的排名。此参数必须介于 1~16
  * @参数   ADC_SampleTime: 要为选定的频道设置的采样时间值
  *   此参数可以是以下值之一:
  *       @arg ADC_SampleTime_1Cycles5:采样时间等于 1.5 个周期
  *       @arg ADC_SampleTime_7Cycles5:采样时间等于 7.5 个周期
  *       @arg ADC_SampleTime_13Cycles5:采样时间等于 13.5 个周期
  *       @arg ADC_SampleTime_28Cycles5:采样时间等于 28.5 个周期
  *       @arg ADC_SampleTime_41Cycles5:采样时间等于 41.5 个周期
  *       @arg ADC_SampleTime_55Cycles5:采样时间等于 55.5 个周期
  *       @arg ADC_SampleTime_71Cycles5:采样时间等于 71.5 个周期
  *       @arg ADC_SampleTime_239Cycles5:采样时间等于 239.5 个周期
  * @返回值   无
  */
void ADC_ExternalTrigConvCmd(ADC_TypeDef * ADCx, FunctionalState NewState);
/**
  * @描述   通过外部触发器启用或禁用 ADCx 转换
  * @参数   ADCx:其中 x 可以为 1、2 或 3,以确定选择具体的 ADC 外设
  * @参数   NewState: 选定的 ADC 外部触发器开始转换的新状态
  *           NewState 包括 ENABLE 和 DISABLE 两个状态
  * @返回值   无
  */
uint16_t ADC_GetConversionValue(ADC_TypeDef * ADCx);
/**
  * @描述   返回常规通道的最新的 ADCx 转换结果数据
  * @参数   ADCx:其中 x 可以为 1、2 或 3,以确定选择具体的 ADC 外设
  * @返回值   数据转换值
  */
uint32_t ADC_GetDualModeConversionValue(void);
```

```
/**
  * @描述   以双模式返回最后一个 ADC1 和 ADC2 的转换结果数据
  * @返回值   数据转换值
  */
void ADC_AutoInjectedConvCmd(ADC_TypeDef * ADCx, FunctionalState NewState);
/**
  * @描述   在常规组转换之后,启用或禁用选定的 ADC 自动注入组转换
  * @参数   ADCx:其中 x 可以为 1、2 或 3,以确定选择具体的 ADC 外设
  * @参数   NewState: 所选 ADC 自动注入转换的新状态
  *          NewState 包括 ENABLE 和 DISABLE 两个状态
  * @返回值   无
  */
void ADC_InjectedDiscModeCmd(ADC_TypeDef * ADCx, FunctionalState NewState);
/**
  * @描述   启用或禁用指定 ADC 的注入组通道的不连续模式
  * @参数   ADCx:其中 x 可以为 1、2 或 3,以确定选择具体的 ADC 外设
  * @参数   NewState: 注入组通道上选定的 ADC 不连续模式的新状态
  *          NewState 包括 ENABLE 和 DISABLE 两个状态
  * @返回值   无
  */
void ADC_ExternalTrigInjectedConvConfig(ADC_TypeDef * ADCx, uint32_t ADC_ExternalTrigInjecConv);
/**
  * @描述   为注入的通道转换配置 ADCx 外部触发器
  * @参数   ADCx:其中 x 可以为 1、2 或 3,以确定选择具体的 ADC 外设
  * @参数   ADC_ExternalTrigInjecConv: 指定要开始注入转换的 ADC 触发器
  *    此参数可以是以下值之一:
  *      @arg ExternalTrigInjecConv_T1_TRGO: 选择的计时器 1 触发输出事件(用于 ADC1、ADC2 和 ADC3)
  *      @arg ExternalTrigInjecConv_T1_CC4: 选择的定时器 1 捕获比较 4(用于 ADC1、ADC2 和 ADC3)
  *      @arg ExternalTrigInjecConv_T2_TRGO: 选择的计时器 2 触发输出事件 (用于 ADC1 和 ADC2)
  *      @arg ExternalTrigInjecConv_T2_CC1: 选择的计时器 2 捕获比较 1(用于 ADC1 和 ADC2)
  *      @arg ADC_ExternalTrigInjecConv_T3_CC4: 选择的计时器 3 捕获比较 4(用于 ADC1 和 ADC2)
  *      @arg ExternalTrigInjecConv_T4_TRGO: 选择的计时器 2 触发输出事件   (用于 ADC1 和 ADC2)
  *      @arg ADC_ExternalTrigInjecConv_Ext_IT15_TIM8_CC4: 外部中断线 15 或定时器 8 的捕获
  *        比较 4 的选定事件(用于 ADC1 和 ADC2)
  *      @arg ADC_ExternalTrigInjecConv_T4_CC3: 选择的计时器 4 捕获比较 3(仅适用于 ADC3)
  *      @arg ADC_ExternalTrigInjecConv_T8_CC2: 选择的定时器 8 捕获比较 2(仅适用于 ADC3)
  *      @arg ADC_ExternalTrigInjecConv_T8_CC4: 选择的定时器 8 捕获比较 4(仅适用于 ADC3)
  *      @arg ADC_ExternalTrigInjecConv_T5_TRGO: 选择了定时器 5 触发输出事件(仅适用于 ADC3)
  *      @arg ADC_ExternalTrigInjecConv_T5_CC4: 选择了定时器 5 捕获比较 4(仅适用于 ADC3)
  *      @arg ADC_ExternalTrigInjecConv_None: 由软件启动而非外部触发器启动的注入转换(用
  *        于 ADC1、ADC2 和 ADC3)
  * @返回值   无
  */
void ADC_ExternalTrigInjectedConvCmd(ADC_TypeDef * ADCx, FunctionalState NewState);
/**
  * @描述   通过外部触发器启用或禁用其中的 ADCx 注入的通道转换
  * @参数   ADCx:其中 x 可以为 1、2 或 3,以确定选择具体的 ADC 外设
  * @参数   NewState: 注入转换开始选定的 ADC 外部触发器的新状态
  *          NewState 包括 ENABLE 和 DISABLE 两个状态
  * @返回值   无
  */
```

```
void ADC_SoftwareStartInjectedConvCmd(ADC_TypeDef * ADCx, FunctionalState NewState);
/**
  * @描述   注入转换开始选定的 ADC 外部触发器的新状态
  * @参数   ADCx:其中 x 可以为 1、2 或 3,以确定选择具体的 ADC 外设
  * @参数   NewState: 所选 ADC 软件开始注入转换的新状态
  *         NewState 包括 ENABLE 和 DISABLE 两个状态
  * @返回值  无
  */
FlagStatus ADC_GetSoftwareStartInjectedConvCmdStatus(ADC_TypeDef * ADCx);
/**
  * @描述   获取所选 ADC 软件开始注入的转换状态
  * @参数   ADCx:其中 x 可以为 1、2 或 3,以确定选择具体的 ADC 外设
  * @返回值  ADC 软件开始注入转换的新状态(设置或重置)
  *         FlagStatus 包括 SET 和 RESET 两个状态值
  */
void ADC_InjectedChannelConfig(ADC_TypeDef * ADCx, uint8_t ADC_Channel, uint8_t Rank, uint8_
t ADC_SampleTime);
/**
  * @描述   配置所选 ADC 注入通道在分序器中的相应等级及其采样时间
  * @参数   ADCx:其中 x 可以为 1、2 或 3,以确定选择具体的 ADC 外设
  * @参数   ADC_Channel: 要配置的 ADC 通道
  *     此参数可以是以下值之一:
  *       @arg ADC_Channel_0: 选择的 ADC 通道 0
  *       @arg ADC_Channel_1: 选择的 ADC 通道 1
  *       @arg ADC_Channel_2: 选择的 ADC 通道 2
  *       @arg ADC_Channel_3: 选择的 ADC 通道 3
  *       @arg ADC_Channel_4: 选择的 ADC 通道 4
  *       @arg ADC_Channel_5: 选择的 ADC 通道 5
  *       @arg ADC_Channel_6: 选择的 ADC 通道 6
  *       @arg ADC_Channel_7: 选择的 ADC 通道 7
  *       @arg ADC_Channel_8: 选择的 ADC 通道 8
  *       @arg ADC_Channel_9: 选择的 ADC 通道 9
  *       @arg ADC_Channel_10: 选择的 ADC 通道 10
  *       @arg ADC_Channel_11: 选择的 ADC 通道 11
  *       @arg ADC_Channel_12: 选择的 ADC 通道 12
  *       @arg ADC_Channel_13: 选择的 ADC 通道 13
  *       @arg ADC_Channel_14: 选择的 ADC 通道 14
  *       @arg ADC_Channel_15: 选择的 ADC 通道 15
  *       @arg ADC_Channel_16: 选择的 ADC 通道 16
  *       @arg ADC_Channel_17: 选择的 ADC 通道 17
  * @参数   Rank: 在注入的组定序器中的等级。此参数必须介于 1~4
  * @参数   ADC_SampleTime: 要为选定的频道设置采样时间值
  *     此参数可以是以下值之一:
  *       @arg ADC_SampleTime_1Cycles5: 采样时间等于 1.5 个周期
  *       @arg ADC_SampleTime_7Cycles5: 采样时间等于 7.5 个周期
  *       @arg ADC_SampleTime_13Cycles5: 采样时间等于 13.5 个周期
  *       @arg ADC_SampleTime_28Cycles5: 采样时间等于 28.5 个周期
  *       @arg ADC_SampleTime_41Cycles5: 采样时间等于 41.5 个周期
  *       @arg ADC_SampleTime_55Cycles5: 采样时间等于 55.5 个周期
  *       @arg ADC_SampleTime_71Cycles5: 采样时间等于 71.5 个周期
```

```
 *        @arg ADC_SampleTime_239Cycles5: 采样时间等于 239.5 个周期
 * @返回值  无
 */
void ADC_InjectedSequencerLengthConfig(ADC_TypeDef * ADCx, uint8_t Length);
/**
 * @描述   配置注入通道的定序器长度
 * @参数   ADCx:其中 x 可以为 1、2 或 3,以确定选择具体的 ADC 外设
 * @参数   Length: 定序长度
 *         此参数必须是一个介于 1~4 的数字
 * @返回值  无
 */
void ADC_SetInjectedOffset(ADC_TypeDef * ADCx, uint8_t ADC_InjectedChannel, uint16_t Offset);
/**
 * @描述   设置所注入的通道转换值的偏移量
 * @参数   ADCx:其中 x 可以为 1、2 或 3,以确定选择具体的 ADC 外设
 * @参数   ADC_InjectedChannel: ADC 注入通道以设置其偏移量
 *    此参数可以是以下值之一:
 *       @arg ADC_InjectedChannel_1: 选择的已注入的通道 1
 *       @arg ADC_InjectedChannel_2: 选择的已注入的通道 2
 *       @arg ADC_InjectedChannel_3: 选择的已注入的通道 3
 *       @arg ADC_InjectedChannel_4: 选择的已注入的通道 4
 * @参数   Offset: 所选 ADC 注入信道的偏移值
 *                  此参数必须为 12 位值
 * @返回值  无
 */


uint16_t ADC_GetInjectedConversionValue(ADC_TypeDef * ADCx, uint8_t ADC_InjectedChannel);
/**
 * @描述   返回 ADC 注入的信道转换结果
 * @参数   ADCx:其中 x 可以为 1、2 或 3,以确定选择具体的 ADC 外设
 * @参数   ADC_InjectedChannel: 转换后的 ADC 注入通道
 *    此参数可以是以下值之一:
 *       @arg ADC_InjectedChannel_1: 选择的已注入的通道 1
 *       @arg ADC_InjectedChannel_2: 选择的已注入的通道 2
 *       @arg ADC_InjectedChannel_3: 选择的已注入的通道 3
 *       @arg ADC_InjectedChannel_4: 选择的已注入的通道 4
 * @返回值  数据转换值
 */
void ADC_AnalogWatchdogCmd(ADC_TypeDef * ADCx, uint32_t ADC_AnalogWatchdog);
/**
 * @描述   在单个或者所有常规通道或注入的通道上启用或禁用模拟看门狗
 * @参数   ADCx:其中 x 可以为 1、2 或 3,以确定选择具体的 ADC 外设
 * @参数   ADC_AnalogWatchdog: ADC 模拟看门狗配置
 *    此参数可以是以下值之一:
 *       @arg ADC_AnalogWatchdog_SingleRegEnable:在一个单一的常规通道上的模拟看门狗
 *       @arg ADC_AnalogWatchdog_SingleInjecEnable: 在一个单一的注入通道上的模拟看门狗
 *       @arg ADC_AnalogWatchdog_SingleRegOrInjecEnable: 在单一常规或注入通道上的模拟看门狗
 *       @arg ADC_AnalogWatchdog_AllRegEnable: 所有常规通道上的模拟看门狗
 *       @arg ADC_AnalogWatchdog_AllInjecEnable: 所有注入通道上的模拟看门狗
 *       @arg ADC_AnalogWatchdog_AllRegAllInjecEnable:在所有常规通道和注入通道上的模拟看门狗
 *       @arg ADC_AnalogWatchdog_None: 没有由模拟看门狗保护的通道
```

```
  * @返回值  无
  * /
void ADC_AnalogWatchdogThresholdsConfig(ADC_TypeDef * ADCx, uint16_t HighThreshold, uint16_t
LowThreshold);
/**
  * @描述  配置模拟看门狗的高低阈值
  * @参数  ADCx:其中 x 可以为 1、2 或 3,以确定选择具体的 ADC 外设
  * @参数  HighThreshold: ADC 模拟看门狗的高阈值
  *        此参数必须为 12 位值
  * @参数  LowThreshold: ADC 模拟看门狗的低阈值
  *        此参数必须为 12 位值
  * @返回值  无
  * /


void ADC_AnalogWatchdogSingleChannelConfig(ADC_TypeDef * ADCx, uint8_t ADC_Channel);
/**
  * @描述  配置模拟看门狗保护的单通道
  * @参数  ADCx:其中 x 可以为 1、2 或 3,以确定选择具体的 ADC 外设
  * @参数  ADC_Channel:为模拟看门狗配置的 ADC 通道
  *    此参数可以是以下值之一:
  *      @arg ADC_Channel_0: 选择的 ADC 通道 0
  *      @arg ADC_Channel_1: 选择的 ADC 通道 1
  *      @arg ADC_Channel_2: 选择的 ADC 通道 2
  *      @arg ADC_Channel_3: 选择的 ADC 通道 3
  *      @arg ADC_Channel_4: 选择的 ADC 通道 4
  *      @arg ADC_Channel_5: 选择的 ADC 通道 5
  *      @arg ADC_Channel_6: 选择的 ADC 通道 6
  *      @arg ADC_Channel_7: 选择的 ADC 通道 7
  *      @arg ADC_Channel_8: 选择的 ADC 通道 8
  *      @arg ADC_Channel_9: 选择的 ADC 通道 9
  *      @arg ADC_Channel_10: 选择的 ADC 通道 10
  *      @arg ADC_Channel_11: 选择的 ADC 通道 11
  *      @arg ADC_Channel_12: 选择的 ADC 通道 12
  *      @arg ADC_Channel_13: 选择的 ADC 通道 13
  *      @arg ADC_Channel_14: 选择的 ADC 通道 14
  *      @arg ADC_Channel_15: 选择的 ADC 通道 15
  *      @arg ADC_Channel_16: 选择的 ADC 通道 16
  *      @arg ADC_Channel_17: 选择的 ADC 通道 17
  * @返回值  无
  * /


void ADC_TempSensorVrefintCmd(FunctionalState NewState);
/**
  * @描述  启用或禁用温度传感器和回流通道
  * @参数  NewState:温度传感器的新状态
  *        NewState 包括 ENABLE 和 DISABLE 两个状态
  * @返回值  无
  * /
FlagStatus ADC_GetFlagStatus(ADC_TypeDef * ADCx, uint8_t ADC_FLAG);
/**
  * @描述  检查是否设置了指定的 ADC 标志
```

```
    * @参数    ADCx:其中 x 可以为 1、2 或 3,以确定选择具体的 ADC 外设
    * @参数    ADC_FLAG:
    *    此参数可以是以下值之一:
    *       @arg ADC_FLAG_AWD: 模拟看门狗标志
    *       @arg ADC_FLAG_EOC: 转换过程的结束标志
    *       @arg ADC_FLAG_JEOC:注入组转换结束标志
    *       @arg ADC_FLAG_JSTRT: 注入组转换开始标志
    *       @arg ADC_FLAG_STRT: 常规组转换开始标志
    * @返回值   ADC_FLAG 的新状态(设置或重置)
    *           FlagStatus 包括 SET 和 RESET 两个状态值
    * /
void ADC_ClearFlag(ADC_TypeDef * ADCx, uint8_t ADC_FLAG);
/ **
    * @描述    清除 ADCx 的挂起标志
    * @参数    ADCx:其中 x 可以为 1、2 或 3,以确定选择具体的 ADC 外设
    * @参数    ADC_FLAG: 指定要清除的标志
    *    此参数可以是以下值的任意组合:
    *       @arg ADC_FLAG_AWD: 模拟看门狗标志
    *       @arg ADC_FLAG_EOC: 转换过程结束标志
    *       @arg ADC_FLAG_JEOC: 注入组转换结束标志
    *       @arg ADC_FLAG_JSTRT: 注入组转换开始标志
    *       @arg ADC_FLAG_STRT: 常规组转换开始标志
    * @返回值   无
    * /
ITStatus ADC_GetITStatus(ADC_TypeDef * ADCx, uint16_t ADC_IT);
/ **
    * @描述    检查是否发生了指定的 ADC 中断
    * @参数    ADCx:其中 x 可以为 1、2 或 3,以确定选择具体的 ADC 外设
    * @参数    ADC_IT: 指定要检查的 ADC 中断源
    *    此参数可以是以下值之一:
    *       @arg ADC_IT_EOC: 转换中断屏蔽的结束
    *       @arg ADC_IT_AWD: 模拟看门狗中断屏蔽
    *       @arg ADC_IT_JEOC: 注入转换中断屏蔽的结束
    * @返回值   ADC_IT 的新状态(设置或重置)
    *           ITStatus 包括 SET 和 RESET 两个状态值
    * /
void ADC_ClearITPendingBit(ADC_TypeDef * ADCx, uint16_t ADC_IT);
/ **
    * @描述    清除 ADCx 的中断等待位
    * @参数    ADCx:其中 x 可以为 1、2 或 3,以确定选择具体的 ADC 外设
    * @参数    ADC_IT: 指定待清除的 ADC 中断等待位
    *    此参数可以是以下值的任意组合:
    *       @arg ADC_IT_EOC: 转换中断屏蔽的结束
    *       @arg ADC_IT_AWD: 模拟看门狗中断屏蔽
    *       @arg ADC_IT_JEOC:注入转换中断屏蔽的结束
    * @返回值   无
    * /
```

8.3.2 ADC 库函数配置过程

STM32 的 ADC 配置步骤如图 8-5 所示。

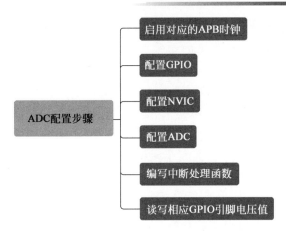

图 8-5   ADC 配置步骤

STM32 的 ADC 配置步骤如下：

（1）开启所使用 ADC 的时钟，由于 ADC 是在 GPIO 端口基础上使用的，所以同时也要打开所对应的 GPIO 端口的时钟；

（2）配置相应 GPIO 端口的引脚，把所对应的 GPIO 端口引脚设置成模拟输入模式；

（3）配置 NVIC，并使能 ADC 转换完成中断，配置中断优先级，使能 ADC 并校准；

（4）配置 ADC 相关参数，通过 ADC_InitTypeDef 结构体设置 ADC 的工作模式和规则序列的相关信息；

（5）编写中断处理函数，在 ADC 中断函数中读取采样数据。

8.4   STM32 ADC 实例

8.4.1   ADC 实例的标准库函数开发

本节将通过 STM32 的 ADC 通道进行电压采集。本次仿真实验程序使用了 ADC1 的通道 8，对应的 GPIO 端口是 PB0，并使用中断读取转换的模拟电压值。为了提高文件的可移植性，在头文件中定义一些与 ADC 和中断相关的量，在移植程序的时候只需要修改头文件中的定义即可。

下面配置 GPIO 引脚的 PB0，并借助 GPIO 引脚将数据传输到芯片内部。配置引脚的步骤包括：声明结构体变量、开启时钟、写入结构体和初始化 GPIO。注意的是，引脚的模式一定要是模拟输入，具体如下：

```
void GPIO_Config(void){
    GPIO_InitTypeDef GPIO_InitStructure;
    //启用 ADC1_Channel8(PB0)时钟及其 AFIO 时钟
    RCC_APB2PeriphClockCmd(RCC_APB2Periph_GPIOB, ENABLE);
    //配置 ADC1_Channel8(PB0)
    GPIO_InitStructure.GPIO_Pin = GPIO_Pin_0;
    //配置引脚的模式一定是模拟输入
    GPIO_InitStructure.GPIO_Mode = GPIO_Mode_AIN;
    GPIO_Init(GPIOB,&GPIO_InitStructure);
}
```

  由于本次实验需要在 ADC 转换完成后产生中断,然后在中断函数中读取 ADC 采集数据,所以要配置中断函数的优先级。NVIC 的配置代码如下:

```
void NVIC_Config()
{
    NVIC_InitTypeDef NVIC_InitStructure;
    NVIC_PriorityGroupConfig(NVIC_PriorityGroup_1);
    //配置 ADC 的中断处理函数
    NVIC_InitStructure.NVIC_IRQChannel = ADC1_2_IRQn;
    //配置中断函数的响应优先级
    NVIC_InitStructure.NVIC_IRQChannelPreemptionPriority = 0;
    //配置中断函数的子优先级
    NVIC_InitStructure.NVIC_IRQChannelSubPriority = 1;
    NVIC_InitStructure.NVIC_IRQChannelCmd = ENABLE;
    NVIC_Init(&NVIC_InitStructure);
}
```

  ADC 的配置是 ADC 能否正常工作的关键,在这个函数中包含的内容有:ADC 的初始化结构体配置、配置时钟分频、配置通道转换顺序、打开转换中断、进行校准、软件触发 ADC 采集等。代码中都有详细的注释,具体如下:

```
ADC_InitTypeDef ADC_InitStructure;
/* 启用 ADC1 时钟 */
RCC_APB2PeriphClockCmd(RCC_APB2Periph_ADC1, ENABLE);
RCC_ADCCLKConfig(RCC_PCLK2_Div6);
/* ADC1 初始化 */
ADC_DeInit(ADC1);
//独立模式下的 ADC1
ADC_InitStructure.ADC_Mode = ADC_Mode_Independent;
//启用或禁用用于扫描一组模拟通道的扫描模式
ADC_InitStructure.ADC_ScanConvMode = DISABLE;
//启用或禁用连续转换模式
ADC_InitStructure.ADC_ContinuousConvMode = DISABLE;
//常规通道数
ADC_InitStructure.ADC_NbrOfChannel = 1;
//转换可以由外部事件或软件触发
ADC_InitStructure.ADC_ExternalTrigConv = ADC_ExternalTrigConv_NONE;
//数据对齐
ADC_InitStructure.ADC_DataAlign = ADC_DataAlign_Right;
ADC_Init(ADC1, &ADC_InitStructure);
//ADC1_Channel_8 Conversion_Time = (55.5 + 12.5) / (72 / 6) = 5.67 us
ADC_RegularChannelConfig(ADC1,ADC_Channel_8,1,ADC_SampleTime_55Cycles5);
/* 启用 ADC1 */
ADC_Cmd(ADC1, ENABLE);
/* 启用 ADC1 重置校准寄存器 */
ADC_ResetCalibration(ADC1);
/* 检查 ADC1 复位校准寄存器的末端 */
while(ADC_GetResetCalibrationStatus(ADC1));
/* 启动 ADC1 校准 */
ADC_StartCalibration(ADC1);
```

```
/* 检查 ADC1 校准的结束情况 */
while(ADC_GetCalibrationStatus(ADC1));
/* 启动 ADC1 软件转换 */
ADC_SoftwareStartConvCmd(ADC1, ENABLE);
```

在中断处理函数中读取数据,将数据存放在变量 result 中,此处使用关键字 extern 声明 adc1_ualue,代表该变量已经在其他文件中定义。

```
extern unsigned char adc1_value;
void ADC1_2_IRQHandler(void)
{
    /* 判断产生中断请求 */
    while(ADC_GetITStatus( ADC1, ADC_IT_EOC) == SET)
        adc1_value = ADC_GetConversionValue( ADC1);
    /* 清除中断标志 */
    ADC_ClearITPendingBit( ADC1, ADC_IT_EOC);
}
```

最后,主函数负责接收转换的值,并将其转换为电压值。为了便于调试,将串口读出的数据打印在计算机上。变量 adc1_ualue 是主函数中的全局变量,注意最后转换电压的应该强制转换为浮点型进行运算。

```
# include "stm32f10x.h"
# include < stdio.h >

# define ITM_Port8(n)     ( * ((volatile unsigned char  * )(0xE0000000 + 4 * n)))
# define ITM_Port16(n)    ( * ((volatile unsigned short * )(0xE0000000 + 4 * n)))
# define ITM_Port32(n)    ( * ((volatile unsigned long  * )(0xE0000000 + 4 * n)))
# define DEMCR            ( * ((volatile unsigned long  * )(0xE000EDFC)))
# define TRCENA           0x01000000
struct __FILE {
    int handle;      /* Add whatever is needed */
};
FILE __stdout;
FILE __stdin;
int fputc( int ch, FILE * f)
{
    if (DEMCR & TRCENA)
    {
        while (ITM_Port32(0) == 0);
        ITM_Port8(0) = ch;
    }
    return(ch);
}
void Delay(unsigned long x)
{
unsigned long i;
for (i = 0;i < x;i++);
}
```

```c
void NVIC_Config(void);
void GPIO_Config(void);
void ADC1_Config(void);

volatile unsigned short adc1_value = 0x0;
volatile float voltage_PB0 = 0;

int main(void)
{
    GPIO_Config();
    NVIC_Config();
    ADC1_Config();

    while (1)
    {
        voltage_PB0 = (float) adc1_value * 3.3 / 4096  ;
        printf(" % fv\n",voltage_PB0);
        adc1_value = 0;
        Delay(0x3FFFFF);
    }
}
```

利用 Keil 软件对上述代码进行编译,生成 .hex 文件。通过 Keil 软件仿真环境,由于 PB0 没有接任何外围设备,ADC1 采集到的电压为 0.000000V,具体如图 8-6 所示。

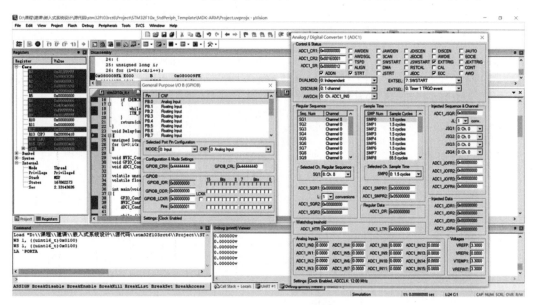

图 8-6 ADC 采集电压仿真结果

8.4.2 基于 STM32CubeMX 的 ADC 项目开发

1. STM32CubeMX 配置

本节主要利用 STM32CubeMX 新建 STM32 的 ADC 工程,在之前的配置基础上对 ADC 进行配置。使用 STM32F103C6Tx 芯片,配置该芯片的引脚参数。由于本例中需要将 ADC1 采集的数据通过 USART1 发送,因此在配置 USART1 的基础上进行以下配置,详见串口通信的小节内容。

下面配置 STM32F103C6Tx 芯片的 ADC,在工作空间中选择左侧 Analog 选项卡并单击 ADC1,弹出 ADC1 模式和配置(ADC1 Mode and Configuration)界面,如图 8-7 所示。

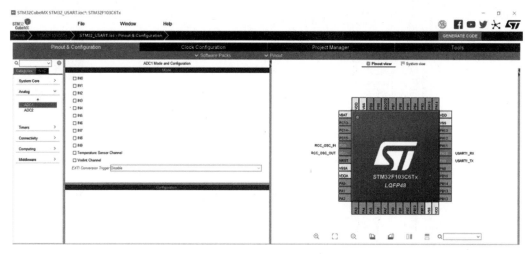

图 8-7 ADC1 模式和配置

本例选择 IN0 模式,出现 ADC 参数设置页面,如图 8-8 所示。

图 8-8 ADC 参数设置

图 8-8 中给出了 ADC 需要配置的参数,包括 ADCs_Common_Settings、ADC_Settings、ADC_Regular_ConversionMode、ADC_Injected_ConversionMode、WatchDog 等参数。这里选择连续转换模式(Continuous Conversion Mode)。上述的信息都设置完成之后,单击 Generate Code 选项会生成 Keil 源代码。

2. Keil 软件

Keil 软件启动后,进入图 8-9 所示的页面。打开 main.c 源文件,具体代码如图 8-9 所示。

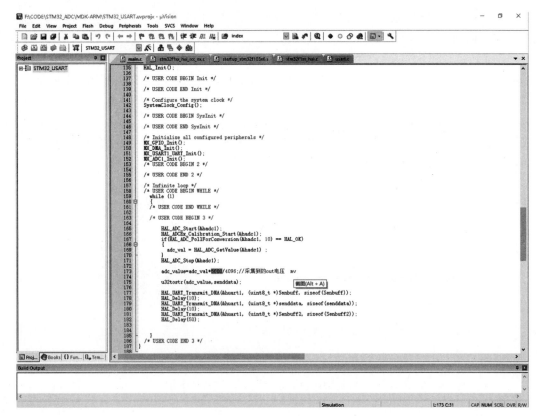

图 8-9　Keil 软件页面

通过查看生成的源文件可以发现,此 ADC 模拟电压采集项目工程除了应用逻辑外所有的源代码均已生成,包括启用 ADC 外围设备的时钟、配置 ADC 外设功能参数、调用 ADC 初始化函数、初始化 ADC 外设相关的参数以及使能相应的外设等。

在 main 函数中加入如下代码:

```
/* USER CODE BEGIN 1 */
        uint8_t Senbuff[] = "\r\n**** ADC Value = ";   //定义数据发送数组
        uint8_t Senbuff2[] = "v**** \r\n";             //定义数据发送数组
        uint8_t senddata[20];
        float adc_val = 0;
  /* USER CODE END Init */

  /* Infinite loop */
  /* USER CODE BEGIN WHILE */
    while (1)
    {
  /* USER CODE END WHILE */

  /* USER CODE BEGIN 3 */

            HAL_ADC_Start(&hadc1);
            HAL_ADCEx_Calibration_Start(&hadc1);
            if(HAL_ADC_PollForConversion(&hadc1, 10) == HAL_OK)
            {
```

```
        adc_val = HAL_ADC_GetValue(&hadc1) ;
    }
    HAL_ADC_Stop(&hadc1);

    adc_value = adc_val * 5000/4096;                //采集到的 out 电压 mv

    u32tostr(adc_value,senddata);

    HAL_UART_Transmit_DMA(&huart1, (uint8_t  * )Senbuff, sizeof(Senbuff));
    HAL_Delay(10);
    HAL_UART_Transmit_DMA(&huart1, (uint8_t  * )senddata, sizeof(senddata));
    HAL_Delay(10);
    HAL_UART_Transmit_DMA(&huart1, (uint8_t  * )Senbuff2, sizeof(Senbuff2));
    HAL_Delay(50);
}
/ * USER CODE END 3 * /
```

最后,利用 Keil 软件编译 ADC 模拟电压采集程序,生成.hex 文件。进入 Debug 进行调试,调出 USART1 和 ADC1 的寄存器,观察其数值变化,具体如图 8-10 所示。

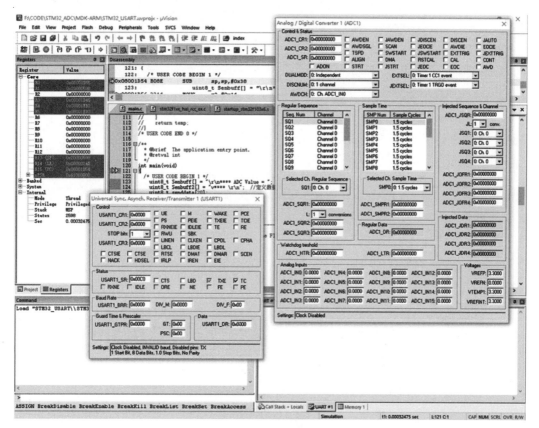

图 8-10　仿真结果

通过仿真可知,ADC1 采集到的电压为 0V,如图 8-11 所示。

3. Proteus 仿真

下面通过 Proteus 工具搭建 STM32F103C6Tx 的 ADC 模拟电压采集的仿真环境。在

Proteus 工具中，将 Keil 编译好的 ADC 模拟电压采集程序烧写到 STM32F103C6 芯片中，观察 STM32F103C6 引脚采集的电压值，如图 8-12 所示。

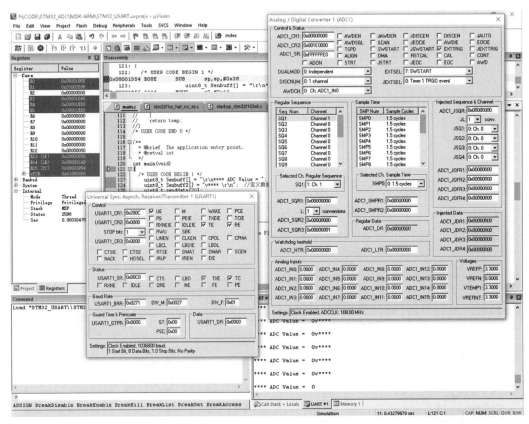

图 8-11　仿真结果

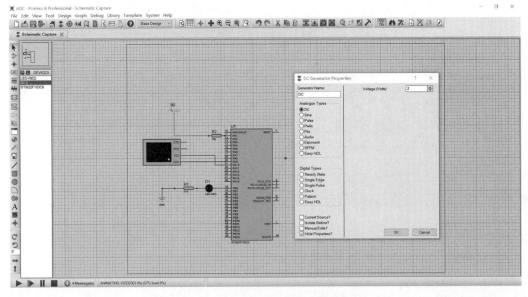

图 8-12　Proteus 的 ADC 参数设置

由于 ADC1 的 IN0 对应的是 GPIO 的 PA1 引脚,因此在 PA1 引脚上加入了 2V 直流电源,并将该电源通过限流电阻 R2 接到 PA1 引脚。仿真结果表明,通过 PA1 可以读取 ADC1 采集的电压值,具体如图 8-12 所示。

运行仿真可得到图 8-13 所示的结果,虽然 ADC1 采集的数值是 1998v,但也非常接近真实值 2V,这是因为 ADC 进行模数转换的误差导致的。

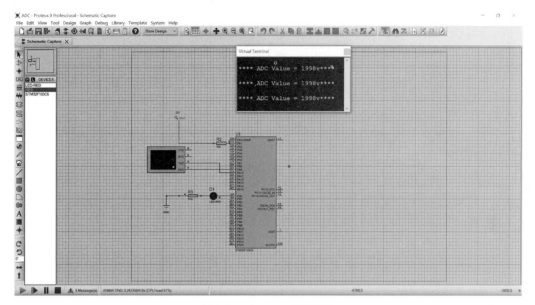

图 8-13　Proteus 仿真结果

本章小结

本章主要介绍了 ADC 的概念。通过本章的学习,要求学生要掌握 STM32 的 ADC 概念和功能,了解 STM32 的 ADC 的库函数,熟练使用 STM32CubeMX 创建 ADC 工程并用 Keil 和 Proteus 对 ADC 进行调试。

习题 8

1. 填空题

(1) STM32F103 系列有_____个精度为_____位的 ADC。

(2) 每个 ADC 最多有_____个外部通道和_____个内部信号源。

(3) STM32 中的 ADC 通道在转换时分为_____和_____两个通道。

(4) 多个通道的使用顺序分为_____和_____。

(5) ADC 的转换时间由_____和_____来决定。

(6) ADC 转换完成后的数据的存放分为_____和_____。

2. 选择题

(1) (　　)是指将一个随着时间变化的连续模拟信号转化为离散变化的模拟信号。

      A. 采样　　　　　　B. 采样保持　　　　　C. 量化　　　　　　D. 编码

(2) (　　)是将采样得到的离散信号保存下来,直到新的采样周期到来。

      A. 采样　　　　　　B. 采样保持　　　　　C. 量化　　　　　　D. 编码

(3) (　　)是指将采样得到的模拟信号转换为与之接近的数字信号。

      A. 采样　　　　　　B. 采样保持　　　　　C. 量化　　　　　　D. 编码

(4) (　　)是将离散幅值经过量化以后变为二进制数字的过程。

      A. 采样　　　　　　B. 采样保持　　　　　C. 量化　　　　　　D. 编码

(5) (　　)是指将连续变量的模拟信号转换为离散数字信号的器件。

      A. ADC　　　　　　B. DAC　　　　　　C. DMA　　　　　　D. USART

(6) 下列关于 STM32 的 ADC 描述不正确的是(　　)。

      A. 具有 12 位分辨率　　　　　　　　　　B. 属于逐次逼近型

      C. 采样电压从 0V 到 3.6V　　　　　　　D. 采样电压从 0V 到 5.5V

3. 简答题

(1) 简述 ADC 的定义及其工作过程。

(2) 简述什么是规则通道和注入通道。

(3) 简述什么是转换时间、输入时钟和采样周期。

(4) 经过 ADC 数据转换完成后可以产生中断,具体包括哪几种中断?

(5) 简述 STM32 的 ADC 配置过程。

## 第9章

嵌入式操作系统

在嵌入式系统开发的过程中,会遇到各种各样的问题和需求,规范化的开发过程可以减少错误的出现,同时规范化的开发目标明确,且各个环节紧密结合,可以使开发出来的产品更符合产品的预期。对于较大型的嵌入式系统项目而言,有效管理软件和硬件资源显得尤为重要,因此,嵌入式操作系统作为嵌入式项目开发是必不可少的。嵌入式开源操作系统的出现解决了嵌入式项目开发过程中的诸多问题,例如在底层硬件设备的接口驱动,软件中的多线程、消息等机制。本章主要介绍什么是嵌入式操作系统、主流的开源嵌入式操作系统,最后通过实例使学习者可快速掌握如何使用开源嵌入式操作系统开发项目的技能。

学习目标

➢ 掌握嵌入式操作系统的有关概念和特点;

➢ 了解典型的嵌入式操作系统;

➢ 熟悉含操作系统的嵌入式项目开发流程;

➢ 熟练使用 STM32CubeMX 创建带有操作系统的工程;

➢ 熟练使用 Keil 进行调试的仿真过程。

9.1 概述

嵌入式操作系统(Embedded Operating System,EOS)是指用于驱动和调度硬件资源的系统,是一种用途广泛的系统软件,通常包括与硬件相关的底层驱动软件、系统内核、设备驱动接口、通信协议、图形界面、标准化浏览器等。与计算机操作系统不同,它的空间复杂度和时间复杂度都有严格限制。嵌入式操作系统总揽全局,它负责对所有的软、硬件资源进行分配、任务调度,控制、协调并发活动。它能体现所在系统的所有特征且可以根据装卸某些定义好的模块来满足系统所需要的某些功能。嵌入式领域目前有多种类型的操作系统,分别是嵌入式 Linux、Windows Embedded、μC/OS-IV、VxWorks 等,除此之外,还有在智能手机和平板电脑上得到充分应用的 Android、iOS、Windows CE 系统等。STM32 芯片并行地在其所有各种通信总线上执行操作,例如读取来自 SPI 总线上的 SD 卡音频文件的同时监视 I^2C 总线上的信息并通过串口转发消息,特别是在必须满足时间有限的情况下并行执行上述动作,通过直接编程协调这些并行活动并非易事。一种共同的策略是将对多个活动的任务划分为不同的线程,每个线程都是根据优先级进行安排的。例如,具有严格时间限制的线程比其他线程具有更高的优先级。线程提供了一种将程序的逻辑划分为单独的任务的方法。每个线程都有自己的状态,在与其他线程共享数据时,似乎作为一个自治的程序执行。在诸如 STM32 的单处理器中,线程以交错的方式执行,并可以访问由调度器控制的处理器。每当发生中断时,就有机会挂起当前线程并恢复被阻塞的线程。计时器中断提供了对处理器进行"时间切片"的机制,允许每个准备就绪的线程都有机会执行。

通过同步对象启用多个线程的硬件任务协调。例如,当输出缓冲区已满时,试图通过 UART 传输数据流的线程无法向前前进。在这种情况下,线程应该"等待",允许其他线程执行。稍后当在传输缓冲区中释放空间时,例如通过中断处理程序,等待的线程可以被"发出信号"以恢复。这个等待/信号模式是使用一个称为"信号量"的同步对象来实现的。值得说明的是,围绕线程构建的程序存在许多潜在的缺陷,导致线程需要额外的内存,这是因为每个线程需要一个单独的堆栈。特别是在内存受限的设备中,例如 Flash 很小的嵌入式微处理器。如果为程序分配了足够的空间,线程会溢出堆栈,而且很难准确估计线程所需的空间。在线程共享数据的地方,出现线程的微妙错误也很难解决,而且线程程序的调试也很困难。虽然可以跟踪单个线程的执行情况,但断点通常在指令级别,并且使用共享代码,这导致只能停止执行指令。此外,很难看到除当前停止的线程以外的线程状态。

9.2　典型嵌入式操作系统介绍

基于 STM32 平台且满足实时控制要求的嵌入式操作系统有许多,其中 Linux 是应用最早的一个嵌入式操作系统。Linux 不仅是个人电脑或服务器常用的操作系统,也是一种非常优秀的嵌入式系统。Linux 具有内核可剪裁、良好的稳定性和移植性、强大的网络功能、出色的文件系统支持、标准丰富的 API,以及 TCP/IP 网络协议等。因为没有内存管理单元(Memory Management Unit,MMU),所以其多任务的实现需要一定技巧,该系统分为实时进程和普通进程,分别采用先来先服务和时间片轮转调度,不支持内核抢占,实时性一般。在内存管理上由于 Linux 是针对没有 MMU 的处理器设计的,不能使用处理器的虚拟内存管理技术,只能采用实际存储器管理策略。系统使用分页内存分配方式,在启动时对实际存储器进行分页。系统对内存的访问是直接的,操作系统对内存空间没有保护,多个进程可共享一个运行空间,所以,即使是一个无特权进程调用一个无效指针也会触发一个地址错误,并有可能引起程序崩溃甚至系统崩溃。Linux 对文件系统支持良好,支持 ROMFS、NFS、ext2、MS-DOS、JFFS 等文件系统。但一般采用 ROMFS 文件系统,这种文件系统相对于一般的文件系统(如 ext2)占用更少的空间。但是 ROMFS 文件系统不支持动态擦写保存,对于系统需要动态保存的数据须采用虚拟 RAM 盘/JFFS 的方法进行处理。综上可知,Linux 最大特点在于针对无 MMU 处理器设计,这对于没有 MMU 功能的 STM32F103 来说是合适的,但移植此系统需要至少 512KB 的 RAM 空间,1MB 的 ROM/Flash 空间,而 STM32F103 拥有 256K 的 Flash,需要外接存储器,这就增加了硬件设计的成本。Linux 结构复杂,移植相对困难,内核也较大,其实时性也差一些。若开发的嵌入式产品注重文件系统与网络应用,则 Linux 是一个不错的选择。针对 Linux 系统开发嵌入式系统方面的不足,越来越多的开源嵌入式系统涌现。下面将介绍 RT-Thread、LiteOS-A、TencentOS Tiny、μC/OS-Ⅲ、eCos、FreeRTOS 等嵌入式操作系统。由于这些系统具有易用、开源、稳定等特点,适合搭建在实时控制要求较高的应用中。这些操作系统不仅提供了一个具有一小组同步原语的基本内核,而且提供了一个具有驱动程序的完整的硬件抽象层,为搭建大型项目提供了更加丰富的基础。

9.2.1 RT-Thread

RT-Thread 诞生于 2006 年,由熊谱翔先生带领并集合开源社区力量开发而成,是一个集实时操作系统(Real Time Operating System,RTOS)内核、中间件组件和开发者社区于一体的技术平台,是一款以开源、中立、组件完整丰富、高度可伸缩、简易开发、超低功耗、高安全性、社区化发展起来的物联网操作系统。RT-Thread 主要采用 C 语言编写、浅显易懂,且具有方便移植的特性(可快速移植到多种主流 MCU 及模组芯片上)。RT-Thread 把面向对象的设计方法应用到实时系统设计中,使得代码风格优雅、架构清晰、系统模块化并且可裁剪性非常好。RT-Thread 具备一个物联网操作系统平台所需的所有关键组件,例如 GUI、网络协议栈、安全传输、低功耗组件等。经过多年的累积发展,RT-Thread 已经拥有一个国内最大的嵌入式开源社区,同时被广泛应用于能源、车载、医疗、消费电子等多个行业,累计装机量超过 8 亿台,成为国人自主开发、国内最成熟稳定和装机量最大的开源实时操作系统。

RT-Thread 有完整版和 Nano 版,对于硬件资源受限的微控制器(MCU)系统,可通过简单易用的工具,裁剪出仅需要 3KB FLASH、1.2KB RAM 内存资源的 Nano 内核版本;而相对资源丰富的物联网设备,可使用 RT-Thread 完整版,通过在线的软件包管理工具,配合系统配置工具实现直观快速的模块化裁剪,并且可以无缝地导入丰富的软件功能包,实现类似 Android 的图形界面及触摸滑动效果、智能语音交互效果等复杂功能。

RT-Thread 拥有良好的软件生态,支持市面上所有主流的编译工具如 GCC、Keil、IAR 等。工具链完善、友好,支持各类标准接口,如 POSIX、CMSIS、C++ 应用环境、Javascript 执行环境等,方便开发者移植各类应用程序。商用支持所有主流 MCU 架构,如 ARM Cortex-M/R/A、MIPS、X86、Xtensa、C-Sky 和 RISC-V,几乎支持市场上所有主流的 MCU 和 Wi-Fi 芯片。

1. RT-Thread 架构

RT-Thread 是一个集实时操作系统内核、中间件组件的物联网操作系统,其架构如图 9-1 所示。

内核层:内核是 RT-Thread 的核心部分,包括了内核系统中对象的实现,例如多线程及其调度、信号量、邮箱、消息队列、内存管理、定时器等;libcpu/BSP(芯片移植相关文件/板级支持包)与硬件密切相关,由外设驱动和 MCU 移植构成。

组件与服务层:组件是基于 RT-Thread 内核之上的上层软件,例如虚拟文件系统、FinSH 命令行界面、网络框架、设备框架等。采用模块化设计,做到组件内部高内聚,组件之间低耦合。

RT-Thread 软件包:运行于 RT-Thread 物联网操作系统平台上,面向不同应用领域的通用软件组件,由描述信息、源代码或库文件组成。RT-Thread 提供了开放的软件包平台,存放了官方提供或开发者提供的软件包,该平台为开发者提供了众多可用软件包的选择,这也是 RT-Thread 软件包的重要组成部分。软件包对于一个操作系统的选择至关重要,因为

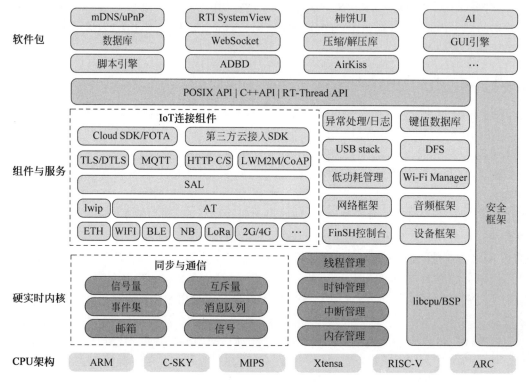

图 9-1 RT-Thread 架构

这些软件包具有很强的可重用性,模块化程度很高,极大地方便应用开发者在最短时间内打造出想要的系统。RT-Thread 已经支持的软件包数量已经达到 180 个以上。

2. RT-Thread 的特点

RT-Thread 具有如下特点:

(1) 硬件资源占用极低,超低功耗设计,最小内核(Nano 版本)仅需 1.2KB RAM 和 3KB Flash。

(2) 功能组件丰富且简单易用,具有繁荣发展的软件包生态。

(3) 功能组件优雅的代码风格,易于阅读和掌握。

(4) 优质的可伸缩的软件架构,使得其具有高度可伸缩、松耦合、模块化、易于裁剪和扩展等优势。

(5) 支持跨平台和高性能应用,且广泛支持各类 MCU 芯片。

9.2.2 LiteOS-A

华为自主研发了国产鸿蒙操作系统,该系统非常适合用于嵌入式设备开发。作为鸿蒙系统内核的 LiteOS-A 设计精巧而轻薄,只需要简单移植就可以在第三方芯片上运行。LiteOS 是华为在 2015 年发布的一款面向 IoT 领域,遵循 BSD-3 开源许可协议、构建的开源的、轻量级的物联网操作系统,其大小为 10KB。LiteOS 具备零配置、自发现和自组网能力,让使用 LiteOS 的物联终端能够自动接入支持的网络。目前 LiteOS 可广泛应用于智能家居、个人穿戴、车联网、城市公共服务、制造业等领域,开发门槛低上手快、设备布置以及维护成本低、开发周期短使得硬件开发更为简单。OpenHarmony LiteOS-A 内核是基于 HUAWEI LiteOS 内核演进发展的新一代内核，HUAWEI LiteOS 是面向 IoT 领域构建的轻量级物联网操作系统。在 IoT 产业高速发展的潮流中，OpenHarmony LiteOS-A 内核能够带给用户小体积、低功耗、高性能的体验以及统一开放的生态系统能力，新增了丰富的内核机制、更加全面的 POSIX 标准接口以及统一驱动框架（OpenHarmony Driver Foundation，HDF）等，为设备厂商提供了更统一的接入方式，为 OpenHarmony 的应用开发者提供了更友好的开发体验。HUAWEI LiteOS 是华为面向物联网领域开发的一个基于实时内核的轻量级操作系统。与正常的操作系统内核一样，包括任务管理、内存管理、时间管理、通信机制、中断管理、队列管理、事件管理、定时器等操作系统基础组件，可以单独运行内核部分。HUAWEI LiteOS 自开源社区发布以来，围绕 NB-IoT 物联网市场从技术、生态、解决方案、商用支持等多维度使能合作伙伴，构建开源的物联网生态。目前已经聚合了 50 多个 MCU 和解决方案合作伙伴，共同推出一批开源开发套件和行业解决方案，帮助众多行业客户快速推出物联网终端和服务，客户涵盖抄表、停车、路灯、环保、共享单车、物流等众多行业，为开发者提供"一站式"完整软件平台，可有效降低开发门槛、缩短开发周期。

1. LiteOS 架构

　　LiteOS 是轻量级的实时操作系统，具备低功耗、快速启动、组件丰富等关键能力，LiteOS 内核的基本框架如图 9-2 所示。

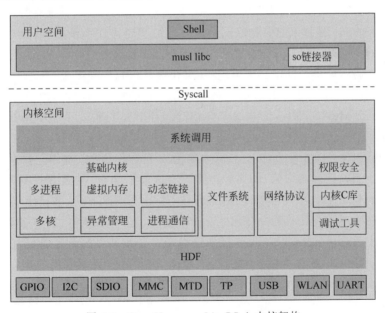

图 9-2　OpenHarmony LiteOS-A 内核架构

　　内核空间：作为 HUAWEI LiteOS 的核心部分，现有基础内核包括不可裁剪的极小内核和可裁剪的其他模块。极小内核包含任务管理、内存管理、异常管理、系统时钟和中断管理。可裁剪模块包括信号量、互斥锁、队列管理、事件管理、软件定时器等。除了基础内核，HUAWEI LiteOS 还提供了扩展内核，包括 C++ 支持、动态加载、低功耗以及维测模块。低功耗通过支持 Tickless 机制、run-stop 休眠唤醒，可以大大降低系统功耗。维测部分包含了获取 CPU 占用率、支持串口执行 Shell 命令等功能。

用户空间：为设备厂商提供了更统一的接入方式，为 OpenHarmony 的应用开发者提供了更友好的开发体验。HUAWEI LiteOS 同时提供端云协同能力，集成了 LwM2M、CoAP、mbedtls、LwIP 等全套 IoT 互联协议栈，且在 LwM2M 的基础上，提供了 AgentTiny 模块。用户只需关注自身的应用，而不必关注 LwM2M 实现细节，直接使用 AgentTiny 封装的接口即可简单快速实现与云平台安全可靠的连接。

2. LiteOS 内核的特点

LiteOS 内核具有如下特点：

（1）超小内核，最小内核尺寸仅为 6KB，小内核架构设计，满足硬件资源受限需求。

（2）高实时性，高稳定性，轻量级的物联网操作系统。

（3）低功耗，Tickless 机制显著降低传感器数据采集功耗。

（4）支持功能静态裁剪、支持动态加载、分散加载。

（5）构建低功耗安全传输机制，支持双向认证、FOTA 固件差分升级、DTLS/DTLS＋ 等，构建低功耗安全传输机制。

（6）LiteOS SDK 端云互通组件是终端对接到物联网云平台的重要组件，集成了 LwM2M、CoAP、MQTT、mbed TLS、LwIP 等全套物联网互联互通协议栈，大大减少开发周期，快速入云。

9.2.3　TencentOS Tiny

TencentOS Tiny 是腾讯面向物联网领域开发的实时操作系统，具有低功耗、低资源占用、模块化、安全可靠等特点，可有效提升物联网终端产品开发效率。TencentOS Tiny 提供精简的 RTOS 内核，内核组件可裁剪可配置，可快速移植到多种主流 MCU（如 STM32 全系列）及模组芯片上。另外，基于 RTOS 内核提供了丰富的物联网组件，内部集成主流物联网协议栈（如 CoAP/MQTT/TLS/DTLS/LoRaWAN/NB-IoT 等），可助力物联网终端设备及业务快速接入腾讯云物联网平台。

TencentOS Tiny 自开源发布以来也在努力发展合作伙伴，期待合作共赢，共同扩展 IoT 应用生态。目前已经与多家 MCU/IP 核厂家达成了合作，包括意法半导体、恩智浦半导体、兆易半导体、ARM、华大半导体、芯来科技等；也与无线 SOC 和模组厂家达成了广泛的合作关系，包括瑞兴恒方、国民技术、Nordic 蓝牙、亮牛半导体、有人物联网等。除了 MCU 和模组外，TencentOS Tiny 也积极推进终端产品及项目的落地，目前已经形成了 AI（Artificial Intelligence，人工智能）智慧农业、智能货柜、智慧会议室等方案，并且在腾讯内部与 AI 平台部、腾讯微瓴、QQ family 达成内部合作，共同扩展行业生态；同时也开始积极发展外部客户，目前与深圳光合显示科技的墨水屏零售标签、鑫悦购充电桩等达成业务合作。TencentOS Tiny 将携手合作伙伴为物联网终端厂家提供更优质的 IoT 终端软件解决方案，方便各种物联网设备快速接入腾讯云，共同扩展 IoT 生态，更好地支撑智慧城市、智能水表、智能家居、智能穿戴、车联网等多种行业应用。

1. TencentOS Tiny 整体架构

TencentOS Tiny 主体架构如图 9-3 所示。

TencentOS Tiny 主体架构图 9-3 从下到上主要包括以下几部分。

CPU 库：TencentOS Tiny 支持的 CPU IP 核架构，当前主要支持 ARM Cortex M0/3/4/7、

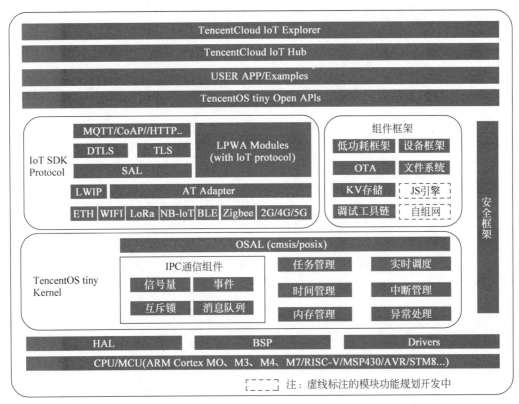

图 9-3 TencentOS Tiny 主体架构

Cortex A7、RISC-Ⅴ、MSP430、AVR、STM8 等。

驱动管理层：包括板级支持包（BSP，主要由 MCU 芯片厂家开发与维护）、硬件抽象层（HAL，主要由 TencentOS Tiny 提供，方便不同芯片的适配与移植）、设备驱动（Drivers，例如 Wi-Fi、GPRS、LoRa 等模块的驱动程序）。

内核：内核包括任务管理、实时调度、时间管理、中断管理、内存管理、异常处理、软件定时器、链表、消息队列、信号量、互斥锁、事件标志等模块。

IoT 协议栈：提供 lwip、AT Adapter、SAL 层，支持不同的网络硬件，例如以太网、串口 WiFi、GPRS、NB-IoT、4G 等通信模块。TCP/IP 网络协议栈上提供常用的物联网协议栈，例如 CoAP、MQTT，支撑终端业务快速接入腾讯云。

安全框架：为了确保物联网终端数据传输安全以及设备认证安全，提供了完整的安全解决方案。安全框架提供的 DTLS 和 TLS 安全协议，加固了 COAP 及 MQTT 的传输层，可确保物联网终端在对接腾讯云时实现安全认证和数据加密；另外，针对低资源的终端硬件，安全框架还提供与腾讯云 IoTHub 配套的密钥认证方案，确保资源受限设备也能在一定程度上实现设备安全认证。

组件框架：TencentOS Tiny 提供文件系统、KV 存储、自组网、JS 引擎、低功耗框架、设备框架、OTA、调试工具链等一系列组件，供用户根据业务场景选用。

开放 API（规划开发中）：TencentOS Tiny 将在协议中间件和框架层上提供开放 API 函数，方便用户调用中间件功能，使用户无须过多关心中间件具体实现，快速对接腾讯云，实现终端业务上云的需求,期望最大程度减少终端物联网产品开发周期,节省开发成本。

示例应用:TencentOS Tiny 提供的示例代码、模块测试代码等,方便用户参考使用。

2. TencentOS Tiny 特点

TencentOS Tiny 具有如下特点:

(1) 支持最小内核,RAM 为 0.6KB,ROM 为 1.8KB。典型 LoraWAN 及传感器应用:RAM 为 3.3KB,ROM 为 12KB。

(2) 休眠最低功耗低至 $2\mu A$ 支持外设功耗管理框架。

(3) 集成主流 IoT 协议栈,多种通信模组,SAL 层适配框架;支持 OTA 升级提供简单易用端云 API,加速用户业务接入腾讯云。

(4) 可靠的安全框架。多样化的安全分级方案,包括均衡安全需求和成本控制。

(5) 良好的可移植性。内核及 IoT 组件高度解耦,提供标准适配层,提供自动化移植工具,提升开发效率。

(6) 便捷的调试手段。提供云端调试功能,故障现场信息自动上传云平台,方便开发人员调试分析。

9.2.4　μC/OS-Ⅲ

$\mu C/OS$-Ⅲ是在 $\mu C/OS$ 的基础上发展起来的。$\mu C/OS$-Ⅲ是一款高度可移植、有 ROM、可扩展、抢占、实时、确定性、多任务处理的内核开源的实时操作系统,适合用于微处理器、微控制器和 DSP 等芯片。$\mu C/OS$-Ⅲ提供了前所未有的易用性,并提供了完整的 100% ANSIC 源代码和全面的帮助文档。$\mu C/OS$-Ⅲ运行在不同的处理器架构上,其驱动可从 Micrium 网站下载。$\mu C/OS$-Ⅲ是用 C 语言编写的一个结构小巧、抢占式的多任务实时内核。它是一个开源的实时操作系统,内核提供任务调度和管理、时钟管理、任务间同步与通信、内存管理和中断服务等功能。它最多支持 64 个任务,分别对应优先级 0~63,其中 0 为最高优先级。它具有可剥夺实时多任务内核,调度工作的内容分为两部分:最高优先级任务的寻找和任务切换。内核是针对实时系统的要求来设计实现的,相对比较简单,可以满足较高的实时性要求,但是没有网络功能和文件系统,对于像媒体播放、需要网络和图形界面支持的应用就比较差。$\mu C/OS$-Ⅲ管理 64 个任务,并提供任务调度与管理、内存管理、任务间同步与通信、时间管理和中断服务等功能,具有执行效率高、占用空间小、实时性能优良和扩展性强等特点。对于实时性的满足上,由于 $\mu C/OS$-Ⅲ内核是针对实时系统的要求设计实现的,所以只支持基于固定优先级抢占式调度;调度方法简单,可以满足较高的实时性要求。在内存管理上,$\mu C/OS$-Ⅲ把连续的大块内存按分区来管理,每个分区中都包含整数个大小相同的内存块,但不同分区之间内存的大小可以不同。用户动态分配内存时,只需选择一个适当的分区,按块来分配内存,释放时将该块放回到以前所属的分区,这样就消除了因多次动态分配和释放内存所引起的碎片问题。$\mu C/OS$-Ⅲ中断处理比较简单,一个中断向量上只能挂一个中断服务子程序 ISR(中断服务程序),而且用户代码必须都在 ISR 中完成。ISR 需要做的事情越多,中断延时也就越长。内核所能支持的最大嵌套深度为 255。在文件系统的支持方面,由于 $\mu C/OS$-Ⅲ是面向中小型嵌入式系统的,即使包含全部功能,编译后内核也不到 10KB。尽管系统本身并没有提供对文件系统的支持,但是 $\mu C/OS$-Ⅲ具有良好的扩展性能。如果需要也可自行加入文件系统的内容。在对硬件的支持上,$\mu C/OS$-Ⅲ能够支持当前流行的大部分 CPU。μC/OS-Ⅲ由于本身内核就很小,经过裁剪后的代码最小可以为 2KB,所需的最小数据 RAM 空间为 4KB。μC/OS-Ⅲ的移植相对比较简单,只需要修改与处理器相关的代码就可以。综上可知,μC/OS-Ⅲ是一个结构简单、功能完备和实时性很强的嵌入式操作系统内核,针对没有 MMU 功能的 CPU,它是非常合适的。它需要很少的内核代码空间和数据存储空间,拥有良好的实时性,良好的可扩展性能,并且是开源的,网上拥有很多的资料和实例,所以很适合应用在 STM32 系列的芯片上。

1. μC/OS-Ⅲ架构

μC/OS-Ⅲ架构如图 9-4 所示。

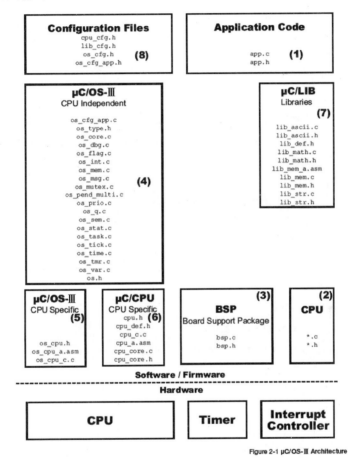

Figure 2-1 μC/OS-Ⅲ Architecture

图 9-4 μC/OS-Ⅲ架构

μC/OS-Ⅲ架构的最顶层包括应用程序代码和配置文件。其中,应用程序代码由项目或产品文件组成。为了方便起见,这些文件被称为 app. c 和 app. h,Application Code 是一个应用程序可以包含任意数量的文件,而不必以 app. * 为调用方式。应用程序代码通常是程序员编写程序的入口。而配置文件 Configuration Files 是用于定义包含在应用程序中的 μC/OS-Ⅲ特性(os_cfg. h),指定 μC/OS-Ⅲ(os_cfg_app. h)预期的某些变量和数据结构,如空闲任务堆栈大小、滴答率、消息池大小、配置应用程序(cpu_cfg. h)可用的 μC/CPU 特性,以及配置 μC/LIB 选项(lib_cfg. h)。

除了应用程序代码和配置文件，μC/OS-Ⅲ架构的软件和固件层（Software/Firmware）还包括半导体制造商提供的库文件、板级支持包（Board Support Package，BSP）、与 μC/OS-Ⅲ 内核无关的代码、与具体 CPU 架构相关的 μC/OS-Ⅲ代码、封装了 CPU 功能的源文件、一系列源文件的封装库。这些模块具体讨论如下：

半导体制造商通常提供源代码形式的库文件，这些库是用于访问其 CPU 或单片机上的外设。有了这些文件，程序员通常可以节省宝贵的时间。由于这些文件没有命名约定，因此假定为 *.c 和 *.h。

板级支持包是构建嵌入式操作系统所需的引导程序（Bootload）、内核（Kernel）、根文件系统（Rootfs）和工具链（Toolchain）提供完整的软件资源包。它是通常写到目标板上外围设备接口的代码。例如，打开和关闭指示灯、打开和关闭继电器、或读取开关、温度传感器等。

与 μC/OS-Ⅲ处理器无关的代码是采用高度可移植的 ANSIC 编写的，不受内核的限制，很容易移植到其他系统上。

与具体的 CPU 架构相关的 μC/OS-Ⅲ代码，也作为与其他外设通信的接口。μC/OS-Ⅲ 起源于 μC/OS-Ⅱ，并且能够使用 μC/OS-Ⅱ 的大部分接口。需要说明的是，μC/OS-Ⅱ接口需要小的更改才能与 μC/OS-Ⅲ 一起工作。

封装了 CPU 功能的这些源文件定义了禁用和启用中断的功能。程序使用的数据类型将独立于所使用的 CPU 和编译器，以及更多的函数。

μC/LIB 是一系列源文件，它们提供通用的功能，如内存复制、字符串和与 ASCII 相关的函数。有些偶尔用于替换编译器提供的 stdlib 函数。μC/LIB 提供这些文件是为了确保可以在应用程序之间进行移植，特别是从一个编译器移植到另一个编译器上执行。

2. μC/OS-Ⅲ 的特点

μC/OS-Ⅲ内核具有如下特点：

（1）提供源代码：μC/OS-Ⅲ是开源的。

（2）可移植性：μC/OS-Ⅲ的源代码绝大部分是使用移植性很强的 ANSI C 写的，与微处理器硬件相关的部分使用汇编语言编写。汇编语言写的部分已经压缩到最低的限度，以使 μC/OS-Ⅲ便于移植到其他微处理器上。目前，μC/OS-Ⅲ已经被移植到多种不同架构的微处理器上。

（3）可剪裁：μC/OS-Ⅲ使用条件编译实现可剪裁，用户程序可以只编译自己需要的 μC/OS-Ⅲ的功能，而不编译不需要的功能，以减少 μC/OS-Ⅲ对代码空间和数据空间的占用。

（4）可剥夺：μC/OS-Ⅲ是完全可剥夺型的实时内核，μC/OS-Ⅲ总是运行就绪条件下优先级最高的任务。

（5）多任务：μC/OS-Ⅱ可以管理 64 个任务。然而，μC/OS-Ⅲ的作者建议用户保留 8 个任务给 μC/OS-Ⅲ。这样，留给用户的应用程序最多可有 56 个任务。

（6）可确定性：绝大多数 μC/OS-Ⅲ的函数调用和服务的执行时间具有确定性，也就是说，用户总是能知道 μC/OS-Ⅲ的函数调用与服务执行了多长时间。

（7）任务栈：μC/OS-Ⅲ的每个任务都有自己单独的栈，使用 μC/OS-Ⅲ的栈空间校验函数，可确定每个任务到底需要多少栈空间。

（8）系统服务：μC/OS-Ⅲ提供很多系统服务，例如信号量、互斥信号量、时间标志、消息邮箱、消息队列、块大小固定的内存申请与释放及时间管理函数等。

（9）中断管理：中断可以使正在执行的任务暂时挂起。如果优先级更高的任务被中断唤醒，则高优先级的任务在中断嵌套全部退出后立即执行，中断嵌套层数可达255层。

（10）稳定性与可靠性：自1992年以来已经有数百个商业应用。该操作系统的质量得到了认证，可以在任何嵌入式应用中使用。

9.2.5 eCos

嵌入式可配置操作系统（Embedded Configurable Operating System，eCos）是一个源代码开放的可配置、可移植、免版税、面向深度嵌入式应用的实时操作系统。从eCos的名称可以看出，eCos的高度可配置特性允许操作系统根据精确的应用程序需求进行定制，提供最佳的运行时性能和优化的硬件资源占用空间。网络社区围绕着操作系统的升级，确保了持续的技术创新和广泛的平台支持。Cygnus公司于1998年11月发布了第一个eCos版本eCos1.1，当时只支持有限的几种处理器结构。1999年11月，RedHat公司以6.74亿美元收购了Cygnus公司。在此后的几年里，eCos成为嵌入式领域的关键产品，得到了迅速的发展。2002年，RedHat公司由于财务方面的原因，裁剪了eCos开发队伍，但并没有停止eCos的发展。RedHat公司随后宣称将继续支持eCos的发展，而由原eCos主要开发人员组建了eCos Centric公司，并于2003年5月正式发布了eCos2.0。虽然eCos是RedHat的产品，但是eCos并不是Linux或Linux的派生，eCos弥补了Linux在嵌入式应用领域的不足。目前，一个最小配置的Linux内核大概有500KB，需要占用1.5MB的内存空间，这还不包括应用程序和其他所需的服务；eCos可以提供实时嵌入式应用所需的基本运行条件，只占用几十KB或几百KB的内存空间。eCos的核心部分是由不同的组件组成的，包括内核、C语言库和底层运行包等。每个组件可提供大量的可配置选项，利用eCos提供的配置工具可以很方便地进行系统配置。通过不同的配置使得eCos能够满足不同的嵌入式应用。

1. eCos 系统架构

eCos系统的架构如图9-5所示。

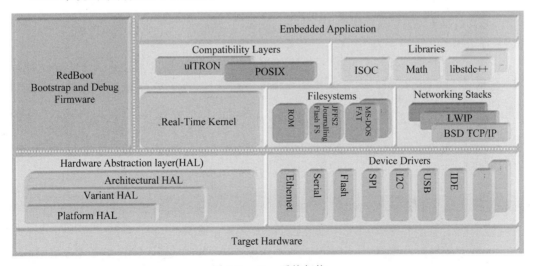

图 9-5 eCos 系统架构

eCos 已被设计为支持具有关键实时性能要求的深度嵌入式应用程序。它提供了一个高度优化的内核,实现了先发制人的实时调度策略、丰富的同步原语集和低延迟中断处理。更高层提供了一般嵌入式应用程序支持所需的功能,包括内存管理、语言支持库、兼容性 API、设备管理、网络和文件系统。

eCos 提供了大量的运行时功能,可以将其合并,并配置到特定于应用程序需求的操作系统的自定义版本中。

核心部分由各种组件构成,包括内核、C 语言库和底层运行包等。每个组件可提供大量的配置选项(实时内核也可作为可选配置),使用 eCos 提供的配置工具可以很方便地配置,并通过不同的配置使得 eCos 能够满足不同的嵌入式应用要求。

在内存管理上,eCos 对内存分配既不分段也不分页,而是采用一种基于内存池的动态内存分配机制。通过两种内存池来实现两种内存管理方法:一种是变长的内存池;另一种是定长的内存池,类似于 VxWorks 的内存管理方案。在中断管理上 eCos 使用了分层式中断处理机制,把中断处理分为传统的 ISR(中断服务程序)和滞后中断服务程序 DSR(递延服务程序)。类似于 μClinux 的处理机制,这种机制可以在中断允许时运行 DSR,因此在处理较低优先级中断时允许高优先级的中断发生和处理。为了极大地缩短中断延时,ISR 应当可以快速运行。如果中断引起的服务量少,则 ISR 可以单独处理中断;如果中断服务复杂,则 ISR 只屏蔽中断源,然后交由 DSR(递延服务程序)处理。

eCos 操作系统的可配置性非常强大,用户可以自己加入所需的文件系统。eCos 操作系统同样支持当前流行的大部分嵌入式 CPU,eCos 操作系统可以在 16 位、32 位和 64 位等不同体系结构之间移植。

2. eCos 系统特点

eCos 系统的特点具体如下:

(1) 在配置方面,eCos 操作系统的最大特点就是配置灵活,采用模块化设计。

(2) 在实时性方面,由于 eCos 调度方法丰富,提供了两种基于优先级的调度器(即位图调度器和多级队列调度器),允许用户在进行配置时选择其中一个调度器,使系统适应性好,因此在实时性方面表现良好。

(3) 在内核方面,eCos 由于本身内核就很小。经过裁剪后的代码最小可以为 10KB,所需的最小数据 RAM 空间为 10KB。

(4) 在系统移植方面,eCos 操作系统的可移植性很好,要比 μC/OS-Ⅲ 和 μClinux 容易。支持无 MMU 的 CPU 的移植,开源且具有很好的移植性,也比较合适于移植到 STM32 平台的 CPU 上。

(5) 在系统应用方面,eCos 操作系统还没有像 μC/OS-Ⅲ 那样普遍,并且资料也没有 μC/OS-Ⅲ 多。eCos 适合用于一些商业级或工业级对成本不敏感的嵌入式系统,例如消费电子领域中的一些应用。

9.2.6 FreeRTOS

FreeRTOS 是完全免费的操作系统,具有源码公开、可移植、可裁剪、调度策略灵活的特点,可以方便地移植到各种单片机上运行。作为一个轻量级的操作系统,FreeRTOS 提供的功能包括任务管理、时间管理、信号量、消息队列、内存管理、记录功能等,可基本满足较小型嵌入式系统的需要。由于 RTOS 需占用一定的系统资源(尤其是 RAM 资源),只有 μC/OS-Ⅲ、embOS、salvo、FreeRTOS 等少数实时操作系统不能在小容量的 RAM 单片机上运行。FreeRTOS 内核支持优先级调度算法,每个任务可根据重要程度的不同被赋予一定的优先级,CPU 总是让处于就绪态的、优先级最高的任务先运行。FreeRTOS 内核同时支持轮换调度算法,系统允许不同的任务使用相同的优先级,在没有更高优先级任务就绪的情况下,同一优先级的任务共享 CPU 的使用时间。FreeRTOS 的内核可根据用户需要设置为可剥夺型内核或不可剥夺型内核。当 FreeRTOS 被设置为可剥夺型内核时,处于就绪态的高优先级任务能剥夺低优先级任务的 CPU 使用权,这样可保证系统满足实时性的要求;当 FreeRTOS 被设置为不可剥夺型内核时,处于就绪态的高优先级任务只有等当前运行任务主动释放 CPU 的使用权后才能获得运行,这样可提高 CPU 的运行效率。

FreeRTOS 支持具有优先级先发制人内核的线程(在 FreeRTOS 中称为"任务"),随时允许运行具有最高优先级的线程。具有相同优先级的线程是"时间切片"的,允许每个线程在被优先使用之前运行一个固定的周期。每个线程(任务)都处于四种状态中的一种:"准备""运行""阻止"或"暂停"。例如,创建线程时,其先进入"准备"状态,然后(单个)正在"准备"状态的线程处于"运行"状态。正在"运行"的线程可以先执行,之后返回到"准备"的状态。在这种情况下,已"准备"的线程将被移动到正在"运行"的状态。也可以通过调用阻塞API 函数(例如等待信号量)来阻止正在"运行"的线程进入"阻止"的状态。当被其他线程或中断处理程序的操作取消"阻止"时,被"阻止"的线程可以准备好返回到"准备"的状态。开源的 FreeRTOS 保留了"暂停"态。

1. FreeRTOS 整体架构

FreeRTOS 主体架构如图 9-6 所示。

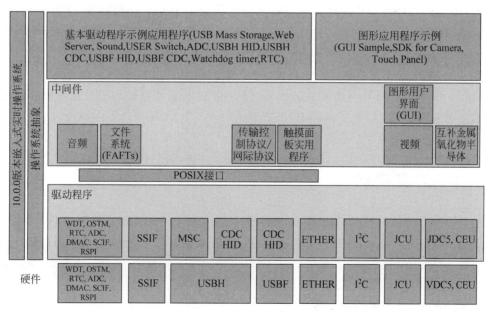

图 9-6　FreeRTOS 整体架构

FreeRTOS 是一个相对较小的应用程序。最小化的 FreeRTOS 内核仅包括 3 个(.c)文件和少数头文件,总共不到 9000 行代码,还包括了注释和空行。一个典型的编译后(二进制)代码映像小于 10KB。

FreeRTOS 的代码可以分解为三个主要区块:任务、通信和硬件接口。每个区块的作用如下:

(1) 大约有一半的 FreeRTOS 核心代码以任务的形式处理多数操作系统首要关注的问题。任务是给定优先级的用户定义的 C 函数。task.c 和 task.h 完成了所有有关创建、调度和维护任务的繁重工作。

(2) 任务很重要,不过任务间互相通信则更为重要。大约 40% 的 FreeRTOS 核心代码是用来处理通信的。其中,queue.c 和 queue.h 是负责处理 FreeRTOS 通信的源文件。任务和中断使用队列互相发送数据,并且使用信号灯和互斥锁来发送临界资源的使用情况。

(3) 接近 9000 行的代码拼凑起基本的 FreeRTOS,该系统是与硬件无关的,无论 FreeRTOS 是运行在不起眼的 8051 单片机上,还是最新的 ARM 内核上 FreeRTOS 都表现出卓越的性能。大约有 6% 的 FreeRTOS 的核心代码,在硬件无关的 FreeRTOS 内核与硬件相关的代码间扮演着垫片的角色。

2. FreeRTOS 特点

FreeRTOS 是一个可裁剪的小型 RTOS 系统,其特点包括:

(1) FreeRTOS 的内核支持抢占式、合作式和时间片调度。

(2) FreeRTOS 的内核具有高效的软件定时器、强大的跟踪执行功能、堆栈溢出检测功能、任务数量不限且任务优先级不限。

(3) 提供了一个用于低功耗的 Tickless 模式。

(4) 系统的组件在创建时可以选择动态或者静态的 RAM,比如任务、消息队列、信号量、软件定时器等。

(5) FreeRTOS-MPU 支持 Cortex-M 系列中的 MPU 单元。

(6) FreeRTOS 系统简单、小巧、易用,通常情况下内核占用 4～9KB 的空间。

(7) 高可移植性,代码主要 C 语言编写。FreeRTOS 操作系统可以被方便地移植到不同处理器上工作,现已提供了 ARM、MSP430、AVR、PIC、C8051F 等多款处理器的移植。FreeRTOS 在不同处理器上的移植类似于前面的嵌入式操作系统。

9.3　仿真实验

本节将利用 STM32CubeMX 集成的中间件 FreeRTOS 嵌入式系统创建两个任务,并利用这两个任务分别实现 LED 闪烁和利用串口发送数据。其中,一个任务是每间隔 500ms 闪烁一次 LED;而另一个任务是每间隔 1000ms 向串口 UART1 发送一次数据"Welcome to FreeRTOS with STM32CubeMX."。

1. FreeRTOS 工程构建与配置

首先利用 STM32CubeMX 新建 FreeRTOS 工程,并对 FreeRTOS 嵌入式操作系统进行配置。下面需要选择本工程的芯片 STM32F103C8Tx,并对芯片的 SYS 选项卡和 RCC

选项卡进行配置如图 9-7 所示。

图 9-7 配置 STM32CubeMX 工程

下面设置 RCC 选项卡。在此选项卡中设置了 STM32F103 芯片的工作时钟,具体如图 9-8 所示。

图 9-8 芯片的时钟

时钟设定好后,单击配置 GPIO 口功能引脚,与第 3 章的 GPIO 配置参数值相同,具体如图 9-9 所示。

在之前片内外设配置的基础上,加入 FreeRTOS 系统。找到左侧 MiddleWare 选项卡,单击 FreeRTOS 选项,弹出 FreeRTOS 模式和配置(FreeRTOS Mode and Configuration)界面,如图 9-10 所示。

选择合适的调试方法,在 DEBUG 程序中选中 Serial Wire,实际上板子在测试时会占用 PA13 和 PA14 两个 I/O 口,这两个 I/O 口可以用作下载或者调试。进入配置(Configuration)界面,单击 Tasks and Queues 选项卡,如图 9-11 所示。

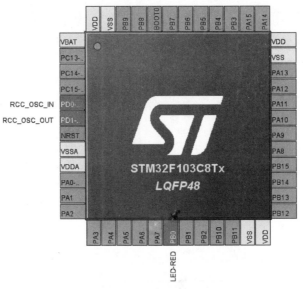

图 9-9　GPIO 引脚功能配置

图 9-10　FreeRTOS 模式和配置

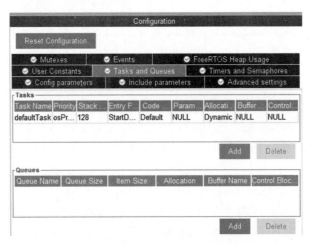

图 9-11　Tasks and Queues 配置信息

使用 STM32CubeMX 配置 FreeRTOS 时,大部分参数设置为默认值即可。单击"添加"按钮可以添加两个任务,分别是 FirstTask 和 SecondTask,具体如图 9-12 和图 9-13 所示。

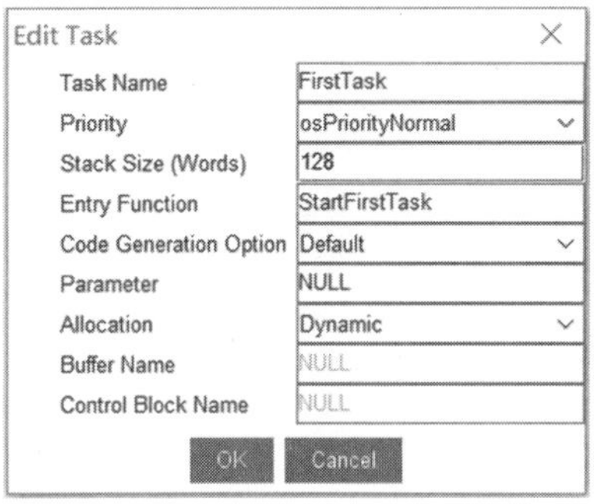

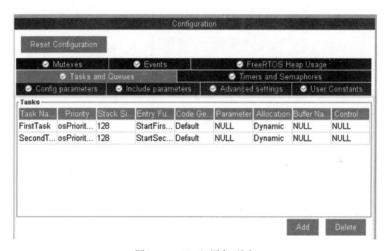

图 9-12　添加 FirstTask 任务 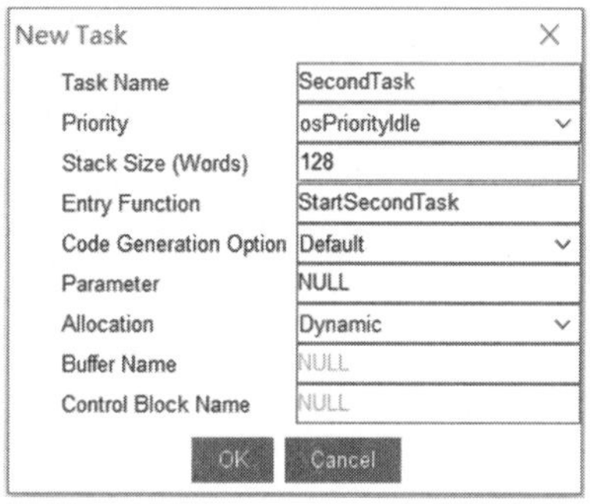　　　　　图 9-13　添加 SecondTask 任务

在添加完 FirstTask 和 SecondTask 两个任务后,能够看到具体添加的任务信息,如图 9-14 所示。

图 9-14　Task 添加列表

在上述的信息均设置完成后,可以单击 Generate Code 按钮生成 Keil 源代码。

2. Keil 软件

Keil 软件启动后,进入图 9-15 所示的页面。图 9-15 中左侧是由 STM32CubeMX 生成源程序,并且以工程目录树的形式表现出来。与之前程序不同的是,左侧工程目录树中多了一个 MiddleWares/FreeRTOS 的分支,这就是 FreeRTOS 的库文件。

接着选择 main.c 文件,该文件在 Application/User/Core 文件下,并在 Keil 软件的右侧显示窗打开源代码,具体代码如下:

```
/ * Call init function for freertos objects (in freertos.c) * /
MX_FREERTOS_Init();
/ * Start scheduler * /
osKernelStart();
```

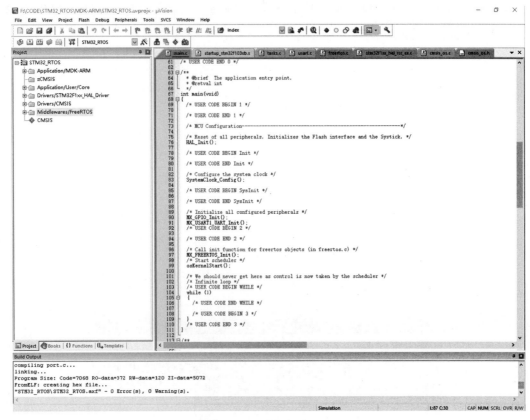

图 9-15　Keil 软件首页面

在 freertos.c 文件中加入如下代码：

```
/ * USER CODE BEGIN Header_StartFirstTask * /
/ **
    * @brief   Function implementing the FirstTask thread
    * @param   argument: Not used
    * @retval None
    * /
/ * USER CODE END Header_StartFirstTask * /
void StartFirstTask(void const  *  argument)
{
    / * USER CODE BEGIN StartFirstTask * /
    / * Infinite loop * /
    for(;;)
    {
      osDelay(100);
      HAL_UART_Transmit(&huart1, (uint8_t * )"Welcome to FreeRTOS with STM32CubeMX. \r\n",23,100);
    }
    / * USER CODE END StartFirstTask * /
}


/ * USER CODE BEGIN Header_StartSecondTask * /
```

```
/**
 * @brief Function implementing the SecondTask thread
 * @param argument: Not used
 * @retval None
 */
/* USER CODE END Header_StartSecondTask */
void StartSecondTask(void const * argument)
{
  /* USER CODE BEGIN StartSecondTask */
  /* Infinite loop */
  for(;;)
  {
    osDelay(100);
    HAL_GPIO_TogglePin(GPIOB, GPIO_PIN_0);
  }
  /* USER CODE END StartSecondTask */
}
```

　　配置完成之后就可以编译上面的工程,然后利用 Keil 软件进行仿真调试,观察 GPIOB 的引脚 0 的状态和串口输出。通过串口调试助手可以看见输出字符"Welcome to FreeRTOS with STM32CubeMX.",同时 PB0 处于低电平,如图 9-16 所示。

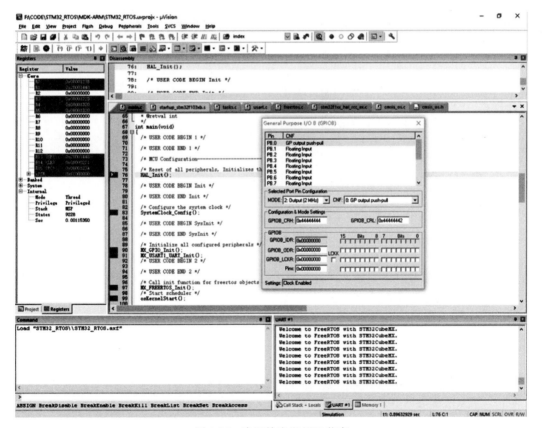

图 9-16　串口输出和 PB0 状态

间隔 500ms 后,观察到 PB0 切换到高电平,同时串口仍然在输出"Welcome to FreeRTOS with STM32CubeMX.",如图 9-17 所示。

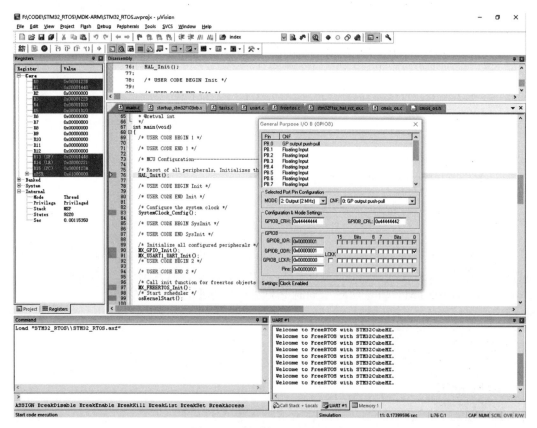

图 9-17　串口输出和 PB0 状态

本章小结

本章主要介绍了嵌入式操作系统的概念和典型的嵌入式操作系统。通过本章的学习,要求学生掌握如何使用嵌入式操作系统开发嵌入式项目,熟练使用 STM32CubeMX 创建带有操作系统的工程,并熟练使用 Keil 进行调试。对带嵌入式操作系统的项目开发有个初步的印象,为后面的学习打下基础。通过本章内容的学习,可以让读者了解嵌入式操作系统的内容,供以后学习或工作中参考。

习题 9

1. 填空题

(1) 鸿蒙系统的内核是_____。

(2) LiteOS 具备_____、_____和_____能力。

(3) _____是腾讯面向物联网领域开发的实时操作系统。

(4) _____支持具有优先级先发制人内核的线程。

　　(5) FreeRTOS 每个线程(任务)都处于_____、_____、_____和_____四种状态。

　　(6) FreeRTOS 的代码可以分解为_____、_____和_____三个主要区块。

2. 选择题

　　(1)(　　)是指用于驱动和调度硬件资源的系统。

　　　　A. 嵌入式操作系统　　B. 数据库　　　　　　C. ARM　　　　　　D. STM32

　　(2)(　　)提供了一种将程序的逻辑划分为单独的任务的方法。

　　　　A. 进程　　　　　　　B. 线程　　　　　　　C. 操作系统　　　　D. 程序

　　(3)(　　)自主研发了国产鸿蒙操作系统。

　　　　A. 华为　　　　　　　B. 百度　　　　　　　C. 阿里巴巴　　　　D. 中兴

　　(4)下列关于嵌入式操作系统描述不正确的是(　　)。

　　　　A. 嵌入式操作系统是一种用途广泛的系统软件

　　　　B. 嵌入式操作系统的空间复杂度和时间复杂度没有严格限制

　　　　C. 嵌入式操作系统的空间复杂度和时间复杂度有严格限制

　　　　D. 嵌入式操作系统能够通过装卸某些模块来达到系统所要求的功能

　　(5)下列关于线程描述不正确的是(　　)。

　　　　A. 每个线程都有自己的状态

　　　　B. 线程以交错的方式执行

　　　　C. 线程不可以访问由调度器控制的处理器

　　　　D. 每当发生中断时,就有机会挂起当前线程并恢复被阻塞的线程

　　(6)下列关于 Linux 操作系统描述不正确的是(　　)。

　　　　A. Linux 是应用最早的一个嵌入式操作系统

　　　　B. Linux 仅是个人电脑或服务器常用的操作系统

　　　　C. Linux 内核可剪裁

　　　　D. Linux 具有良好的稳定性和移植性

　　(7)下列关于 RT-thread 操作系统描述不正确的是(　　)。

　　　　A. 是一款以开源、组件完整丰富、高度可伸缩的物联网操作系统

　　　　B. 是一个实时操作系统

　　　　C. 把面向对象的设计方法应用到实时系统设计中

　　　　D. 不具备一个物联网操作系统的功能

　　(8)下列关于 TencentOS Tiny 操作系统描述不正确的是(　　)。

　　　　A. 具有低功耗、低资源占用、模块化、安全可靠等特点

　　　　B. 是一个实时操作系统

　　　　C. 可有效提升物联网终端产品开发效率

　　　　D. 内核组件不可裁剪但可配置

3. 简答题

　　(1)简述 RT-Thread 架构及各部分的功能。

　　(2)简述 RT-Thread 具有哪些特点。

　　(3)简述什么是 LiteOS 架构及各部分的功能。

（4）简述 LiteOS 内核的特点。

（5）简述 TencentOS Tiny 架构及各部分的功能。

（6）简述 TencentOS Tiny 内核的特点。

（7）简述 μC/OS-Ⅲ架构及各部分的功能。

（8）简述 μC/OS-Ⅲ内核的特点。

（9）简述 eCos 架构及各部分的功能。

（10）简述 eCos 内核的特点。

（11）简述 FreeRTOS 架构及各部分的功能。

（12）简述 FreeRTOS 内核的特点。

参 考 文 献

[1] [美]塔米·诺尔加德.嵌入式系统：硬件、软件及软硬件协同 [M].北京：机械工业出版社,2018.

[2] 本特松,林德.嵌入式 C 编程实战 [M].北京：人民邮电出版社,2016.

[3] 曹振.面向物联网应用的无线通信前端控制系统设计 [D].深圳：深圳大学,2018.

[4] 沈连丰,宋铁成,叶芝慧.嵌入式系统及其开发应用 [M].北京：电子工业出版社,2011.

[5] 陈海贤.基于身份认证与数字水印的嵌入式系统安全机制研究 [D].长沙：湖南大学,2019.

[6] 陈华杰.基于 STM32 的汽车胎压监测单元设计及系统功能研究 [D].杭州：杭州电子科技大学,2019.

[7] 陈奕航.面向物联网的多源数据多模网关技术研究 [D].广州：华南理工大学,2020.

[8] 邓盼.基于物联网的智能安防系统的研究与设计 [D].广州：广东工业大学,2020.

[9] 邓昀,李朝庆,程小辉.基于物联网的智能家居远程无线监控系统设计 [J].计算机应用,2017,37(01)：159-165.

[10] 杜洋.STM32 入门 100 步 [M].北京：人民邮电出版社,2021.

[11] 付云峰.基于 ZigBee 的智慧消防预警系统的设计与实现 [D].青岛：青岛大学,2020.

[12] 高俊枫,黄乐天.嵌入式系统类课程产学融合实践教学体系探析 [J].高等工程教育研究,2021,(03)：39-43.

[13] 高延增,龚雄文,林祥果.嵌入式系统开发基础教程——基于 STM32F103 系列 [M].北京：机械工业出版社,2021.

[14] 公鹏.基于嵌入式控制的水泵物联网系统设计和开发 [D].北京：北京交通大学,2020.

[15] 顾东袁,傅晓婕,陈爱军,等.基于 STM32 的 Bootloader 实验系统设计 [J].实验技术与管理,2019,36(11)：89-93.

[16] 何丹丹.基于 ARM 的智能家居系统设计和实现 [D].长春：吉林大学,2018.

[17] 何尚平,陈艳,万彬,等.嵌入式系统原理与应用 [M].重庆：重庆大学出版社,2019.

[18] 华清远见嵌入式学院,刘洪涛,秦山虎,等.ARM 嵌入式体系结构与接口技术 [M].北京：人民邮电出版社,2017.

[19] 华清远见嵌入式学院,刘洪涛,熊家,等.嵌入式应用程序设计综合教程 [M].北京：人民邮电出版社,2017.

[20] 黄克亚.ARM Cortex-M3 嵌入式原理及应用 [M].北京：清华大学出版社,2020.

[21] 黄旭.工业机器人用伺服电机驱动控制系统研究 [D].济南：山东大学,2019.

[22] 黄志贤.基于 NB-IoT 的桥梁健康监测系统研究与实践 [D].苏州：苏州大学,2020.

[23] 贾丹平.STM32F103x 微控制器与 μC/OS-Ⅱ操作系统 [M].北京：电子工业出版社,2017.

[24] 江巧.基于 STM32 的智能药箱系统设计与实现 [D].杭州：杭州电子科技大学,2015.

[25] 李石峰.基于嵌入式操作系统的物联网节点技术研究 [D].西安：西安电子科技大学,2018.

[26] 李栓增.基于 uCOSⅡ的农业大棚环境参数采集系统 [D].天津：天津理工大学,2019.

[27] 李肃义,邱春玲,陈晨.嵌入式系统设计基础 [M].北京：科学出版社,2021.

[28] 李韦玎.高性能传感器智能处理平台系统的设计与实现 [D].济南：山东大学,2020.

[29] 李永华,曲明哲.Arduino 项目开发 [M].北京：清华大学出版社,2019.

[30] 连艳.嵌入式技术与应用项目教程(STM32 版) [M].北京：科学出版社,2021.

[31] 连志安.物联网——嵌入式开发实战 [M].北京：清华大学出版社,2021.

[32] 廖建尚.面向物联网的嵌入式系统开发——基于 CC2530 和 STM32 微处理器 [M].北京：电子工业出版社,2019.

[33] 刘波.玩转机器人：基于 Proteus 的电路原理仿真 [M].北京：电子工业出版社,2020.

[34] 刘洪涛,高明旭,熊家,等.嵌入式操作系统 [M].北京：人民邮电出版社,2017.

[35] 刘洪涛,苗德行,杨新蕾,等.嵌入式 Linux C 语言程序设计基础教程 [M].北京：人民邮电出版社,2017.

[36] 刘火良,杨森.STM32 库开发实战指南：基于 STM32F103 [M].2 版.北京：机械工业出版社,2017.

[37] 刘杰.基于物联网技术的电梯监控系统设计 [D].苏州：苏州大学,2018.

[38] 刘连浩.物联网与嵌入式系统开发[M].2 版.北京：电子工业出版社,2017.

[39] 蒙博宇.STM32 自学笔记 [M].3 版.北京：北京航空航天大学出版社,2019.

[40] [英]蒙克.树莓派开发实战 [M].2 版.北京：人民邮电出版社,2017.

[41] 莫金霖.基于物联网的温室盆栽自动浇灌系统的设计与实现 [D].华中师范大学,2020.

[42] 欧启标.STM32 程序设计案例教程 [M].北京：电子工业出版社,2019.

[43] 綦声波,江文亮,王新宝,等.十天学会智能车——基于 STM32 [M].北京：北京航空航天大学出版社,2019.

[44] 邱祎,熊谱翔,朱天龙.嵌入式实时操作系统：RT-Thread 设计与实现 [M].北京：机械工业出版社,2019.

[45] 屈微,王志良.STM32 单片机应用基础与项目实践-微课版 [M].北京：清华大学出版社,2019.

[46] 苏李果,宋丽.STM32 嵌入式技术应用开发全案例实践 [M].北京：人民邮电出版社,2020.

[47] 孙冬梅,石南.嵌入式 Linux 系统设计及应用 [M].北京：清华大学出版社,2021.

[48] 孙明伟.基于嵌入式系统的 VDES 通信网关研究 [D].大连：大连海事大学,2019.

[49] 唐灵飞,张战杰,任兴涛.采摘机器人智能化控制系统设计研究——基于嵌入式系统和物联网 [J].农机化研究,2020,42(09)：202-206.

[50] 王标.基于嵌入式的交通信号灯物联网技术研究 [D].保定：河北科技大学,2019.

[51] 王博,姜义.精通 Proteus 电路设计与仿真 [M].北京：清华大学出版社,2018.

[52] 王坤.基于 STM32 的超声波除垢系统研究 [D].杭州：杭州电子科技大学,2016.

[53] 王利涛.嵌入式 C 语言自我修养 [M].北京：电子工业出版社,2021.

[54] 王泉,吴中海,陈仪香,等.智能嵌入式系统专题前言 [J].软件学报,2020,31(09)：2625-2626.

[55] 王妤.基于移动互联的智能家居系统设计与实现 [D].大连：大连理工大学,2018.

[56] 韦东山.嵌入式 Linux 应用开发完全手册 [M].北京：人民邮电出版社,2018.

[57] 温正阳.基于 SoC FPGA 的充电控制系统的设计与实现 [D].西安：西安电子科技大学,2018.

[58] 肖堃.嵌入式系统安全可信运行环境研究 [D].成都：电子科技大学,2019.

[59] 谢超鹏.基于 ESP32 云平台的人脸识别系统的设计与实现 [D].长沙：湖南大学,2019.

[60] 严亮亮.面向轻量云的嵌入式系统容器化资源管理技术研究 [D].北京：北京邮电大学,2020.

[61] 杨百军.轻松玩转 STM32Cube [M].北京：电子工业出版社,2017.

[62] 杨亮,李文生,邓春健,等.基于物联网的移动机器人综合实训平台设计 [J].实验室研究与探索,2015,34(03)：233-236.

[63] 尹峰.基于嵌入式网关的智能实验平台设计与实现 [D].成都：成都理工大学,2019.

[64] 游国栋.STM32 微控制器原理及应用 [M].西安：西安电子科技大学出版社,2020.

[65] 张健,王明昌,白仕文,等.基于嵌入式系统的低功耗服务器设计 [J].电子器件,2019,42(05)：1205-1210.

[66] 张勇.ARM Cortex-M3 嵌入式开发与实践 [M].北京：清华大学出版社,2017.

［67］ 赵波,倪明涛,石源,等.嵌入式系统安全综述［J］.武汉大学学报(理学版),2018,64(02)：95-108.

［68］ 赵婧.嵌入式系统设计与实践［M］.西安：西安电子科技大学出版社,2021.

［69］ 赵阳.基于物联网的在线门禁自动识别系统的设计与实现［D］.西安：西安电子科技大学,2019.

［70］ 郑宜坤.基于 CCP 协议的车用远程数据采集系统设计及应用［D］.杭州：浙江大学,2018.

［71］ 周润景,刘浩,屈原.嵌入式处理器及物联网的可视化虚拟设计与仿真［M］.北京：北京航空航天大学出版社,2021.

［72］ 朱升林,欧阳骏,杨晶.嵌入式网络那些事——STM32 物联实战［M］.北京：水利水电出版社,2015.

［73］ 朱有鹏,张先凤.嵌入式 Linux 与物联网软件开发［M］.北京：人民邮电出版社,2016.

［74］ 左忠凯.FreeRTOS 源码详解与应用开发［M］.北京：北京航空航天大学出版社,2017.

［75］ ［丹］克劳斯·埃尔克.物联网嵌入式软件(原书第 3 版)［M］.北京：机械工业出版社,2019.

［76］ ［印］Shibu Kizhakke Vallathai,嵌入式系统设计与开发实践［M］.陶永才,巴阳,译.2 版.北京：清华大学出版社,2017.

［77］ ［美］玛里琳·沃尔夫.嵌入式系统接口：面向物联网与 CPS 设计［M］.北京：机械工业出版社,2020.

［78］ ［英］佩里·肖.基于 ARM 的嵌入式系统和物联网开发［M］.北京：机械工业出版社,2020.